通信项目管理与监理

主　编　雷军丽　郑金广
副主编　张玉娇　刘　晓　杨　彬
参　编　岳卫杰　王爱红　秦明明

北京理工大学出版社
BEIJING INSTITUTE OF TECHNOLOGY PRESS

内容提要

本书以通信的实践为视角,讲述了通信项目管理与监理的基础知识,阐述分析了工程项目管理和监理工作中的"三控三管一协调",即造价控制、进度控制、质量控制、合同管理、信息管理、安全管理和与相关的组织协调。最后以通信线路工程和设备工程为背景,以典型通信实例为切入点,从工程实践的角度进行了说明与解析,将通信项目管理和监理的理论与实际有机结合。

本书可作为高职高专通信、网络工程等专业教材或本科生相关专业教材,也可作为通信行业监理工程师与项目管理师的培训教材,是通信管理及监理人员实用的参考书。

版权专有　侵权必究

图书在版编目(CIP)数据

通信项目管理与监理 / 雷军丽, 郑金广主编. -- 北京:北京理工大学出版社, 2024.4
ISBN 978-7-5763-3862-1

Ⅰ. ①通… Ⅱ. ①雷… ②郑… Ⅲ. ①通信工程-工程项目管理 Ⅳ. ①TN91

中国国家版本馆 CIP 数据核字(2024)第 082747 号

责任编辑:陈莉华	**文案编辑**:陈莉华
责任校对:刘亚男	**责任印制**:施胜娟

出版发行 / 北京理工大学出版社有限责任公司
社　　址 / 北京市丰台区四合庄路 6 号
邮　　编 / 100070
电　　话 / (010) 68914026(教材售后服务热线)
　　　　　　(010) 63726648(课件资源服务热线)
网　　址 / http://www.bitpress.com.cn
版 印 次 / 2024 年 4 月第 1 版第 1 次印刷
印　　刷 / 三河市天利华印刷装订有限公司
开　　本 / 787 mm×1092 mm　1/16
印　　张 / 18.5
字　　数 / 435 千字
定　　价 / 75.00 元

图书出现印装质量问题,请拨打售后服务热线,负责调换

前　言

PREFACE

本书力图编成一本实用的通信项目管理与监理的实施指南，内容包括"三控三管一协调"等典型的项目管理方法。为了达到深入浅出的目的，本书包含大量的图表、数据、例证和插图。通信项目及内容比较复杂，而且不少内容有前后关联性，本书尽可能用形象的图表及实例来解释和描述，目的就在于为读者建立清晰而完整的通信项目管理与监理的内容体系。

《通信项目管理与监理》包括基础篇（项目一、项目二）、进阶篇（项目三~项目五，即三管）、高级篇（项目六~项目八，即三控）、实务篇（项目九）。

全书共分9个项目，各项目内容如下。

项目一简要介绍通信项目管理与监理的基础知识。

项目二从通信项目组织形态入手，介绍甲方、乙方组织机构形式，以及项目经理的素质要求和监理机构的相关知识。

项目三从合同管理的流程入手，介绍施工合同、监理合同的管理内容，并简述招投标程序。

项目四介绍通信的信息管理与监理资料的主要内容及方法。

项目五介绍通信常见危险源与危险源的识别和预防措施，讲述事故等级以及对生产安全事故的调查和处理方法。

项目六介绍工程造价控制的原理、过程、措施和目标，讲述通信造价控制的内容及方法。

项目七介绍通信项目进度控制的基本理论、方法，从应用的角度讲述了通信监理的控制措施。

项目八介绍质量控制的基本方法，进一步讲述了通信质量问题和质量事故的处理方法。

项目九介绍通信建设工程协调的基本方法，分别以通信线路工程及设备工程案例为主线，介绍了通信监理过程中的一系列监理文件和监理措施。

本教材为高等职业教育通信类校企双元合作开发教材，鹤壁职业技术学院雷军丽副教授负责全书整体策划、指导工作。雷军丽老师和中国电信鹤壁分公司郑金广高级工程师担任主编，鹤壁职业技术学院张玉娇、刘晓、杨彬老师担任副主编，中兴通讯公司岳卫杰、秦明明工程师和鹤壁职业技术学院王爱红教授参编。其中，项目一、项目六、项目七、项目九的任务一和任务二由雷军丽、刘晓老师编写；项目二、项目八、项目九的任务三由郑金广高级工程师、张玉娇老师编写；项目三、项目四、项目五由杨彬老师、岳卫杰和秦明明工程师编写；王爱红教授负责全书课程思政内容。

全书以通信项目管理与监理的"三控""三管"为主线，从项目管理的基本理论入手，覆盖了通信实践中的相关理论、方法与措施。

本书以通信的实践为视角，讲述了通信项目管理与监理的基础知识。对通信的造价控制、进度控制、质量控制、合同管理、信息管理、安全管理进行详细讲述。最后以通信线路工程和设备工程为背景，以典型通信实例为切入点，将通信项目管理与监理的理论和实际有机结合，从职业的角度进行了说明与解析。由于通信项目管理与监理的方法在不断发展，本书在内容广泛、实用和讲解通俗的基础上，尽量选用最新的资料。

学习本书需要具备初步的现代通信技术的基础知识。对通信技术有一定了解的读者都会在本书中得到有益的知识。

本书在每个项目的开始都能明确该项目的学习重点及难点，以引导读者深入学习。在编写过程中，我们为结合各项目教学内容，使教学与实践有机地结合在一起，设计了教学案例、思考与练习等多种形式。

通信是当前较有活力的领域之一，本书中的内容紧跟当前通信领域的发展脚步，与当前的工程实际紧密结合，以使读者能够接受最新的知识，同时培养读者的实践能力。

编　者

承包和监理单位用表

二维码名称	二维码	二维码名称	二维码
A1 工程开工、复工申报表		A10 工程竣工验收证书	
A2 施工组织设计（方案）报审表		B1 监理工程师通知单	
A3 分包单位资格报审表		B2 工程暂停令	
A4 报验申报表		B3 工程款支付证书	
A5 工程款支付申请表		B4 工程临时延期申请表	
A6 监理工程师通知回复单		B5 工程最终延期审批表	
A7 工程临时延期申请表		B6 费用索赔申请表	
A8 费用索赔申请表		C1 监理工程联系单	
A9 工程设备 材料 仪表申报表		C2 工程变更单	

目录

CONTENTS

基础篇

项目一　通信项目管理与监理引论 ·· 3
　任务一　通信项目管理基础知识 ·· 4
　任务二　通信建设基本程序 ·· 9
　任务三　通信监理基础知识 ··· 15
　※思考与练习 ·· 21

项目二　通信项目组织管理 ·· 23
　任务一　通信项目组织管理概述 ·· 24
　任务二　工程项目的组织机构 ··· 27
　任务三　项目经理 ·· 38
　任务四　通信建设工程监理组织 ·· 43
　※思考与练习 ·· 49
　调研活动 ·· 50
　实验活动：纸塔练习 ·· 50

进阶篇

项目三　合同管理 ·· 53
　任务一　合同 ·· 54
　任务二　合同管理的流程 ·· 55
　任务三　合同管理内容 ·· 64
　任务四　索赔管理 ·· 74
　任务五　工程招投标管理 ·· 76
　※思考与练习 ·· 81
　实验活动：招投标 ·· 82

项目四　信息管理 ·· 83
　任务一　工程信息管理 ·· 84

1

  任务二 通信信息管理 ··· 91
  ※思考与练习 ·· 98

项目五 安全管理 ·· 99
  任务一 安全生产 ··· 100
  任务二 安全管理 ··· 107
  ※思考与练习 ·· 119

高 级 篇

项目六 造价控制 ·· 123
  任务一 通信项目管理基础知识 ··· 124
  任务二 通信建设工程造价控制 ··· 126
  任务三 通信建设工程设计阶段造价控制 ··· 129
  任务四 通信建设工程施工阶段造价控制 ··· 132
  任务五 通信建设工程概（预）算 ··· 142
  ※思考与练习 ·· 145

项目七 进度控制 ·· 147
  任务一 通信项目进度控制概述 ··· 148
  任务二 通信项目不同主体的进度控制 ··· 150
  任务三 通信项目网络计划技术 ··· 157
  任务四 通信进度计划实施监测与调整方法 ··· 173
  ※思考与练习 ·· 175

项目八 质量控制 ·· 177
  任务一 通信项目质量控制概述 ··· 178
  任务二 通信项目的质量管理与控制 ··· 180
  任务三 通信项目的质量管理与控制的方法 ··· 190
  任务四 通信质量问题和质量事故的处理 ··· 199
  ※思考与练习 ·· 207

实 务 篇

项目九 通信监理实务 ·· 211
  任务一 通信项目的沟通协调 ··· 212
  任务二 通信线路工程监理 ··· 217
  任务三 通信设备安装工程监理 ··· 249
  ※思考与练习 ·· 270

附 录 ·· 272
  一、承包单位用表（A 类表） ·· 272

（一）工程开工、复工申报表（A1） ……………………………………… 272
　　（二）施工组织设计（方案）报审表（A2） …………………………… 273
　　（三）分包单位资格报审表（A3） ……………………………………… 274
　　（四）报验申报表（A4） ………………………………………………… 275
　　（五）工程款支付申请表（A5） ………………………………………… 276
　　（六）监理工程师通知回复单（A6） …………………………………… 276
　　（七）工程临时延期申请表（A7） ……………………………………… 277
　　（八）费用索赔申请表（A8） …………………………………………… 278
　　（九）工程设备/材料/仪表申报表（A9） ……………………………… 278
　　（十）工程竣工验收证书（A10） ………………………………………… 279
二、监理单位用表 ……………………………………………………………… 280
　　（一）监理工程师通知单（B1） ………………………………………… 280
　　（二）工程暂停令（B2） ………………………………………………… 281
　　（三）工程款支付证书（B3） …………………………………………… 282
　　（四）工程临时延期申请表（B4） ……………………………………… 282
　　（五）工程最终延期审批表（B5） ……………………………………… 283
　　（六）费用索赔申请表（B6） …………………………………………… 284
三、各方通用表 ………………………………………………………………… 284
　　（一）监理工程联系单（C1） …………………………………………… 284
　　（二）工程变更单（C2） ………………………………………………… 285

基础篇

引 言

"当今社会,一切都是项目,一切也都将成为项目",这种泛项目化的发展趋势正逐渐改变着组织的管理方式,使项目管理成为各行各业的热门话题,受到前所未有的关注。项目管理学科的发展,无论在国外还是国内,都达到了一个超乎寻常的发展速度。

项目管理是一门新兴的综合性学科。作为一门学科,项目管理是在近半个多世纪发展起来的,而作为一种职业,它不仅包括行为科学中的一些"软"的管理技能,还应用了数理科学中的很多"硬技术"。在国际上,由于一些主要学术团体,如美国项目管理协会(PMI)和国际项目管理协会(IPMA)等的不懈努力,项目管理的知识体系和实践正在不断完善和标准化,从而逐渐发展成为一种项目管理的"专业通用语言"。

项目管理知识体系对当今社会、经济、工程等方面的发展非常重要,项目管理的好坏直接决定了一个项目的成败。项目管理就是将知识、技能、工具和技术应用于项目活动,以满足项目的要求。项目管理是通过诸如启动、规划、实施、控制与收尾等过程进行的。在项目实施过程中,项目经理不但要使项目满足其在范围、时间、费用和质量方面的目标,还要努力满足项目相关人员和受项目影响人员的要求。

学习目标

1. 知识目标

(1) 掌握通信项目的基础理论知识。
(2) 熟悉工程项目管理有关内容。
(3) 掌握通信建设程序。
(4) 掌握通信监理的相关概念。
(5) 掌握通信监理的工作方式、控制原则。

2. 技能目标

(1) 具备通信项目监理分类管理的能力。
(2) 具备通信项目监理程序管理的能力。
(3) 具备通信项目监理主体分类管理的能力。
(4) 具备通信项目监理基础控制的能力。
(5) 具备通信项目监理基础工作方法的能力。

3. 素质目标

(1) 结合国家"十四五"新型基础设施建设规划和通信行业发展态势、岗位需求等,引导学生将个人事业、理想和道德追求融入国家建设,树立扎根基层、奋斗青春的信念,增强职业使命感和荣誉感。

(2) 通过网络规划培养人生规划意识与能力。

项目一

通信项目管理与监理引论

项目描述

本项目主要介绍通信项目的基础理论知识、工程项目管理有关内容，详细介绍通信建设程序和通信监理的相关概念以及通信监理的工作方式和控制原则。

项目目标

(1) 识记：通信项目的特点与分类。
(2) 领会：工程项目管理的任务以及通信建设程序。
(3) 应用：通信建设工程监理的性质、工作方式及控制原则。
(4) 能够：增强学生的国家认同感和民族自豪感。

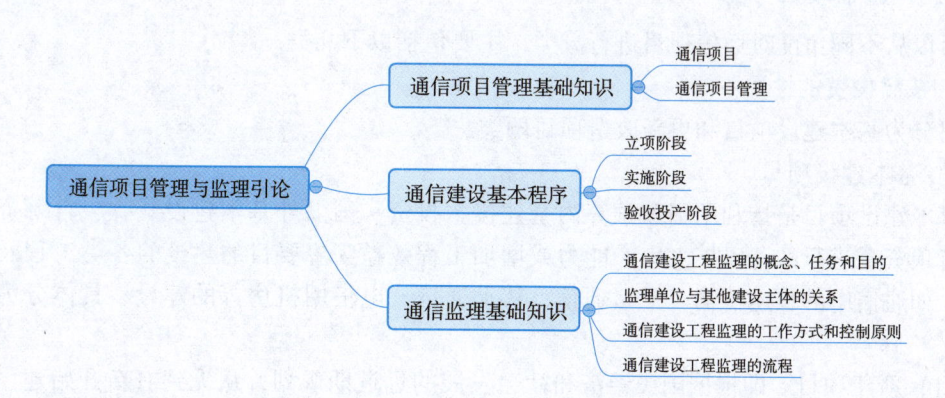

知识体系

```
                              ┌── 通信项目管理基础知识 ──┬── 通信项目
                              │                          └── 通信项目管理
                              │
                              │                          ┌── 立项阶段
通信项目管理与监理引论 ───────┼── 通信建设基本程序 ──────┼── 实施阶段
                              │                          └── 验收投产阶段
                              │
                              │                          ┌── 通信建设工程监理的概念、任务和目的
                              │                          ├── 监理单位与其他建设主体的关系
                              └── 通信监理基础知识 ──────┼── 通信建设工程监理的工作方式和控制原则
                                                         └── 通信建设工程监理的流程
```

任务一　通信项目管理基础知识

一、通信项目

(一) 通信项目的特点

通信项目作为工程项目中的一类，具有自己的特点，主要包括以下内容。

(1) 通信具有全程全网联合作业的特点，决定了通信必须适应通信网的技术要求，工程所用通信设备和器材必须有"入网证"。同时，在通信项目建设中必须满足统一的网络组织原则、统一的技术标准，解决工程建设中各组成部分的协调配套，以期获得最大的综合通信能力，更好地发挥投资效益。

(2) 通信线路和通信设备繁杂。通信技术发展快，更新换代加速，新技术、新业务层出不穷，同时通信手段的多样化，决定了通信线路和通信设备种类的多样化。在通信项目建设中应坚持高起点、新技术的方针，采用新设备，发展新业务，提高网络新技术含量，最大限度提高劳动生产率和服务水平。

(3) 通信项目点多、线长、面广。一个通信项目包括许多类型的点，如线路局站、基站、中继站、转接站、接入点等，线路可能较长。例如，较大的跨省线路工程，全程达数千千米，有的还要经过地形复杂、地理条件恶劣地段，工地十分分散，形成比较广的面，从而造成工程建设难度加大。

(4) 目前的通信项目往往是对原有通信网的扩充与完善，也是对原有通信网的调整与改造，因此必须处理好新建工程与原有通信设施的关系，处理好新旧技术的衔接和兼容，并保证原有运行业务不能中断。

(二) 通信项目分类

可以从不同角度对通信项目进行分类，主要包括以下几类。

1. 按照投资的性质不同划分

可分为基本建设项目和更新改造项目两类。

1) 基本建设项目

基本建设项目是指利用国家预算内基建拨款投资、国内外基本建设贷款、自筹资金及其他专项资金进行的，以扩大生产能力或增加工程效益为主要目的建设的各类工程及有关工作，如通信中的长途传输、卫星通信、移动通信、电信用机房等的建设。具体分为以下几类。

(1) 新建项目。即根据国民经济和社会发展的远近期规划，从无到有新开始建设的项目，也就是在原有固定资产为零的基础上投资建设的项目。按照国家规定，若建设项目原有基础很小，扩大建设规模后，新增的固定资产价值超过原有全部固定资产价值3倍以上时，也可算为新建项目。

(2) 扩建项目。即现有企事业单位在原有基础上投资扩大建设的项目，如扩容主要电信机房或线路等。

（3）改建项目。即企事业单位为提高生产效率、改进产品质量，或改进产品方向，对原有设备、工艺条件进行改造的项目。我国规定，企业为消除各工序或各车间之间生产能力的不平衡，增减或扩建的不直接增加本企业主要产品能力的车间为改建项目。

（4）迁建项目。即企事业单位为改变生产布局或出于环境保护等其他特殊要求，搬迁到其他地点的建设项目。无论其建设规模是企业原来的还是将扩大的，都属于迁建项目。

（5）重建项目。即企事业单位因固定资产受自然灾害、战争或人为灾害等原因已全部或部分报废，又投资重新建设的项目。与迁建项目一样，无论其建设规模是否扩大，都属于重建项目。但是尚未建成投产的项目因自然灾害损坏再重建的，则仍然按照原项目看待，不属于重建项目。

2）更新改造项目

更新改造项目是指对于企事业单位原有设施进行技术改造或固定资产更新，以及建设相应配套的辅助性生产、生活福利等设施的工程和有关工作。更新改造项目具体包括以下内容。

（1）技术改造项目。技术改造项目是指企业利用自有资金、国内外贷款、专项基金和其他资金，通过采用新技术、新工艺、新设备、新材料对现有固定资产进行更新、技术改造及相关的经济活动，用来增加产品品种、提高产品质量、扩大生产能力、降低生产成本、改善工作条件等的改造工程项目。

通信技术改造项目的主要范围如下。

① 现有通信企业增装和扩大数据通信、多媒体通信、软交换、移动通信、宽带接入以及营业服务的各项业务的自动化、智能化处理，或采用新技术、新设备的更新换代工程及相应的补缺配套工程。

② 原有电缆、光缆、微波传输系统、卫星通信系统和其他无线通信系统的技术改造、更新换代和扩容工程。

③ 原有本地网的扩建增容、补缺配套，以及采用新技术、新设备的更新和改造工程。

④ 电信机房或其他建筑物推倒重建或异地重建。

⑤ 其他列入改造计划的工程。

（2）技术引进项目。技术引进项目是技术改造项目的一种，指从国外引进专利、技术许可证和先进设备，再配合国内投资建设的工程项目。

（3）设备更新项目。设备更新项目是指采用技术更先进、结构更完善、效率更高、性能更好且耗费资源和原材料更少的新型设备替换原有的技术上不能或经济上不宜继续使用的旧设备，以节约资源、提高效益的投资项目。

2. 按照建设规模不同划分

按照规模不同，通信建设项目可划分为大型、中型和小型项目，根据各个时期经济发展水平和需要会有所变化，执行时以国家主管部门的规定为准；对于技术改造项目，则又可分为限额以上项目和限额以下项目。

根据原邮电部〔1987〕251号文件，即《关于发布邮电固定资产投资计划管理的暂行规定的通知》，通信固定资产投资计划项目的划分标准分为基建大中型项目和技术改造限上项目以及基建小型项目和技术改造限下项目两类。

1) 基建大中型项目和技术改造限上项目

基建大中型项目是指长度在500 km以上的跨省、区长途通信电缆、光缆，长度在1 000 km以上的跨省、区长途通信微波，以及总投资在5 000万元以上的其他基本建设项目。技术改造限上项目是指限额在5 000万元以上的建设改造项目。

2) 基建小型项目和技术改造限下项目（即统计中的技改其他项目）

基建小型项目是指建设规模或计划总投资在大中型以下的基本建设项目。技术改造限下项目是指计划投资在限额以下的技术改造项目。

3. 按照工程的构成层次划分

根据工程项目的组成内容和构成层次，从大到小可分解为单项工程、单位工程、分部工程和分项工程。

（1）单项工程一般是指具有独立设计文件、可以独立施工、建成后可独立发挥生产能力或效益的工程。从施工角度看，单项工程就是一个独立的系统，如一个生产车间、一幢办公楼等。一个工程项目可能由若干个单项工程组成，也可能只有一个单项工程。

（2）单位工程是指具有独立施工条件，但建成后不能独立发挥生产能力或效益的工程。一个单位工程可以是一个建筑工程或一项设备与安装工程。若干个单位工程可构成单项工程。

（3）分部工程是指单位工程的组成部分，是单位工程的进一步分解。它是按照工程部位、设备种类和型号或指以主要工种工程为依据所做的分类。

（4）分项工程是指分部工程的组成部分，一般按照工种工程划分，是形成建筑产品基本构件的施工过程。

4. 通信建设工程按照单项工程划分

首先通信建设工程按专业分为通信线路工程、通信管道建设工程和通信传输设备安装工程等，再具体又细分为多个单项工程，单项工程项目划分如表1-1-1所示。

表1-1-1 通信建设单项工程项目划分

专业类别	单项工程名称	备注
通信线路工程	（1）××光、电缆线路工程	进局及中继光（电）缆工程可按每个城市作为一个单项工程
	（2）××水底光、电缆工程（包括水线房建筑及设备安装）	
	（3）××用户线路工程（包括主干及配线光电缆、交接及配线设备、集线器、杆路等）	
	（4）××综合布线系统工程	
通信管道建设工程	通信管道建设工程	
通信传输设备安装工程	（1）××数字复用设备及光电设备安装工程	
	（2）××光中继设备、光电设备安装工程	

续表

专业类别	单项工程名称	备注
微波通信设备安装工程	××微波通信设备安装工程（包括天线、馈线）	
卫星通信设备安装工程	××地球站通信设备安装工程（包括天线、馈线）	
移动通信设备安装工程	（1）××移动控制中心设备安装工程	
	（2）基站设备安装工程（包括天线、馈线）	
	（3）分布系统设备安装工程	
通信交换设备安装工程	××通信交换设备安装工程	
数据通信建设安装工程	××数据通信设备安装工程	
供电设备安装工程	××电源设备安装工程（包括专用高压供电线路工程）	

5. 通信建设工程按照类别划分

通信建设工程按照建设项目划分，可分为一类工程、二类工程、三类工程、四类工程，如表 1-1-2 所示。

表 1-1-2　通信类别表

工程类别	条件	备注
一类工程	①大、中型项目或投资额在 5 000 万元以上的通信项目；②省际通信项目；③投资额在 2 000 万元以上的部定通信项目	具备条件之一即成立
二类工程	①投资额在 2 000 万元以下的部定通信项目；②省内通信干线工程项目；③投资额在 2 000 万元以上的省定通信项目	
三类工程	①投资额在 2 000 万元以下的省定通信项目；②投资额在 500 万元以上的通信项目；③地市局工程项目	
四类工程	①县局工程项目；②其他小型项目	

二、通信项目管理

有建设就有项目，有项目就有项目管理。实践证明，实行项目管理的通信，在安全控制、投资控制、质量控制和进度控制等多方面可以收到良好的效果，能使综合效益均得到极大提高。

1. 工程项目管理的概念

工程项目管理是指应用项目管理的理论、观点、方法，为把各种资源应用于项目，实现项目的目标，对工程建设项目的投资决策、施工建设、交付使用及售后服务的全过程进行全面的管理。

工程项目资源包括一切具有现实和潜在价值的东西，如自然资源和人造资源、内部资源和外部资源、有形资源和无形资源，具体的如人力和人才、材料、机械、设备、资金、信息、科学技术及市场等。

2. 工程项目管理的主要任务

工程项目管理要实现工程项目的全过程管理，以便能够在约束条件下实现项目的目标。不同类型的项目其具体的管理任务也不同，目前通信类工程项目管理的任务主要包括造价控制、进度控制、质量控制、合同管理、信息管理、安全管理、组织协调，即"三控三管一协调"。

3. 工程项目管理流程

工程项目管理的一般流程如图 1-1-1 所示。

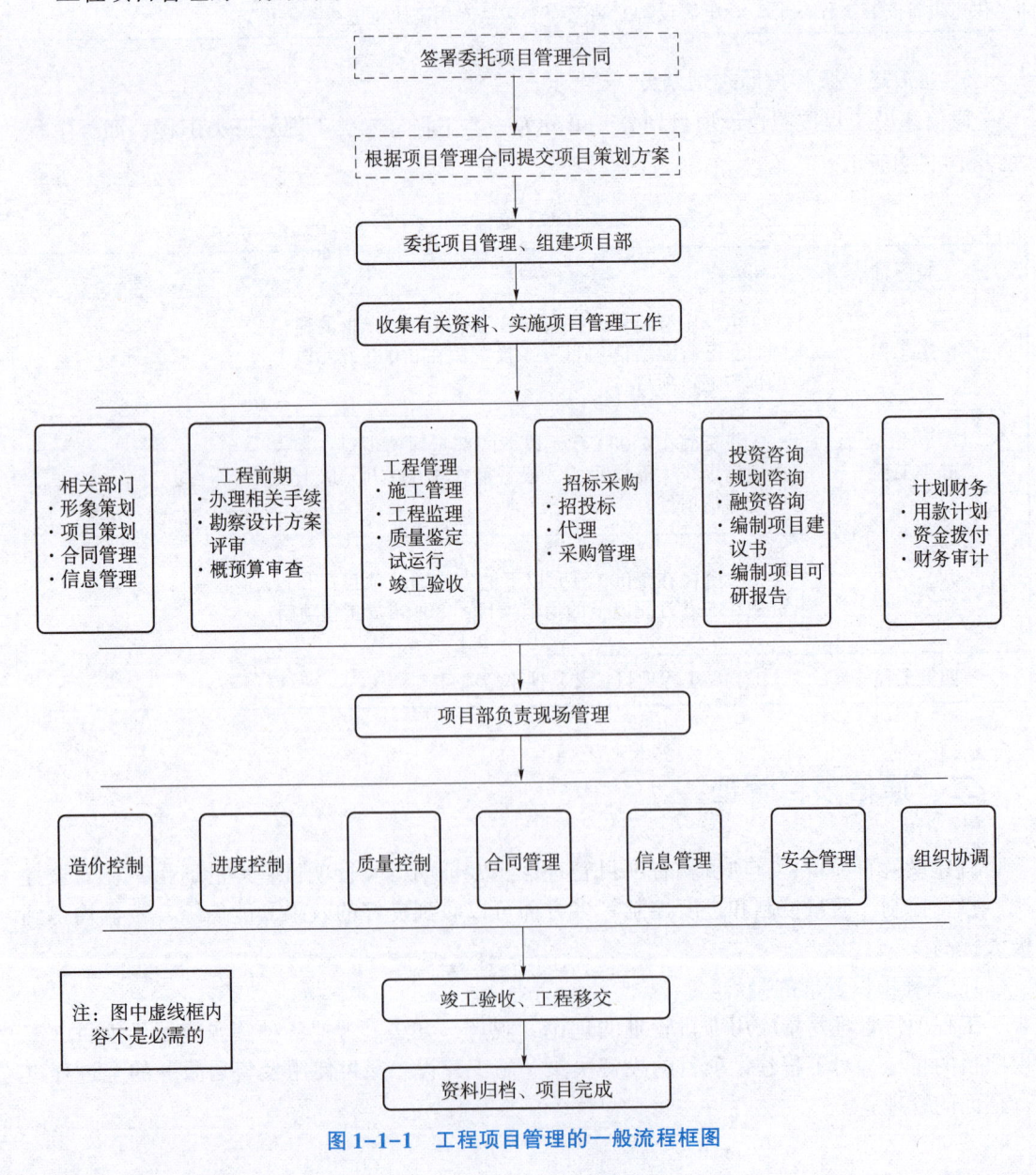

注：图中虚线框内容不是必需的

图 1-1-1 工程项目管理的一般流程框图

博士课堂

【背景材料】

某架空杆路工程使用的水泥电杆,由业主指定供货商供货,施工单位在施工紧线时,水泥电杆折断并造成施工人员重伤。经查原因,水泥电杆两头有钢筋,中间一段没有钢筋。

【问题】

(1) 业主有无责任?

(2) 施工单位有无责任?

(3) 监理单位有无责任?

(4) 供货商应负什么责任?

任务小结

本任务包括项目和工程项目的概念、特点及分类,通信项目的特点及分类,工程项目管理的概念,工程项目管理的主要任务及流程;通信项目监理的相关概念,项目监理的工作方式控制原则。

任务二 通信建设基本程序

以通信的大中型和限额以上的建设项目为例,从建设前期工作到建设、投产,期间要经过立项、实施和验收投产3个阶段,如图1-2-1所示。

一、立项阶段

立项阶段是通信建设的第一阶段,包括撰写项目建议书、可行性研究和专家评估。

(一) 项目建议书

撰写项目建议书是工程建设程序中最初阶段的工作,目的是在投资决策前拟定该工程项目的轮廓设想。建议书书写完成后可根据项目的规模、性质报送相关主管部门审批,获批准后即可由建设单位进行可行性研究工作。

(二) 可行性研究

项目可行性研究是对拟建项目在决策前进行方案比较、技术经济论证的一种科学分析方法和行为,是建设前期工作的重要组成部分,其研究结论直接影响到项目的建设和投资效益。可行性研究通过审批后方可进行下一步工作。

(三) 专家评估

专家评估是指项目主要负责部门组织兼具理论、实际经验的专家,对可行性研究报告

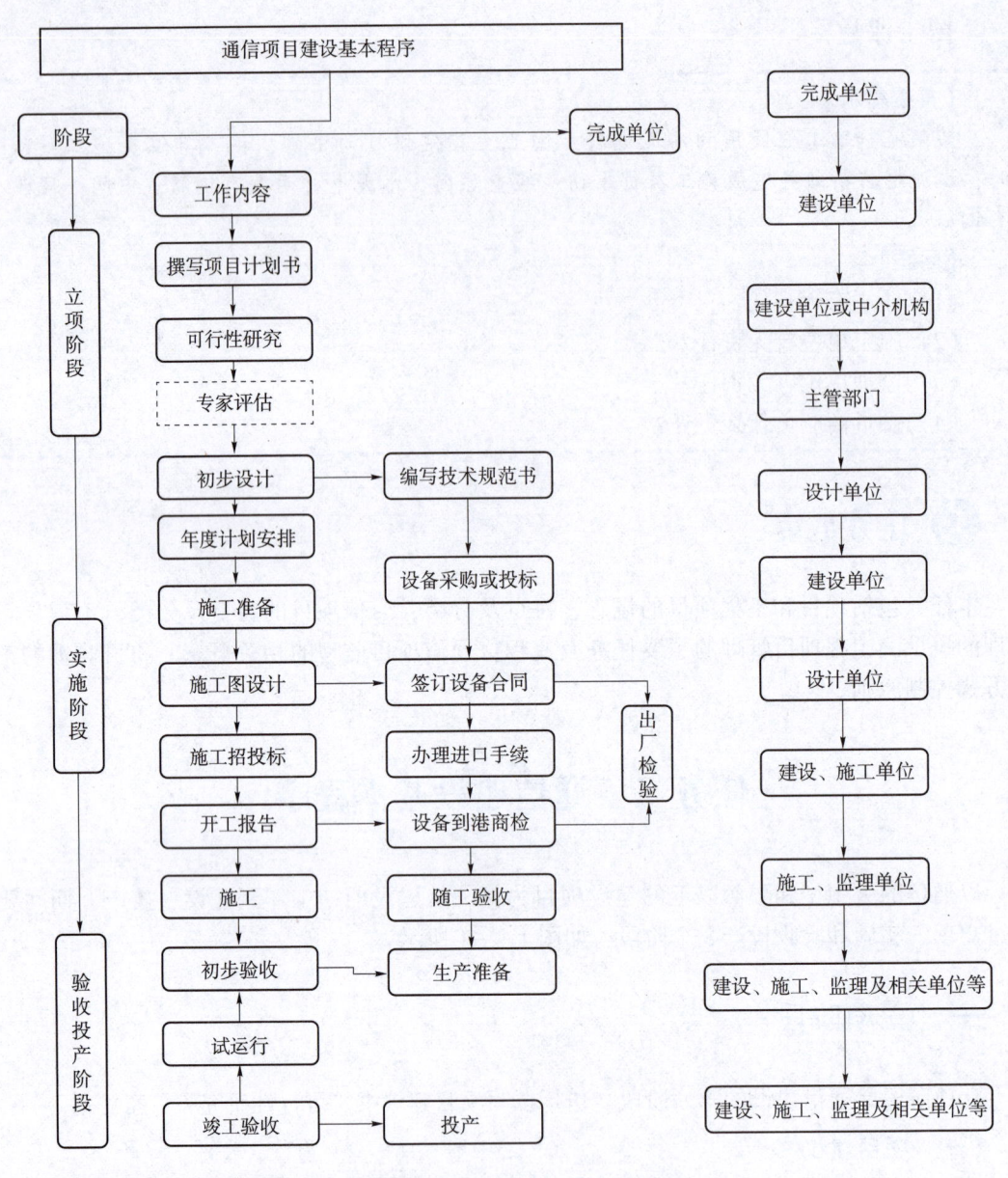

```
通信项目建设基本程序

阶段 ──────────────────────────→ 完成单位          完成单位
                                                    │
        工作内容                                    ↓
          │                                     建设单位
          ↓                                         │
        撰写项目计划书                              ↓
  立       │                                 建设单位或中介机构
  项       ↓                                       │
  阶     可行性研究                                 ↓
  段       │                                     主管部门
          ↓                                         │
        专家评估                                    ↓
          │                                     设计单位
          ↓                                         │
        初步设计 ──────→ 编写技术规范书             ↓
          │                  │                  建设单位
  实       ↓                  ↓                     │
  施     年度计划安排      设备采购或投标            ↓
  阶       │                  │                  设计单位
  段       ↓                  ↓                     │
        施工准备          签订设备合同              ↓
          │                  │      ┐          建设、施工单位
          ↓                  ↓      │出            │
        施工图设计        办理进口手续 厂            ↓
          │                  │      │检       施工、监理单位
          ↓                  ↓      │验            │
        施工招投标        设备到港商检└            ↓
          │                  │              建设、施工、监理及相关单位等
          ↓                  ↓                     │
        开工报告          随工验收                  ↓
          │                  │              建设、施工、监理及相关单位等
          ↓                  ↓
        施工              生产准备
  验       │
  收       ↓
  投     初步验收
  产       │
  阶       ↓
  段     试运行
          │
          ↓
        竣工验收 ──────→ 投产
```

注：图中虚线框内容表示此工作不是必需的。

图 1-2-1 通信项目建设基本程序框图

的内容做技术、经济方面的评价，并提出具体的意见和建议。专家评估不是必需的，但专家评估报告是主管领导决策的依据之一，对于重点工程、技术引进等项目进行专家评估是十分必要的。

二、实施阶段

通信建设程序的实施阶段由初步设计、年度计划安排、施工准备、施工图设计、施工招投标、开工报告、施工等7个步骤组成。

根据通信建设特点及工程建设管理需要，一般通信建设项目设计按初步设计和施工图设计两个阶段进行；对于通信技术上复杂的、采用新通信设备和新技术的项目，可增加技术设计阶段，按初步设计、技术设计、施工图设计3个阶段进行；对于规模较小、技术成熟或套用标准的通信项目，可直接做施工图设计，称为"一阶段设计"，如设计施工比较成熟的市内光缆通信项目等。

（一）初步设计及技术设计

初步设计是指根据批准的可行性研究报告，以及有关的设计标准、规范，并通过现场勘察工作取得设计基础资料后编制的设计文件。初步设计的主要任务是确定项目的建设方案，进行设备选型，编制工程项目的概算。其中，初步设计中的主要设计方案及重大技术措施等应通过技术经济分析，进行多方案比较论证，将未采用方案的扼要情况及采用方案的选定理由均写入设计文件。

技术设计则是指根据已批准的初步设计，对设计中比较复杂的项目、遗留问题或特殊需要，通过更详细的设计和计算，进一步研究和阐明其可靠性和合理性，准确地解决各个主要技术问题。技术设计深度和范围，基本上与初步设计一致，应编制修正概算。

（二）年度计划安排

根据批准的初步设计和投资概算，并在对资金、物资、设计、施工能力等进行综合平衡后，业主工期组织配合计划等。年度计划中包括通信基本建设拨款计划、设备和主要材料（采购）储备贷款计划、工期组织配合计划等内容。年度计划中应包括单个工程项目的年度投资进度计划。

经批准的年度建设项目计划是进行基本建设拨款或贷款的主要依据，是编制保证工程项目总进度要求的重要文件。

（三）建设单位施工准备

施工准备是通信基本建设程序中的重要环节，主要内容包括征地、拆迁、三通一平、地质勘察等，此阶段以建设单位为主进行。

为保证建设工程的顺利实施，建设单位应根据建设项目或单项工程的技术特点，适时组建建设工程的管理机构，做好以下具体工作。

（1）制定本单位的各项管理制度，落实项目管理人员。
（2）根据批准的初步设计文件汇总拟采购的设备和专用主要材料的技术资料。
（3）落实项目施工所需的各项报批手续。
（4）落实施工现场环境的准备工作（完成机房建设，包括水、电、暖等）。
（5）落实特殊工程验收指标审定工作。

特殊工程的验收指标包括：新技术、新设备被应用在工程项目中的（没有技术标准的）指标；由于工程项目的地理环境、设备状况不同，要进行讨论和审定的指标；由于工程项目的特殊要求，需要重新审定验收标准的指标；由于建设单位或设计单位对工程提出特殊技术要求，或高于规范标准要求，需要重新审定验收标准的指标。

（四）施工图设计

建设单位委托设计单位根据批准的初步设计文件和主要通信设备订货合同进行施工图

设计。设计人员在对现场进行详细勘察的基础上，对初步设计做必要的修正；绘制施工详图，标明通信线路和通信设备的结构尺寸、安装设备的配置关系和布线；明确施工工艺要求；编制施工图预算；以必要的文字说明表达意图，指导施工。

施工图设计文件是承担工程实施的部门（即具有施工执照的线路、机械设备施工队）完成项目建设的主要依据。同时，施工图设计文件是控制建筑安装工程造价的重要文件，是办理价款结算和考核工程成本的依据。

（五）施工招投标

施工招投标是指建设单位将建筑工程发包，鼓励施工企业投标竞争，从中评定出技术、管理水平高，信誉可靠且报价合理，具有相应通信施工等级资质的通信施工企业中标的行为。推行施工招投标对于择优选择施工企业，确保工程质量和工期具有重要意义。

（六）开工报告

经施工招投标，签订承包合同，并落实了年度资金拨款、设备和主材供货及工程管理组织后，于开工前一个月由建设单位会同施工单位向主管部门提出建设项目开工报告。在项目开工报批前，应由审计部门对项目的有关费用计取标准及资金渠道进行审计，之后方可正式开工。

（七）施工

施工承包单位应根据合同条款、批准的施工图设计文件和施工组织设计文件进行施工准备和施工实施，在确保通信施工质量、工期、成本、安全等目标的前提下，满足通信施工项目竣工验收规范和设计文件的要求。

1. 施工单位现场准备工作主要内容

施工的现场准备工作，主要是为了给施工项目创造有利的施工条件和物资保证。因项目类型不同，准备工作内容也不尽相同，此处按光（电）缆线路工程、光（电）缆管道工程、设备安装工程、其他准备工作分类叙述。

1）光（电）缆线路工程

（1）现场考察。熟悉现场情况，考察实施项目所在位置及影响项目实施的环境因素；确定临时设施建立地点，电力、水源给取地，材料、设备临时存储地；了解地理和人文情况对施工的影响因素。

（2）地质条件考察及路由复测。考察线路的地质情况与设计是否相符，确定施工的关键部位（障碍点），制定关键点的施工措施及质量保证措施。对施工路由进行复测，如与原设计不符，应提出设计变更请求，复测结果要做详细的记录备案。

（3）建立临时设施。包括项目经理部办公场地，财务办公场地，材料、设备存放地，宿舍、食堂设施的建立；安全设施，防火、防水设施的设置；保安防护设施的设立。建立临时设施的原则是：距离施工现场就近；运输材料、设备、机具便利；通信、信息传递方便；人身及物资安全。

（4）建立分屯点。在施工前应对主要材料和设备进行分屯，建立分屯点的目的是便于施工和运输，还应建立必要的安全防护设施。

（5）材料与设备进场检测。按照质量标准和设计要求（没有质量标准的按出厂检验标准），对所有进场的材料和设备进行检验。材料与设备进场检验应有建设单位和监理在场，并由建设单位和监理确认，将测试记录备案。

（6）安装、调试施工机具。做好施工机具和施工设备的安装、调试工作，避免施工时设备和机具发生故障而造成窝工，影响施工进度。

2）光（电）缆管道工程

（1）管道线路实地考察。熟悉现场情况，考察临时设施建立地点、电力、水源给取地，做好建筑构（配）件、制品和材料的储存和堆放计划，了解地理和其他管线情况对施工的影响。

（2）考察其他管线情况及路由复测。路由的地质情况与设计是否相符，确定路由上其他管线的情况，制订交叉、重合部分的施工方案，明确施工的关键部位，制定关键点的施工措施及质量保证措施。对施工路由进行复测，如与原设计不符，应提出设计变更请求，复测结果要做详细的记录备案。

（3）建立临时设施。应包括项目经理部办公场地、建筑构（配）件、制品和材料的储存和堆放场地、宿舍、食堂设施、安全设施、防火/防水设施、保安防护设施、施工现场围挡与警示标志的设置、施工现场环境保护设施。

（4）建立临时设施的原则。距离施工现场就近；运输材料、设备、机具便利；通信、信息传递方便；人身及物资安全。

（5）材料与设备进场检测。按照质量标准和设计要求（没有质量标准的按出场检验标准），对所有进场的材料和设备进行检验。材料与设备进场检验应有建设单位和监理在场，并由建设单位和监理确认。将测试记录备案。

（6）光（电）缆和塑料子管配盘。根据复测结果、设计资料和材料订货情况，进行光（电）缆配盘及接头点的规划。

（7）安装、调试施工机具。做好施工机具和施工设备的安装、调试工作，避免施工时设备和机具发生故障，造成窝工，影响施工进度。

3）设备安装工程

（1）施工机房的现场考察。了解现场、机房内的特殊要求，考察电力配电系统、机房走线系统、机房接地系统、施工用电和空调设施。

（2）办理施工准入证件。了解现场、机房的管理制度，服从管理人员的安排；提前办理必要的准入手续。

（3）设计图纸现场复核。依据设计图纸进行现场复核，复核的内容包括需要安装的设备位置、数量是否准确有效；线缆走向、距离是否准确可行；电源电压、熔断器容量是否满足设计要求；保护接地的位置是否有冗余；防静电地板的高度是否和抗震机座的高度相符。

（4）安排设备、仪表的存放地。落实施工现场的设备、材料存放地，并确认是否需要防护（防潮、防水、防曝晒），配备必要的消防设备，仪器仪表的存放地要求安全可靠。

（5）在用设备的安全防护措施。了解机房内在用设备的情况，严禁乱动内部与工程无关的设施、设备，制定相应的安全防范措施。

（6）机房环境卫生的保障措施。了解现场的卫生环境，制定保洁及防尘措施，配备必要的设施。

4）其他准备工作

（1）做好冬雨季施工准备工作。包括施工人员的防护措施；施工设备运输及搬运的防护措施；施工机具、仪表安全使用措施。

（2）特殊地区施工准备。高原、高寒地区，沼泽地区等地区的特殊准备工作。

2. 施工单位技术准备工作主要内容

施工前应认真审阅施工图设计，了解设计意图，做好设计交底、技术示范，统一操作要求，使参加施工的每个人都明确施工任务及技术标准，严格按施工图设计施工。

3. 施工实施

在施工工程中，隐藏工程的每道工序完成后应由建设单位委派的监理工程师或随工代表进行随工验收，验收合格后才能进行下一道工序。完工并自验合格后方可提交"交（完）工报告"。

三、验收投产阶段

为了充分保证通信系统工程的施工质量，工程结束后，必须经过验收才能投产使用。这个阶段的主要内容包括初步验收、生产准备、试运行以及竣工验收等方面。

（一）初步验收

初步验收一般由施工企业在完成承包合同规定的工程量后，依据合同条款向建设单位申请项目完工验收。初步验收由建设单位（或委托监理公司）组织，相关设计、施工、维护、档案及质量管理等部门参加。除小型建设项目外，其他所有新建、扩建、改建等基本建设项目以及属于基本建设性质的技术改造项目，都应在完成施工调测之后进行初步验收。初步验收的时间应在原定计划工期内进行，初步验收工作包括检查工程质量、审查交工资料、分析投资效益、对发现的问题提出处理意见，并组织相关责任单位落实解决。

（二）试运行

试运行是指工程初验后到正式验收、移交之间的设备运行。由建设单位负责组织，供货厂商、设计、施工和维护部门参加，对设备、系统功能等各项技术指标以及设计和施工质量进行全面考核。经过试运行，如果发现有质量问题，由相关责任单位负责免费返修。一般试运行期为3个月，大型或引进的重点工程项目，试运行期限可适当延长。运行期内，应按维护规程要求检查证明系统已达到设计文件规定的生产能力和传输指标。试运行期满后应写出系统使用的情况报告，提交给工程竣工验收会议。

（三）竣工验收

竣工验收是通信的最后一项任务，当系统试运行完毕并具备了验收交付使用的条件后，由相关部门组织对工程进行系统验收。

竣工项目验收后，建设单位应向主管部门提出竣工验收报告，编制项目工程总决算，并系统地整理出相关技术资料（包括竣工图纸、测试资料、重大障碍和事故处理记录），以及清理所有财产和物资等，报上级主管部门审查。竣工项目经验收交接后，应迅速办理固定资产交付使用的转账手续（竣工验收后的3个月内应办理完毕固定资产交付使用的转账手续），技术档案移交维护单位统一保管。

博士课堂

> **谁是这起房地产事故的主要责任人？**
>
> 某市房地产公司，华总是公司老总，于总是公司常务副总。两人各有分工，项目合同和付款方面由华总负责签字，现场质量由于总负责监管。
>
> 项目启动当天，在地质勘察上出了点小问题，即勘察得不准确，由于两位老总都收了红包，所以当时谁都没吱声，项目继续，问题被搁置。
>
> 然后进入了工程降水阶段，工程降水方案及施工队伍都是两位老总的关系户并且都给了两人红包，还是那样分工：华总负责合同签字，于总负责质量。后来因为降水出了问题，项目周围的房屋开始不均匀沉降，导致房屋开裂，这时居民都去找具体负责质量的于总，想要讨个说法。于总认为合同不是他签的，出了问题找不上他，反正都是华总签的字，所以他就一直拖着。
>
> 过了一段时间，居民们一看公司没实施任何针对措施，就采取了过激的行动，将工程大门口堵住，并且打伤了工程管理人员。
>
> 最后的协商结果是公司负责帮居民把房子修好，还得赔付一定的费用。这样一来，算上赔偿、工期耽误等，公司至少损失上千万元。
>
> **案例问题：**
> (1) 谁是这起房地产事故的主要责任人？
> (2) 问题的根源在哪里？

任务小结

本任务介绍了通信建设基本程序，包括立项阶段、实施阶段、验收投产阶段的相关基本程序。

任务三 通信监理基础知识

一、通信建设工程监理的概念、任务和目的

(一) 通信建设工程监理的相关概念

1. 监理

监理是指按照相应的规约进行监督、协调理顺业主和承建方之间的各种关系。

2. 通信建设监理

通信建设监理是指监理企业受建设单位委托，依据国家有关工程建设的法律、法规、规章和标准规范，对通信建设工程项目进行监督管理的活动。

需要注意的是，不能把监理简单理解为"监督管理"，监理没有管理的权限，只是一个中间环节，更多的是为业主实行监督的义务，梳理协调项目的管理，使之更快、更准确、更完整地完成。

3. 通信建设监理单位

通信建设监理单位是指具有独立企业法人资格，并具备规定数量的监理工程师和注册资金、必要的软硬件设备、完善的管理制度和质量保证体系、固定的工作场所和相关的监理工作业绩，取得信息产业主管部门颁发的《通信建设监理企业资质证书》，从事通信建设工程监理业务的单位。

通信建设工程建设监理包括政府监管和社会监理两部分。政府监管主要在组织机构和手段上加强及完善对通信建设过程的监督与控制；社会监理是指按照相应规定组建的公司，自成体系。本书主要涉及社会监理。

通信建设工程监理具有服务性、独立性、科学性和公正性的性质。

（二）通信建设工程监理的主要任务和目的

通信工程项目监理的任务主要包括造价控制、进度控制、质量控制、合同管理、信息管理、安全管理、组织协调，即三控三管一协调，同样的任务，监理与工程项目管理的区别在于其完成主体及出发角度不同。

通信类工程项目监理的目的：力求使通信建设工程项目能够在计划的投资额度、进度和质量目标内建成使用。

二、监理单位与其他建设主体的关系

工程建设活动中有关各方之间的相互关系的基本形式是合同关系，包括直接的合同关系和间接的合同关系。

具体来说，项目监理单位与其他有关各方的关系如下。

1. 项目监理单位与建设单位的关系

（1）平等的企业法人关系。监理单位与建设单位都是独立的企业法人，在通信建设市场中的地位是平等的。

（2）委托与被委托的合同关系。监理单位与建设单位作为委托监理合同的合同主体，是委托与被委托的关系。项目监理单位的主要任务是实施建设单位提供委托监理合同所约定的服务内容，项目监理机构应及时向建设单位报送有关报告和材料。

2. 项目监理单位与施工单位的关系

（1）平等的企业法人关系。监理单位与施工单位是独立的企业法人，在通信建设市场中的地位是平等的。

（2）监理与被监理的关系。项目监理单位与施工单位之间通过建设单位与承包单位的施工承包合同建立了监理与被监理关系，在委托监理的工程项目中，施工单位必须接受监理单位的监督管理。

3. 项目监理单位与设计单位的关系

在委托设计阶段监理的工程项目中，建设单位与设计单位签订的设计合同及与项目监理单位签订的委托监理合同，明确了项目监理单位与设计单位之间监理与被监理的关系，设计单位应接受项目监理单位的监督管理。

在没有委托设计阶段监理的工程项目中，项目监理单位与设计单位没有合同关系，只是工作上的互相配合的关系。项目监理单位要领会设计文件的意图，设计单位要进行设计交底。当项目监理人员发现设计存在一定缺陷或设计方案不尽合理时，可通过建设单位向设计单位提出修改意见。

当建设单位或承包单位提出需要进行设计变更时，项目监理单位要委派监理人员进行审查，并通过建设单位提请设计单位修改设计。

4. 项目监理单位与材料、设备供应单位的关系

工程质量的第一关就是材料、设备，把好材料、设备的质量关是至关重要的，无论是建设单位还是承包单位与材料、设备供应商订立的供货合同，都应报送或将合同中相关的技术要求抄送项目监理单位，当材料、设备送达现场后，应通知项目监理单位，由项目监理单位组织建设、施工、供货四方联合组织验收，对于不合格的设备、材料应做退货处理，供货单位在接到监理通知单后，应对所供货的设备、材料负责，不合格的设备、材料应立即调换或调整。

三、通信建设工程监理的工作方式和控制原则

（一）通信建设工程监理的工作方式

1. 旁站

旁站是指在关键部位或关键工序的施工过程中，监理人员在施工现场所采取的监督活动，它的要素有以下几个。

① 旁站是针对关键部位或关键工序并为保证这些关键工序或操作符合相应规范的要求所进行的活动。

② 旁站是监理人员在施工现场进行的活动。

③ 旁站是一个监督活动，并且一般情况是间断的，当然根据情况的需要可以是连续的，可以通过目视，也可以通过仪器设备进行。

2. 巡视

巡视是相对于旁站而言的，是对于一般的施工工序或施工操作所进行的一种监督检查手段。项目监理机构为了了解施工现场的具体情况（包括施工的部位、工种、操作机械、质量等情况），需要每天巡视施工现场。

旁站和巡视的区别如表 1-3-1 所示。

表 1-3-1 旁站和巡视的区别

区别	旁站	巡视
目标不同	以确保关键工序或关键操作符合规范要求为主	以了解情况和发现问题为主
方法不同	目视，必要时还要辅以常用的检测工具	目视和记录为主
人员不同	实施旁站的监理人员主要以监理员为主	所有监理人员都应进行的一项日常工作

3. 见证

见证也是监理人员现场监理工作的一种方式，是指承包单位实施某一工序或进行某项工作时，应在监理人员的现场监督之下进行。见证的使用范围主要包括质量的检查试验工作、工序验收、工程计量及有关按 FIDIC 合同实施人工工日、施工机械台班计量等。如监理人员在承包单位对工程材料的取样送检过程中进行的见证取样，又如通信建设监理人员对承包单位在通信设备加电过程中做的对加电试验过程的记录。

对于见证工作，项目监理机构应在项目的监理规划中确定见证工作的内容和项目并通知承包单位。承包单位在实施见证的工作时，应主动通知项目监理机构有关见证的内容、时间和地点。见证工作的频度根据实际工作的需要进行确定。

4. 平行检验

平行检验是项目监理机构独立于承包单位之外对一些重要的检验或试验项目所进行的检验或试验，是监理机构独自利用自由的试验设备或委托具有试验资质的实验室来完成的。由于工程建设项目类别和需要检验的项目都非常多，各个检验项目在不同的工程类别中，其重要程度也各不相同，因此监理规范中未做出一个统一的平行监测标准。

平行检验涉及监理单位的监理成本，目前的取费标准中并没有明确平行监测的内容。所以，关于平行检验的频度应在委托监理合同中进行约定。

（二）通信建设工程监理的控制原则

1. 程序化控制原则

所谓程序化控制就是根据制订出的计划，检查实际完成情况并与计划进行比较，纠正所发生的偏差，使目标和计划得以实现的一种控制行为或过程。

程序要由总监理工程师组织制定，要有施工单位、建设单位代表参加，程序发布后，各方都要认真执行，使施工过程、监理过程实现程序化控制。

通信建设工程中经常使用的程序包括施工阶段质量控制程序；单项工程质量控制程序；隐蔽工程检验程序；工程进度控制程序；工程付款控制程序；工程停工、复工程序；工程变更程序；工程竣工验收程序、通信系统调测程序、工程验收程序、电路割接程序等。

2. 主动控制、被动控制相结合的原则

1）主动控制

主动控制是指预先分析目标偏离的可能性，且拟定和采取各项预防措施，以使计划目标顺利实现的一种控制类型。

2）被动控制

被动控制是指工程建设按计划进行，但由监理人员对计划（包括质量管理方案）的实施进行跟踪，把输出的结果信息加工整理，并与原来的计划进行对比，从中发现偏差，进而采取措施纠正偏差的一种控制类型。

3）监理工作要采取主动控制与被动控制相结合的工作原则

主动控制是首选的控制类型，它可以帮助监理人员避免一些不应发生的偏差，保障工程项目建设的成功。在监理规范中，审查施工方案、进度计划、对原材料及其配合比进行检验，以及核验特殊工种作业人员的上岗证书等许多措施均属于主动控制类型的措施。

但工程项目建设受很多因素干扰，主动控制也可能发生偏差。当采取主动控制的措施后，项目能否不发生偏差很难确定。因此，为保证项目顺利建成，不出现任何不合格工序

或单位工程，被动控制的措施是不能被取代的。因此，在实际监理工作中，应该把主动控制和被动控制结合起来使用。

3. 关键点控制原则

关键点控制是目标控制的又一条重要措施。在根据目标及其计划、标准来检查工程项目建设过程中，为了进行有效的控制，需要特别注意那些对项目建设结果有关键意义的因素、环节和过程等，将这些具有关键意义的因素、环节和过程等作为目标控制工作的重点。这就是关键点控制原则。

关键点可按质量关键点、进度关键点、投资关键点3个方面来分类设置，也可按工程项目建设的过程（如设计阶段、施工阶段）来分类设置。选择关键点的原则是根据工程项目建设的特点，选择那些对实现工程项目建设目标难度大、影响大、危害大的对象作为控制关键点。

有些关键点同时是3个目标控制的关键因素，工程项目建设目标是一个综合、系统、复杂的目标，在选择和设置关键点时，要充分认识到质量目标、进度目标、造价目标的对立统一关系，综合分析各个关键点对工程项目具体的影响程度，采取切实可行的控制措施。

四、通信建设工程监理的流程

建设单位与监理公司签署委托监理合同后，监理公司委任总监理工程师组建项目监理部，在总监理工程师的主持下开展监理工作，具体监理流程如图1-3-1所示。

> **重点掌握**
> - 通信建设工程监理的工作方式。
> - 通信建设工程监理的控制原则。
> - 监理流程。

小博士

项目监理未来的发展趋势：

（1）建设监理应回归其"为业主提供建设工程专业化监督管理服务"的本来定位。

（2）政府对建设监理的管理将进一步从微观转向宏观，重点放到政策引导上。

（3）强制监理和政府定价制度将逐步退出历史舞台。

（4）社会对监理的素质要求将越来越高。

（5）监理行业结构将出现分化，出现金字塔形的构架。

综上所述，我国建设监理的发展需要政府更为有效的政策支持，需要更为公平、诚信的市场环境，需要所有从业人员的不懈努力。不管它贯以何种名称，这种"为业主的工程建设提供专业化监督管理服务"的工作终将有其旺盛的生命力。

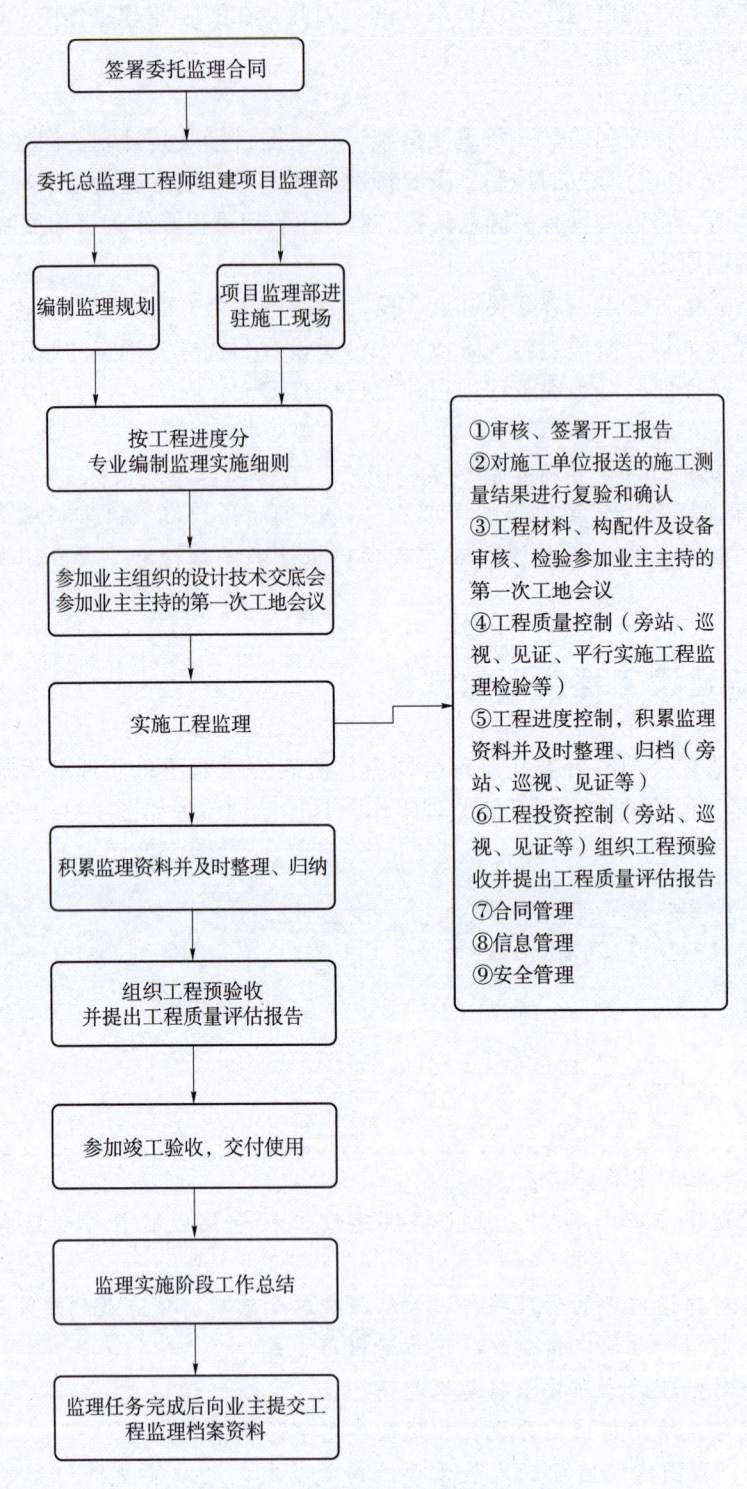

```
┌─────────────────┐
│ 签署委托监理合同 │
└────────┬────────┘
         ↓
┌──────────────────────────┐
│ 委托总监理工程师组建项目监理部 │
└──────┬───────────┬───────┘
       ↓           ↓
┌────────────┐ ┌──────────────┐
│ 编制监理规划 │ │ 项目监理部进驻施工现场 │
└──────┬─────┘ └──────┬───────┘
       ↓              ↓
┌──────────────────────┐
│ 按工程进度分           │
│ 专业编制监理实施细则    │
└──────────┬───────────┘
           ↓
┌──────────────────────────┐
│ 参加业主组织的设计技术交底会 │
│ 参加业主主持的第一次工地会议  │
└──────────┬───────────────┘
           ↓
┌──────────────┐      ┌────────────────────────────┐
│ 实施工程监理   │─────→│ ①审核、签署开工报告           │
└──────┬───────┘      │ ②对施工单位报送的施工测量     │
       ↓              │   结果进行复验和确认          │
                      │ ③工程材料、构配件及设备       │
                      │   审核、检验参加业主主持的    │
                      │   第一次工地会议              │
                      │ ④工程质量控制（旁站、巡       │
                      │   视、见证、平行实施工程      │
                      │   监理检验等）                │
                      │ ⑤工程进度控制，积累监理       │
                      │   资料并及时整理、归档（旁    │
                      │   站、巡视、见证等）          │
                      │ ⑥工程投资控制（旁站、巡       │
                      │   视、见证等）组织工程预验    │
                      │   收并提出工程质量评估报告    │
                      │ ⑦合同管理                    │
                      │ ⑧信息管理                    │
                      │ ⑨安全管理                    │
                      └────────────────────────────┘
┌──────────────────────────┐
│ 积累监理资料并及时整理、归纳 │
└──────────┬───────────────┘
           ↓
┌──────────────────────┐
│ 组织工程预验收         │
│ 并提出工程质量评估报告  │
└──────────┬───────────┘
           ↓
┌──────────────────────┐
│ 参加竣工验收，交付使用  │
└──────────┬───────────┘
           ↓
┌──────────────────────┐
│ 监理实施阶段工作总结    │
└──────────┬───────────┘
           ↓
┌──────────────────────────┐
│ 监理任务完成后向业主提交工  │
│ 程监理档案资料             │
└──────────────────────────┘
```

图 1-3-1 通信建设工程监理流程框图

任务小结

本任务介绍了通信监理基础知识,包括监理的相关概念以及通信监理工作方式、控制原则、监理流程。

※ 思考与练习

一、简答题

(1) 简述通信项目的特点及分类。
(2) 简述通信项目管理的任务。
(3) 简述通信项目的建设程序。
(4) 简述通信建设监理的概念和性质。
(5) 简述通信建设监理的工作方式及控制原则。
(6) 简述项目的组织和法律条件。

二、判断题

(1) (　　) 项目是指特定的组织机构在一定约束条件下,为完成某种特定目标进行的一次性专门任务。
(2) (　　) 工程项目是指为达到预期的目标,投入一定量的资本,在一定的约束条件下,经过决策与实施的不同程序而形成固定资产的一次性事业。
(3) (　　) 目前通信类工程项目管理的任务主要包括造价控制、进度控制、质量控制、合同管理、信息管理、安全管理、组织协调,即"三控三管一协调"。
(4) (　　) 建设单位与设计单位、施工单位、材料设备供应单位之间是间接的合同关系。
(5) (　　) 旁站的目标是以确保关键工序或关键操作符合规范要求为主,而巡视的目标是以了解情况和发现问题为主。
(6) (　　) 工程造价的特点决定不了工程造价的计价特征。
(7) (　　) 产品的差别性决定每项工程都必须依据其差别单独计算造价。
(8) (　　) 建设项目的组织是多次性的,随项目开始而产生,随项目的结束而消亡。
(9) (　　) 工程造价是通过多次性预估,最终通过竣工决算确定下来的。
(10) (　　) 建设工程造价的有效控制是工程建设管理的重要组成部分。

三、选择题

(1) 通信类工程项目管理的任务主要包括(　　)。
A. 造价控制、信息管理、组织协调　　B. 质量控制、安全管理
C. 进度控制、合同管理　　　　　　　D. 以上都是
(2) 工程项目的基本特征有(　　)。
A. 建设目标的明确性　　　　　　　　B. 工程项目的长期性
C. 工程项目的综合性　　　　　　　　D. 工程项目的风险性

（3）以下是通信项目的基本特征的是（　　）。
A. 一次性　　　　　B. 系统性　　　　　C. 临时性　　　　　D. 以上都是

（4）旁站和巡视的区别，不包括（　　）。
A. 目标不同　　　　B. 方法不同　　　　C. 人员不同　　　　D. 项目不同

（5）通信建设监理的控制原则包含（　　）。
A. 程序化控制原则　　　　　　　　　　B. 主动控制与被动控制相结合的原则
C. 关键点控制原则　　　　　　　　　　D. 整体控制

（6）投资在（　　）万元以上的省定通信工程项目可以划分为二类工程。
A. 100　　　　　　B. 1 000　　　　　C. 2 000　　　　　D. 5 000

（7）根据国家建设部提出的关于工程加强保修办法的精神，通信工程建设实行保修的期限为（　　）。
A. 3 个月　　　　　B. 6 个月　　　　　C. 10 个月　　　　D. 1 年

项目二

通信项目组织管理

项目描述

本项目主要介绍通信项目组织的基本概念，工程项目甲方、乙方组织机构形式，项目经理责任制及项目经理素质要求，监理企业资质，以及监理机构的相关知识。

项目目标

（1）识记：项目组织机构设置的原则，项目管理组织制度。
（2）领会：项目甲方组织机构、项目乙方组织机构。
（3）应用：项目经理的地位和责任制，项目经理素质，通信建设工程监理的性质、工作方式及控制原则。
（4）能够：培养诚实守信、科学严谨的精神。

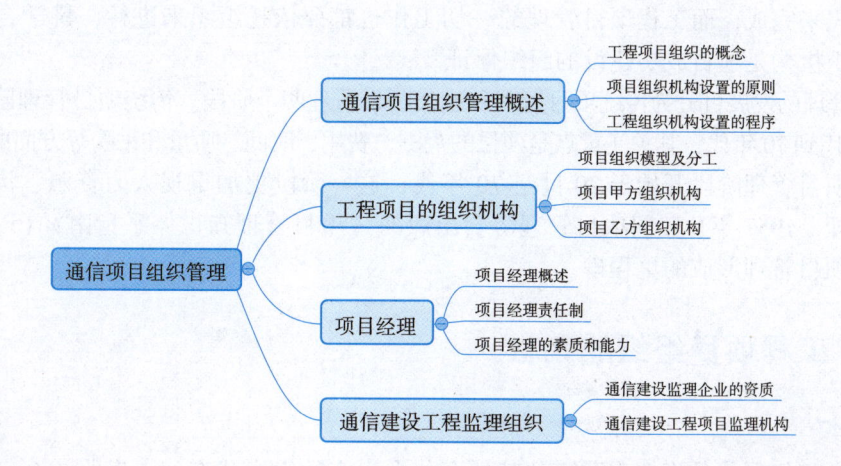

知识体系

通信项目组织管理
- 通信项目组织管理概述
  - 工程项目组织的概念
  - 项目组织机构设置的原则
  - 工程组织机构设置的程序
- 工程项目的组织机构
  - 项目组织模型及分工
  - 项目甲方组织机构
  - 项目乙方组织机构
- 项目经理
  - 项目经理概述
  - 项目经理责任制
  - 项目经理的素质和能力
- 通信建设工程监理组织
  - 通信建设监理企业的资质
  - 通信建设工程项目监理机构

任务一 通信项目组织管理概述

项目管理可以分为以下六要素，包括目的（客户满意度）、工作范围、组织、质量、时间、成本，如图 2-1-1 所示。

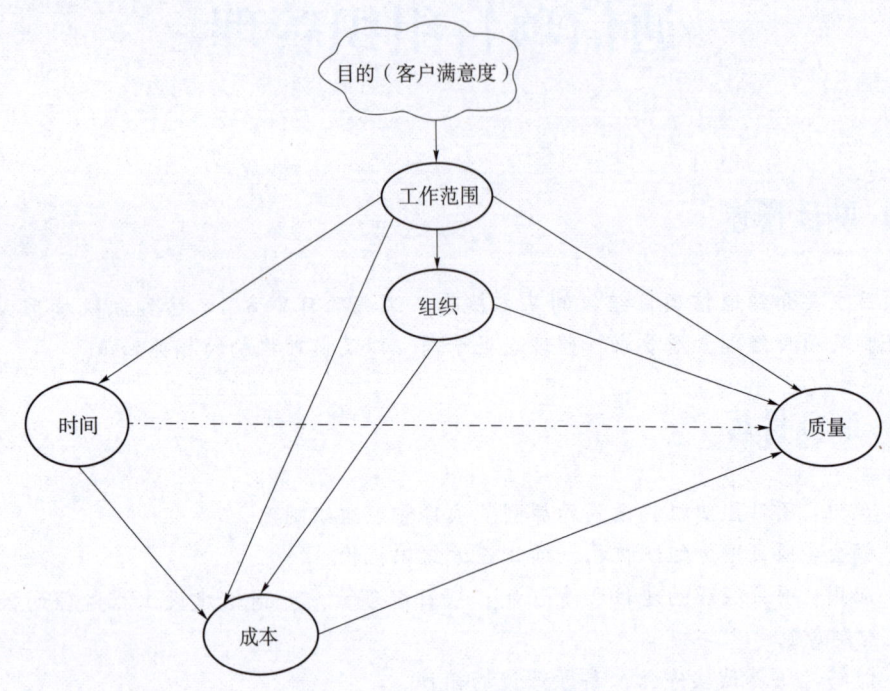

图 2-1-1 项目管理的六要素

在项目实施中，这 6 个指标能否达标，关系到项目管理的成败。其中，项目目标的实现要靠组织来完成，而工程项目管理的一切工作也都要依托组织来进行，科学合理的组织制度和组织机构是项目成功建设的组织保证。

项目管理的发展可分为传统项目管理和现代项目管理两个阶段。传统项目管理阶段是从 20 世纪 40 年代到 70 年代，其关注重点是项目的范围、费用、时间、质量和采购等方面的管理。现代项目管理阶段开始于 20 世纪 70 年代，这一阶段更加重视人力资源、沟通、风险和整体管理。1957 年，美国项目管理协会出版的《项目管理知识体系指南》（PMBHOK），成为现代项目管理形成的里程碑。

一、工程项目组织的概念

1. 组织

企业的组织形式是指企业财产及其社会化大生产的组织状态，它表明一个企业的财产构成、内部分工协作与外部社会经济联系的方式。项目组织（Project Organization）是指那些一切工作都围绕项目进行，通过项目创造价值并达成自身战略目标的组织，包括企业、企业内部的部门或其他类似的机构。这里所谓的项目型组织，不同于我们日常所说的项目部，它是指一种专门的组织结构。

在一个持续经营的企业中，往往同时存在着运行管理（Operation）和项目管理（Project）这两种主要的管理模式，一些经营管理活动经常采用项目的方式来实现，因此项目管理本身的组织管理方式必然要受到企业组织结构的影响，不同的企业组织结构、不同的项目组织方式在项目管理上都有不同的特点。

2. 工程项目组织

工程项目组织是指工程项目的参加者、合作者为了最优化实现项目的目标对所需资源进行合理配置，按一定的规划或规律构成的整体，是工程项目行为主体构成的系统，是一种一次性、临时性组织机构。其组织职能是为实现组织目标，对每个组织成员规定其在工作中形成的合理分工协作关系，对工程项目来说，就是通过建立以项目经理为中心的组织保证系统来确保项目目标的实现。

二、项目组织机构设置的原则

项目组织机构设置要遵循一定的原则，主要有以下几个方面。

1. 目标任务原则

设置组织机构的根本目的就是实现其特定的任务和目标，组织机构的全部设计工作必须以此作为出发点和归宿点，组织的调整、增加、合并或取消都应以是否对其实现目标有利为衡量标准。

根据这一原则，在进行组织设计时，首先应当明确该组织的发展方向和经营战略等，这些问题是组织设计的大前提。这个前提不明确，组织设计工作将难以进行。

2. 责权利相结合的原则

责任、权力、利益三者之间是不可分割的，而且必须是协调、平衡和统一的。责任是权力的约束，有了责任，权力拥有者在运用权力时就必须考虑可能产生的后果，不至于滥用权力；权力是责任的基础，有了权力才可能负起责任；利益的大小决定了管理者是否愿意担负责任以及接受权力的程度，利益大责任小的事情谁都愿意去做，相反，利益小责任大的事情人们很难愿意去做，其积极性也会受到影响。

3. 分工协作原则及精干高效原则

组织任务目标的完成，离不开组织内部的专业化分工和协作，现代项目的管理工作量大、专业性强，分别设置不同的专业部门，有利于提高管理工作的效率。在合理分工的基础上，各专业部门又必须加强协作和配合，才能保证各项专业管理工作的顺利开展，从而达到组织的整体目标。

4. 管理幅度原则

管理幅度又称管理跨度，指各主管能够直接有效地指挥下属成员的数目。受个人精力、知识、经验条件的限制，一个上级主管所管辖的人数是有限的，但究竟多少比较合适，很难有一个确切的数量标准。一般认为，跨度大小应是个弹性限度。上层领导的管理跨度为3~9人，以6~7人为宜；基层领导为10~20人，以12人为宜；中层领导则居中。

同时，从管理效率的角度出发，每一个企业不同管理层次上主管的管理幅度也不同。

管理幅度的大小同管理层次的多少成反比关系。因此，在确定企业的管理层次时，也必须考虑到有效管理幅度的制约。

5. 统一指挥原则和权力制衡原则

统一指挥是指无论对哪一件工作来说，一个下属人员只应接受一个领导人的命令。权力制衡是指无论哪一个领导人，其权力运用必须受到监督，一旦发现某个机构或者职务拥有者有严重损害组织的行为，可以通过合法程序，制止其权力的运用。

6. 集权与分权相结合的原则

在进行组织设计或调整时，既要有必要的权力集中，又要有必要的权力分散，两者不可偏废。集权是大生产的客观要求，它有利于保证企业的统一领导和指挥，有利于人力、物力、财力的合理分配和使用；而分权则是调动下级积极性、主动性的必要组织条件。合理分权有利于基层根据实际情况快速而准确地做出决策，也有利于上层领导摆脱日常事务，集中精力抓大问题。

三、工程组织机构设置的程序

项目组织机构设置不仅要遵循一定原则，还要按照一定程序，其设置程序如图2-1-2所示。

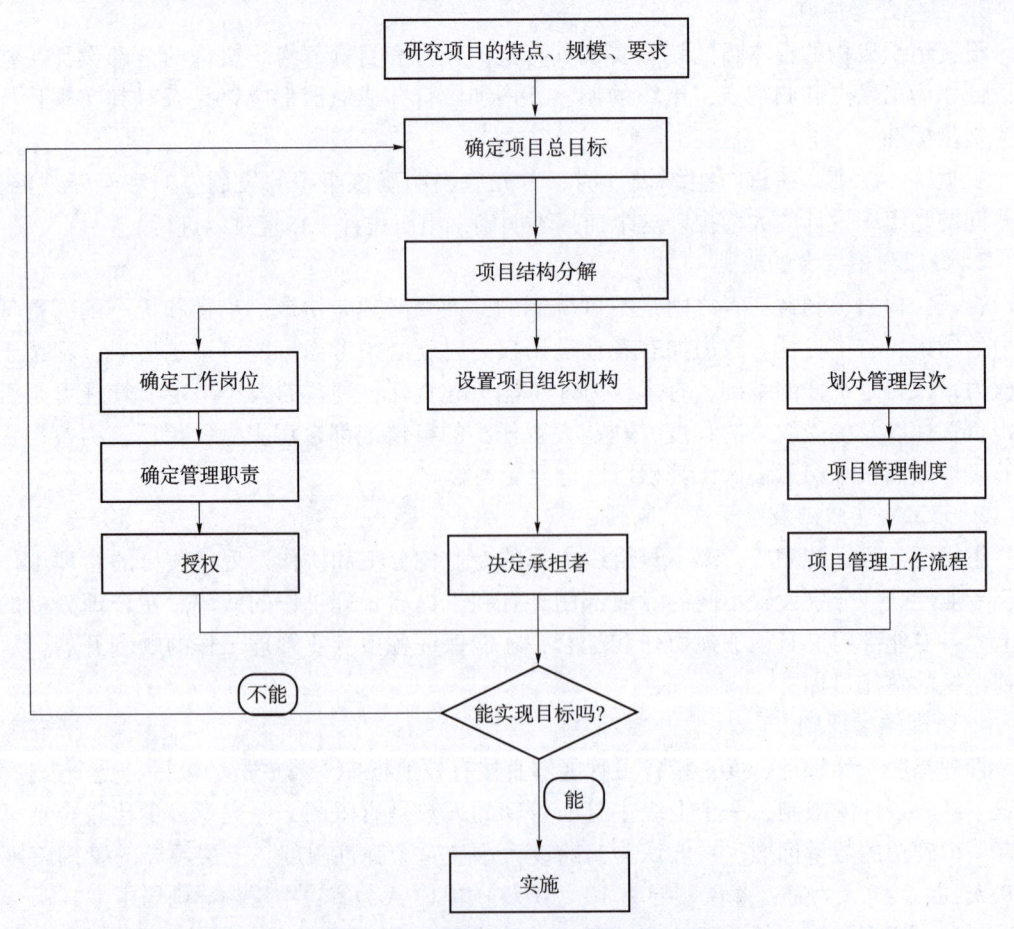

图 2-1-2　项目组织机构设置程序框图

博士课堂

【背景材料】

某通信管道工程，已建成人孔 21 个，经业主代表现场检验，发现有 12 个人孔平面尺寸偏小，没有达到施工图规定标准，其中最大差 4.5 cm，最小差 1 cm。业主要求全部拆除重建。

监理应如何处理？

（1）同意业主意见。

（2）协调业主不要拆除重建。

（3）按设计图纸与管道规范处理。

对此，监理单位有无责任？

任务小结

本任务介绍了通信项目组织管理概述，主要内容包括工程项目组织的概念、工程项目组织的管理职能，工程项目组织机构设置的原则及程序、项目管理组织制度。

任务二　工程项目的组织机构

一、项目组织模型及分工

项目组织管理是分层的，不同层次上的管理其分工也不相同，图 2-2-1 所示为常见的项目组织模型及其分工。

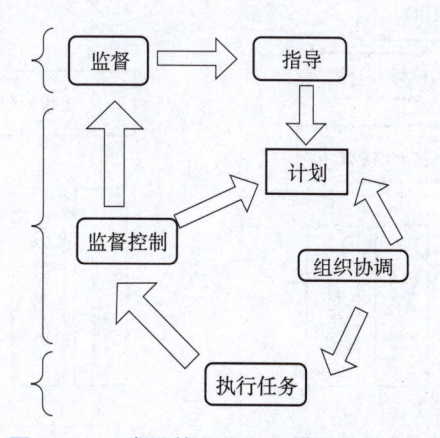

图 2-2-1　常见的项目组织模型及其分工

项目的组织机构是按照一定的活动宗旨（管理目标、活动原则、功效要求等），把项目的有关人员根据工作任务的性质划分为若干层次，明确各层次的管理职能，并使其具有系统性、整体性的组织系统。高效率组织机构的建立是项目管理取得成功的组织保证。工程项目的组织机构包括项目法人单位（或称建设单位，在合同中称为"甲方"）的组织机构与承包单位（如施工单位，在合同中称为"乙方"）的组织机构，双方机构密切配合才能完成项目任务。由于甲、乙双方在项目建设中所处的地位、承担的责任和目标有一定区别，因此组织机构的设置是不同的。

二、项目甲方组织机构

项目甲方的组织机构与我国投资管理体制关系极为密切，由于中华人民共和国成立后的大部分时间实行计划投资管理体制，国家是建设项目唯一的投资主体，是项目业主。因此，原来经常采用的是建设单位自管方式和工程指挥部管理方式，但由于市场经济的发展，工程项目建设向社会化、大生产化和专业化的客观要求迈进，这些形式已经基本上不再采用。

目前主要采用的组织机构形式有以下几种。

1. 总承包管理方式

总承包管理方式是指业主将建设项目的全部设计和施工任务发包给一家具有总承包资质的承包商，即将勘察设计、设备选购、工程施工、试运转和竣工验收等全部工作委托给一家大承包公司去做，待工程竣工后接过钥匙即可将其启用，这种管理方式也叫"全过程承包"或"交钥匙管理"。承担这种任务的承包商可以是一体化的设计施工公司，也可以由设计、器材供应、设备制造厂及咨询机构等组成"联合体"。这种管理组织形式如图 2-2-2 所示。

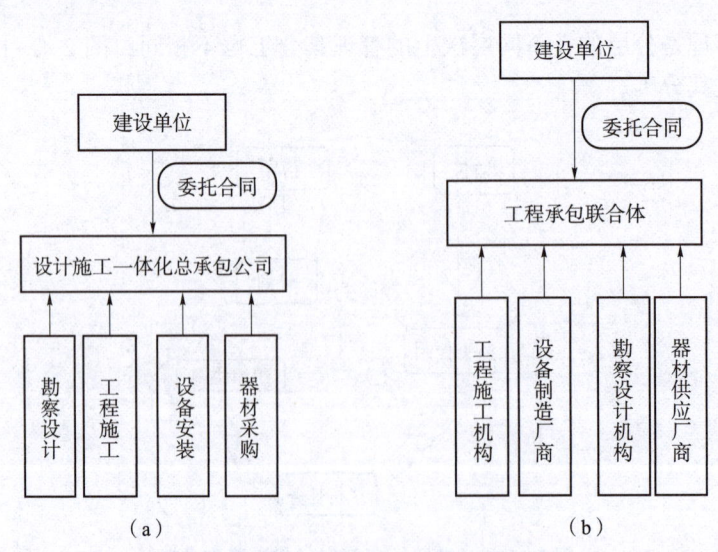

图 2-2-2 总承包制管理方式
（a）设计施工一体化总承包制；（b）工程承包联合体方式

2. 工程项目管理承包方式

即建设单位将整个工程项目的全部工作，包括可行性研究、场地准备、规划、勘察设计、材料供应、设备采购、施工监理及工程验收等全部任务，都委托给工程项目管理专业公司去做。工程项目管理专业公司派出项目经理，再进行招标或组织有关专业公司共同完成整个建设项目。这种管理组织形式如图2-2-3所示。

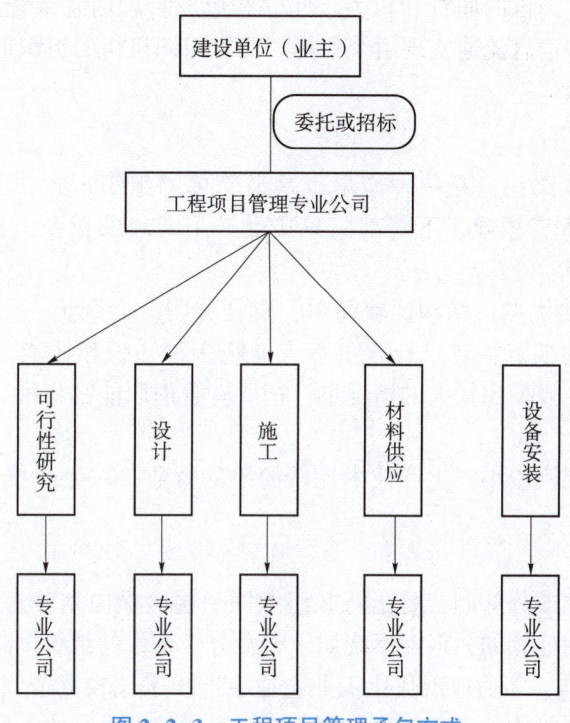

图 2-2-3　工程项目管理承包方式

3. 工程建设监理制方式

工程建设监理制是建设单位分别与承包商和监理机构签订合同，由监理机构全权代表建设单位对项目实施管理，对承包商进行监督。这时建设单位不直接管理项目，而是委托监理机构来全权代表业主对项目进行管理、监督、协调、控制。在这种方式下，项目的拥有权与管理权相分离，业主只需对项目的制定目标提出要求，并负责最后的工程验收。

工程建设监理制是常用的一种建设管理方式，它把业主、承包商和监理机构三者相互制约、互相依赖的关系，形象地用三角形关系来表述，又称为"三角管理方式"，如图2-2-4所示。

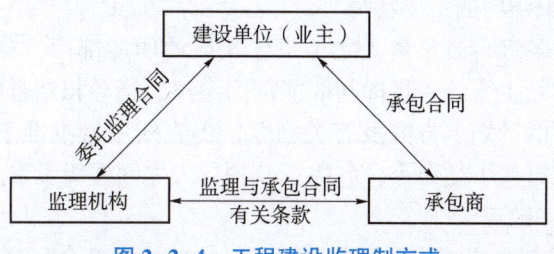

图 2-2-4　工程建设监理制方式

三、项目乙方组织机构

项目乙方是指承担项目的实施并为业主服务的经济实体。为完成承包合同所规定的施工任务及实施项目管理，施工单位必须组建自己的组织机构，制定必要的规章制度，划分并明确各层次、部门、岗位的职责和权力，建立和形成管理信息系统及责任分担系统，并通过其规范化的活动和信息流通实现组织目标。乙方组织机构的组织形式包括以下几种。

（一）直线职能制

1. 直线制

直线制又称军队式结构，是一种最早也是最简单的组织形式，其特点是企业各级行政单位从上到下实行垂直领导，下属部门只接受一个上级的指令，各级主管负责人对所属单位的一切问题负责。

直线制组织结构的优点：结构比较简单，责任分明，命令统一。

直线制组织结构的缺点：要求行政负责人通晓多种知识和技能，亲自处理各种业务。在业务比较复杂、企业规模比较大的情况下，把所有管理职能都集中到最高主管一人身上，显然是不切实际的。

直线制只适用于规模较小、生产技术比较简单的企业，对生产技术和经营管理比较复杂的企业并不适用。

2. 职能制

职能制又称分职制或分部制，是指行政组织同一层级横向划分为若干个部门，每个部门的业务性质和基本职能相同，但互不统属、相互分工合作的组织体制。

（1）职能制的优点：能适应现代化工业企业生产技术比较复杂、管理工作比较精细的特点；能充分发挥职能机构的专业管理作用，减轻直线领导人员的工作负担。

（2）职能制的缺点：妨碍了必要的集中领导和统一指挥，形成了多头领导；不利于建立和健全各级行政负责人和职能科室的责任制，在中间管理层往往会出现有功大家抢、有过大家推的现象。另外，在上级行政领导和职能机构的指导和命令发生矛盾时，下级就无所适从，影响工作的正常进行，容易造成纪律松弛，生产管理秩序混乱。由于这种组织结构形式的明显缺陷，现代企业一般都不采用职能制。

3. 直线职能制

直线职能制组织结构是现实中运用最为广泛的一个组织形态，它把直线制结构与职能制绑定，以直线为基础，在各级行政负责人之下设置相应的职能部门，分别从事专业管理的组织结构形式。直线职能制结构组织形式如图 2-2-5 所示。

1）直线职能制组织结构的主要特征

以直线为基础，在各级行政负责人之下设置相应的职能部门，分别从事专业管理，作为该领导者的参谋，实行主管统一指挥与职能部门参谋、指导相结合的组织结构形式。

职能参谋部门拟订的计划、方案及有关指令，由直线主管批准下达；职能部门参谋只起业务指导作用，无权直接下达命令，各级行政领导人之间逐级负责，实行高度集权。

2）直线职能制优、缺点

（1）优点：把直线制组织结构和职能制组织结构的优点结合起来，既能保持统一指挥，

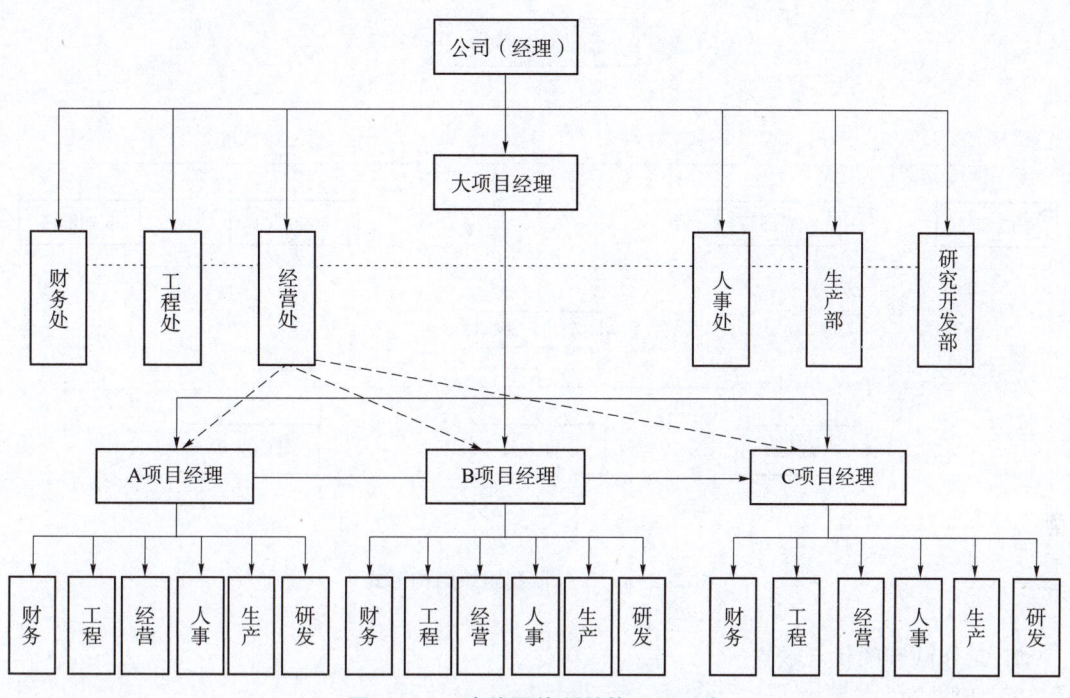

```
                       公司（经理）
                           │
                           ▼
                       大项目经理
┌────────┬────────┬────────┼────────┬────────┐
财务处   工程处   经营处            人事处  生产部  研究开发部
                    │
          ┌─────────┼─────────┐
          ▼         ▼         ▼
       A项目经理  B项目经理  C项目经理
```

图 2-2-5　直线职能制结构组织形式

又能发挥参谋人员的作用；分工精细，责任清楚，各部门仅对自己应做的工作负责，效率较高；组织稳定性较高，在外部环境变化不大的情况下，易于发挥组织的集团效率。

（2）缺点：部门间缺乏信息交流，不利于集思广益地做出决策；直线部门与职能部门（参谋部门）之间目标不易统一，职能部门之间横向联系较差，信息传递路线较长，矛盾较多，上层主管的协调工作量大；难以从组织内部培养熟悉全面情况的管理人才；系统刚性大，适应性差，容易因循守旧，对新情况不易及时做出反应。

3）直线职能制适用范围

由于直线职能制组织结构形式具有的优点，它在机构组织中被普遍采用，而且采用的时间也较长。我国目前大多数企业，甚至机关、学校、医院等一般也都采用直线职能制的结构。

（二）工作队制

工作队制组织结构形式如图 2-2-6 所示。

1. 工作队制的特征

（1）企业任命项目经理，并从企业内部招聘或抽调职能人员组成项目管理机构（混合工作队）。项目管理机构由项目经理领导，独立性很大，如图 2-2-6 中虚线方框所示。

（2）项目管理班子成员在工程建设期间与原所在部门断绝领导与被领导的关系。原单位负责人员负责业务指导及考察，但不能随意干预其工作或调回人员，如图 2-2-6 中虚箭线所示。

（3）项目管理机构项目同寿命。项目结束后机构撤销，所有人员仍回原所在部门和岗位。

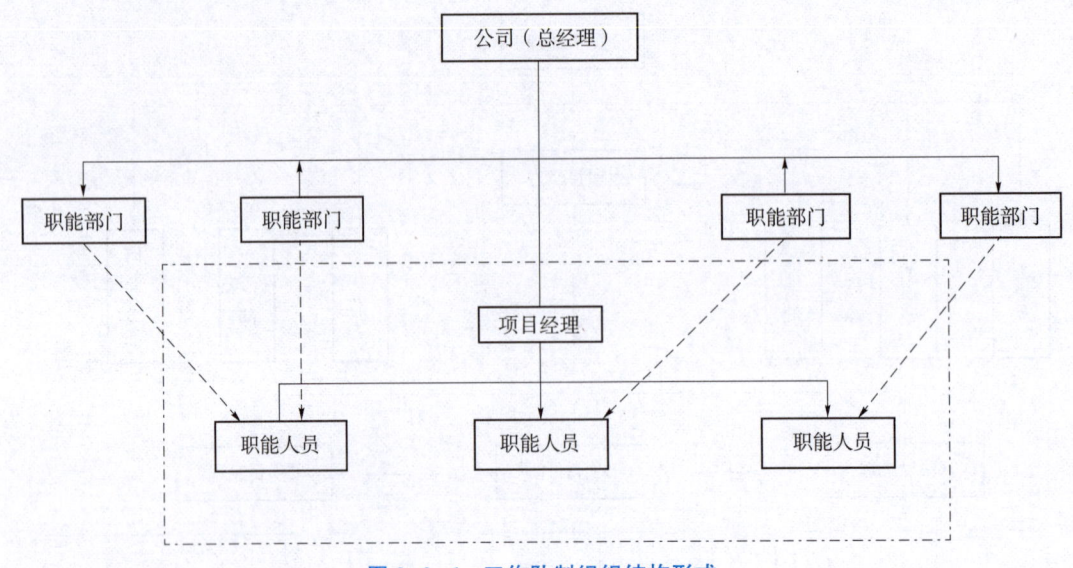

图 2-2-6　工作队制组织结构形式

2. 工作队制的优、缺点

1) 优点

（1）项目经理从职能部门抽调或招聘的人员都是有专业技术特长的，他们在项目管理中互相配合，协同工作，可以取长补短，有利于培养一专多能的人才并充分发挥其作用。

（2）各专业人员集中在现场办公，办事效率高，解决问题快。

（3）项目经理权力集中，用权的干扰少，决策及时，指挥灵便。

（4）项目与企业的结合部关系弱化，易于协调关系。

2) 缺点

（1）由于人员都是临时从各部门抽调而来的，他们互相不熟悉，难免配合不力。各类人员在同一时期内所担负的管理工作任务可能有很大差别，因此很容易产生忙闲不均情况，并导致人员浪费。特别是稀缺专业人才，难以在企业内调剂使用。

（2）人员长期离开原部门，即离开了自己熟悉的环境和工作配合对象，容易影响其积极性的发挥，而且由于环境变化，容易产生临时观点和不满情绪。

（3）职能部门的优势无法发挥作用。由于同一部门人员分散，交流困难，职能部门难以对他们进行有效的培养、指导，这削弱了职能部门的工作。当人才紧缺或者对管理效率有很高要求时，不宜采用这种项目组织类型。

3. 工作队制的适用范围

工作队制项目组织是一种按照对象原则组织的项目管理机构，可独立地完成任务，适用于大型项目、工期要求紧迫的项目，或要求多工种、多部门密切配合的项目。它要求项目经理素质高，指挥能力强，有快速组织队伍及善于指挥来自各方人员的能力。

（三）部门控制式

部门控制式是按照职能原则来建立项目组织的组织形式，如图 2-2-7 所示。

1. 部门控制式的特征

部门控制式项目组织机构不打乱企业现行的建制，由被委托的部门（施工队）领导，如图 2-2-7 中虚线框所示。

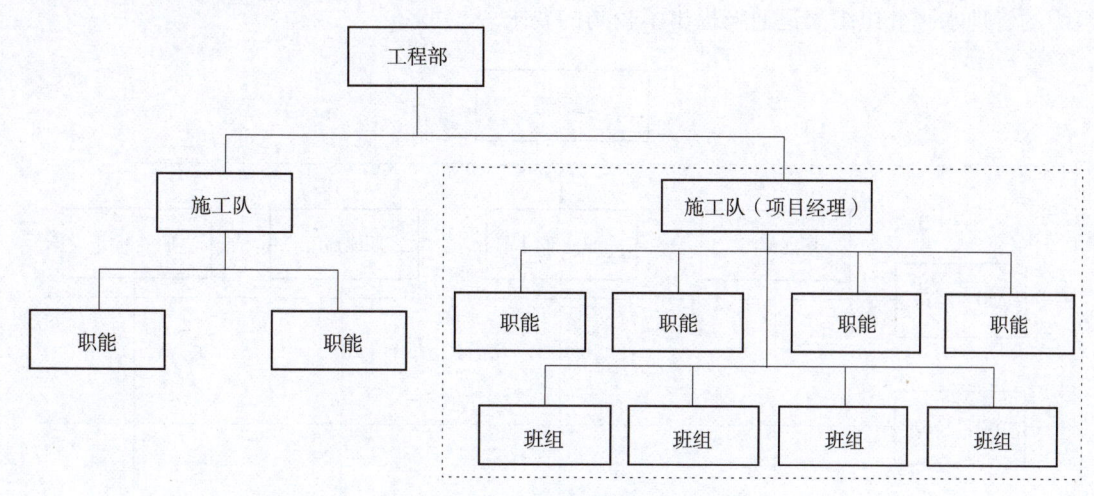

图 2-2-7 部门控制式组织形式

2. 部门控制式的优、缺点

1）优点

（1）人才作用发挥较充分，人事关系容易协调。

（2）从接受任务到组织启动运转的时间短。

（3）职责明确，职能专一，关系简单。

（4）项目经理无须专门培训便容易进入状态。

2）缺点

（1）不能适应大型项目管理需要。

（2）不利于精简机构。

3. 部门控制式的适用范围

部门控制式组织形式适用于小型的、专业性较强，不需涉及众多部门的施工项目。

（四）矩阵制

矩阵制是我国推行项目管理最理想、最典型的组织形式，它把职能原则和对象原则结合起来，在传统的直线职能制的基础上加上横向领导系统，两者构成正如数学上矩阵结构，项目经理对施工全过程负责，矩阵中每个职能人员都受双重领导。但部门的控制力大于项目的控制力。部门负责人有权根据不同项目的需要和忙闲程度，在项目之间调配部门人员，其组织形式如图 2-2-8 所示。可利用矩阵制组织形式进行动态管理、目标控制、节点考核。

1. 矩阵制的特征

（1）项目组织（作业层）是临时性的，而专业职能部门（管理层）是永久性的。

（2）双重领导。一个专业人员可能同时为几个项目服务，这可以提高人才效率，使人、组织弹性大。

（3）项目经理有权控制、使用职能人员。当感到人力不足或某些成员不得力时，他可以向职能部门求援或要求调换，辞退回原部门。

（4）项目经理部的工作有多个职能部门支持，项目经理没有人员包袱。但该型组织要求在水平方向和垂直方向都有良好的信息沟通及良好的协调配合，对整个企业组织和项目组织的管理水平和组织渠道通畅提出了较高的要求。

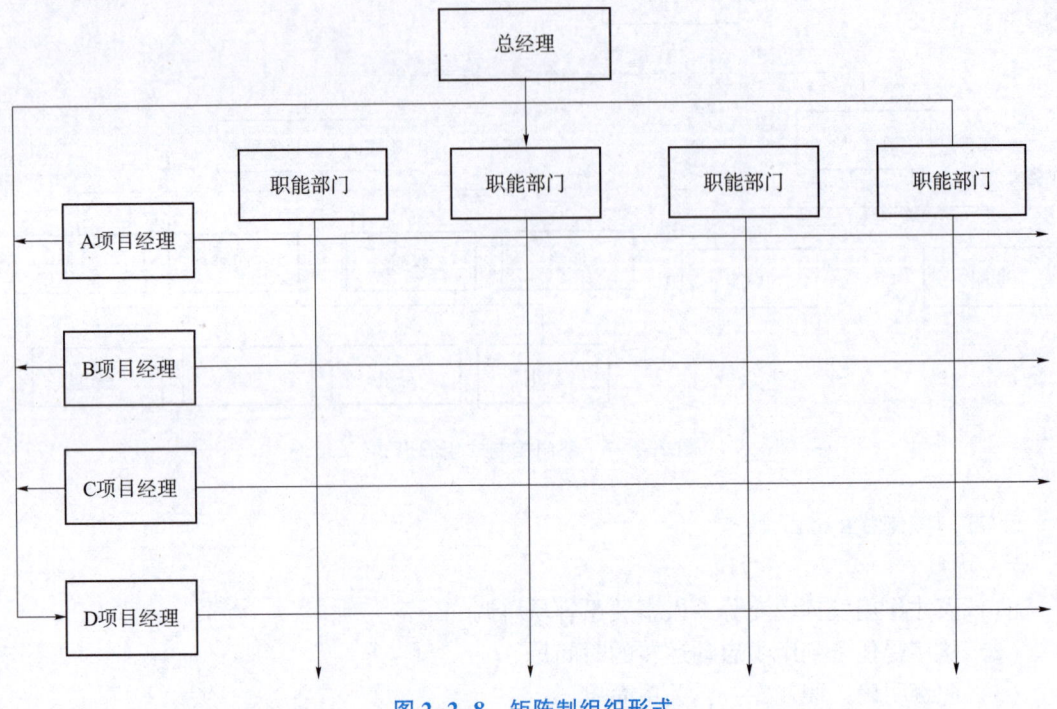

图 2-2-8 矩阵制组织形式

2. 矩阵制的优、缺点

1）优点

（1）一个专业人员可能同时为几个项目服务，特殊人才可充分发挥作用，大大提高了人才效率。

（2）有利于人才的全面培养，不同知识背景的人可在合作中相互取长补短，在实践中拓宽知识面，发挥了纵向的专业优势，可以使人才成长有深厚的专业训练基础。

2）缺点

（1）由于人员来自各职能部门，且仍受职能部门控制，故凝聚在项目上的力量减弱，项目组织的作用发挥往往会受到影响，同时由于人员在项目中的动态性，互相可能不熟悉，容易发生配合生疏状况。

（2）管理人员如果身兼多职地管理多个项目，往往难以确定管理项目的优先顺序，有时难免顾此失彼。

（3）双重领导。项目组织中的成员既要接受项目经理的领导，又要接受企业中原职能部门的领导。如果双方领导出现观点不一致时，将会使工作人员难以是从。

3. 矩阵制的适用范围

矩阵制组织形式适用于那些同时承担着多个需要进行项目管理工程的企业；适用于大型、复杂的施工项目。

（五）事业部制

事业部制是指以某个产品、地区或顾客为依据，将相关的研究开发、采购、生产、销售等部门结合成一个相对独立的单位的组织结构形式。事业部制是直线职能制高度发展的产物，事业部制结构最早起源于美国的通用汽车公司。目前，在欧、美、日等国家和地区已被广泛采用，事业部制可分为按产品划分的事业部制和按地区划分的事业部制，其组织形式如图2-2-9所示。

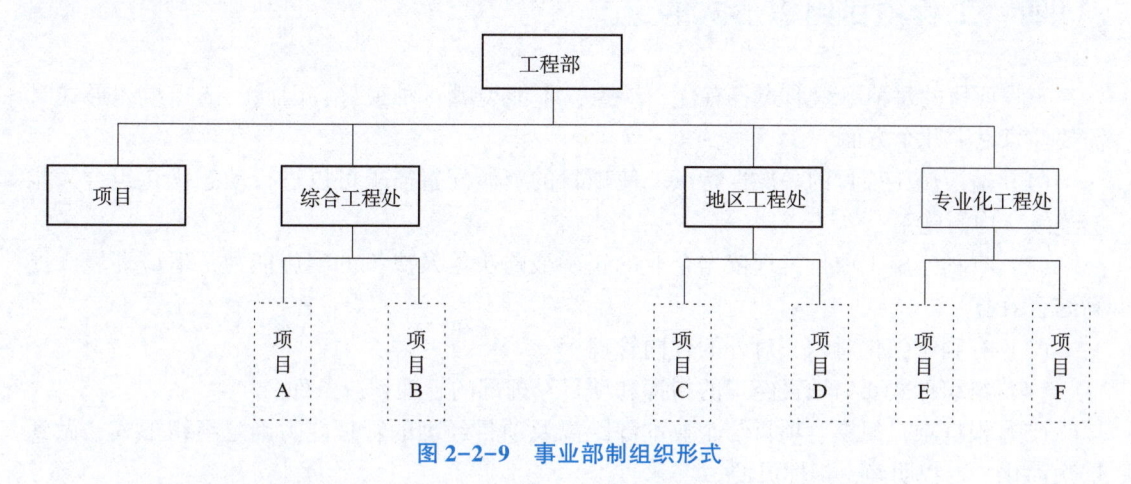

图 2-2-9 事业部制组织形式

1. 事业部制的特征

（1）各事业部具有自己特有的产品或市场。事业部根据企业的经营方针和基本决策进行管理，对企业承担经济责任，但对其他部门是独立的。

（2）在纵向关系方面，按照"集中政策、分散经营"的原则处理企业高层领导与事业部之间的关系。实行事业部制，企业最高领导层要摆脱日常的行政事务，集中力量研究和制定企业发展的各种经营战略和经营方针，而把最大限度的管理权限下放到各事业部，使他们能够依据企业的经营目标、政策和制度，完全自主经营，充分发挥各自的积极性和主动性。

（3）在横向关系方面，各事业部均为利润中心，实行独立核算。这就是说，实行事业部制，则意味着把市场机制引入到企业内部，各事业部间的经济往来将遵循等价交换原则，结成商品货币关系。

2. 事业部制的优、缺点

1）优点

事业部制项目组织有利于延伸企业的经营职能，扩大企业的经营业务，有利于开拓企业的业务领域，还有利于企业迅速适应环境变化，加强项目管理。尤其当企业向大型化、智能化发展并实行作业层和经营管理层分离时，事业部制组织可以提高项目应变能力，积极调动各方积极性。

2）缺点

由于各事业部利益的独立性，容易滋长本位主义；事业部组织相对来说比较分散，协调难度较大，应通过制度加以约束，否则容易发生失控。所以，这种形式对公司总部的管理工作要求较高。

3. 事业部制的适用范围

当企业承揽的工程类型较多，或工程任务所在地区分散，或经营范围开始出现多样化时，使用事业部形式的组织结构有利于提高管理效率。需要注意的是，如果一个地区只有一个项目，则不宜设立事业部。事业部与地区市场同寿命，地区没有项目时，该事业部应当撤消。

四、工程项目组织形式的选择

工程项目的每种组织形式各有优、缺点，不能说哪一种最好，因此，选择组织形式时需要注意以下几个方面。

（1）适应施工项目的一次性特点，使项目的资源配置需求可以进行动态优化组合，能够连续、均衡施工。

（2）有利于施工项目管理依据企业的正确战略决策及决策的实施能力，适应环境，提高综合效益。

（3）有利于强化对内、对外的合同管理。

（4）组织形式要为项目经理的指挥和项目经理部的管理创造条件。

（5）根据项目规模、项目与企业本部距离及项目经理的管理能力确定组织形式，做到层次简化、责权明确、指挥灵便。

五、项目组织的应用

在实际应用中，组织系统一般有多种模式。例如，基于职能的划分方式，即每一职能部门对应一种专业分工；也有基于项目的，即每一个部门或项目组负责一个或一类项目，其责任随着项目的开始而开始，随着项目的结束而结束，这种模式在通信行业比较典型。在基于职能的组织模式中，也存在企业的层级组织项目管理，但其往往只局限在职能部门内，当项目跨越职能部门时，就会出现4种可能的情况，如表2-2-1所示。

表2-2-1 项目跨越职能部门

组织形式	描述	说明
职能式	各职能部门派人参加项目，参加者向本部门领导报告，跨部门的协调在各部门领导之间进行，没有专职的项目经理	这种做法在基于职能的组织结构中是最常见的项目组织方式
弱矩阵结构	由各职能部门派协调人参加项目，参加者向本部门领导报告，跨部门的协调在各部门派出的协调人之间进行，没有专职的项目经理，所以也把这种组织结构称为弱矩阵结构	此方式也是很常见的项目组织方式，其工作效率较前者略高，但和前者一样，由于没有人对项目负责，项目组织效果很有限，但有了非部门领导的协调人之间的横向沟通

续表

组织形式	描述	说明
平衡矩阵结构	在上述弱矩阵结构的基础上，指定其中的一名协调人作为项目经理，负责项目的管理，其他各部门委派的协调人不仅要向本部门报告，在项目过程中还要向项目经理报告，项目经理有一定的权力安排参加者们的工作，这种组织结构被称为平衡矩阵结构	由于项目经理的出现，项目管理得到了一定程度的保证，会大大提高项目的工作效率
强矩阵结构	在上面平衡矩阵的基础上，增加与各职能部门平行的专门的项目管理办公室，负责企业内的项目管理，专职的项目经理都归项目管理办公室管理。这种结构也称为强矩阵结构	由于有了专门的组织负责项目管理，项目管理得以作为企业内的一项任务长期存在，能够不断地积累、发展，项目经理也不是根据项目临时任命，而是成为常设岗位，这样从组织上、人员上都使项目管理得到了保障

表 2-2-1 中的 4 种项目组织形式都可能会出现在基于职能的组织结构中，它们对项目管理的支持程度是不同的，特别是 3 种矩阵式结构。在这 3 种矩阵式结构中，跨越部门的项目组织与职能部门存在较大的冲突，主要表现在资源竞争、目标期望等方面。例如，在人员安排上，职能部门内被委派参加项目的人，往往需要同时兼顾原部门和项目两方面的任务，时间得不到保证，职能部门内被委派参加项目的人在项目目标上，各职能部门总是希望更多地实现自己所期望的目标，而项目组织可能更关注整体最优，甚至会牺牲部分职能部门的局部利益。在我们的工作实践中经常遇到这类矛盾，从根本上说，应该从项目管理的组织方式上考虑解决办法，在企业内部形成适应项目管理的组织结构、规章制度和企业文化。这是企业高层领导者需要认真考虑并解决的问题。

基于项目管理的组织结构是最适应项目管理需要的。由于项目管理的方法被越来越多的企业采用，甚至有的企业采用项目管理的方法来管理企业的运行，特别是在强调成本管理的企业中，工作任务、岗位职责、资源配置、绩效考核等非常具体明确，则项目管理的方法更容易得到应用。

从一般的职能式组织结构，到弱矩阵、平衡矩阵和强矩阵的组织结构，再到基于项目的组织结构，项目经理从无到有，跨部门协调效率从低到高，项目管理力度由小到大。因此，当项目涉及部门越多、涉及内容越新、涉及各职能部门利益越深、所需协调能力越强时，就越需要采用更能有效支持项目管理的组织结构。

企业的运行具有稳定、重复的特点，而项目则具有临时、独特、逐步优化的特点，因此项目管理过程也往往带有其独特性和未知性。这就更需要面向目标的管理，要让项目的参与者都充分了解项目的目标，并为达到共同的目标发挥各自的作用，项目有关信息在项目组中需要充分地共享。这与传统企业的层级组织结构是有很大差异的。

小博士

> 项目管理中的热点问题：
> （1）项目是创造一项独特成果的临时性工作，你的项目将创造以前不存在的东西，或者之前不在某处的东西。
> （2）项目是环境中的一项干扰。
> （3）你和你的项目会改变和影响环境，你的团队将产生可交付成果。
> 作为一位项目经理，你的工作是说服干系人，你给他们展示他们将收获的东西，使他们相信能从项目结果中受益。
> （4）风险管理在当今世界是一种竞争优势，部分归因于我们面临越来越高的复杂性和巨大的新挑战。风险和干系人是两个相互关联的主题。
> 你与干系人的关系会帮助降低你的风险，甚至降低与干系人不相关的风险。
> （5）许多项目失败，是因为它们缺乏明确的目标和需求，或者有不切实际的目标和需求而不能被实现或有效评估，这些问题导致我们需要进行干系人管理、干系人期望和需求识别。

任务小结

本任务介绍了工程项目的组织机构，主要内容包括项目甲方组织机构和项目乙方组织机构，项目甲方组织机构形式主要有总承包管理方式、工程项目管理承包方式、工程建设监理制，项目乙方组织机构形式主要有直线职能制、工作队制、部门控制式、矩阵制、事业部制等工程项目。

任务三　项目经理

一、项目经理概述

（一）项目经理的概念

项目经理，从职业角度，是指企业建立以项目经理责任制为核心，为对项目实行质量、安全、进度、成本管理的责任保证体系和全面提高项目管理水平设立的重要管理岗位。项目经理是为项目的成功策划和执行负总责的人。项目经理是项目团队的领导者，项目经理的首要职责是在预算范围内按时优质地领导项目小组完成全部项目工作内容，并使客户满意。建设工程项目经理是指受企业法人代表人委托，对工程项目施工过程全面负责的项目管理者，是企业法定代表在工程项目上的全权代表人。

在企业内部，项目经理是项目实施全过程全部工作的总负责人，对外可以作为企业法人的代表在授权范围内负责处理各项事务，这就决定了项目经理在项目管理中的中心地位，项目经理对整个项目经理部以及对整个项目起着举足轻重的作用。

在现代工程项目中，由于工程技术系统更加复杂化，实施难度加大，业主越来越趋向把选择的竞争移向项目前期阶段，从过去的纯施工技术方案的竞争，逐渐过渡到设计方案的竞争，现在又以管理为重点的竞争。业主在选择项目管理单位和承包商时十分注重对它们的项目经理的经历、经验和能力的审查，并将它作为定标授予合同的指标之一，赋予一定的权重。而许多项目管理公司和承包商将项目经理的选择、培养作为一个重要的企业发展战略。

2008年前，项目经理需要通过工程项目经理资格认证，证书由国家交通、水利、通信等专业部门发放。2008年后，项目经理资质证书停止使用，建设部发出《关于建筑业企业项目经理资质管理制度向建造师执业资质制度过渡有关问题的补充通知》（建办市〔2007〕54号），明确指出，项目经理资质证书将于2008年2月27日开始停止使用，按照注册建造师制度有关规定执行，通过考试取得建造师资格证书的，应当在3个月内完成专业注册。

（二）项目经理的任务

项目经理接受企业、建设单位或建设监理单位的检查与监督，及时处理工程施工中的问题，按期汇总和上报报表、资料等。具体任务主要包括以下内容。

① 确定项目管理组织机构并配备相应人员，组建项目经理部，项目经理部是项目组织的核心，项目经理领导项目经理部工作。

② 制定岗位责任制等各项规章制度，以有序地组织项目、开展工作。

③ 制定项目管理总目标、阶段性目标及总体控制计划，并实施控制，保证项目管理目标的全面实现。

④ 及时、准确地做出项目管理决策，严格管理，保证合同的顺利实施。

⑤ 协调项目组织内部及外部各方面关系，履行合同义务，监督合同执行，处理合同变更，并代表企业法人在授权范围内进行有关签证。

⑥ 建立完善的内部和外部信息管理系统，确保信息畅通无阻、工作高效进行。

二、项目经理责任制

（一）项目经理责任制的概念

项目经理责任制是以项目经理为责任主体的工程总承包项目管理目标责任制度。根据我国《建设项目工程总承包管理规范》的要求，建设项目工程总承包要实行项目经理负责制。

实行项目经理负责制，是实现承建工程项目合同目标、提高工程效益和企业综合经济效益的一种科学管理模式，项目经理实行持证上岗制度，对工程项目质量、安全、工期、成本和文明施工等全面负责。

（二）项目经理部

项目经理部是由项目经理在企业的支持下组建并领导、进行项目管理的组织机构。项目经理部也就是一个项目经理（项目法人）和一支队伍的组合体，是一次性的具有弹性的现场生产组织机构。建设有效的项目经理部是项目经理的首要职责。

项目施工是指根据工程建设项目所具有的单件性特点，组建一次性项目经理部，对承建工程实施全面、全员和全过程管理。

项目经理部既然是组织机构，其设置要遵循组织机构的设置原则，根据建设单位或施工单位选择具体形式，设立的基本步骤如下。

① 根据企业批准的《项目管理规划大纲》，确定项目经理部的管理任务和组织形式。
② 确定项目经理部的层次，设立职能部门与工作岗位。
③ 定人员、职责、权限。
④ 由项目经理根据《项目管理目标责任书》进行目标分解。
⑤ 组织有关人员制定规章制度和目标责任考核、奖惩制度。

（三）不同建设主体的项目经理

无论哪一个建设主体，项目经理的基本任务和职责都是有共性的，但不同建设主体的项目经理，因其代表的利益不同、承担工作的范围不同，任务和职责不可能完全相同。这里主要介绍建设单位和施工单位项目经理的任务及职责。

1. 建设单位项目经理

建设单位项目经理即投资单位领导和组织一个完整工程项目建设的总负责人。一些小型项目的项目经理可由一个人担任，但对一些规模大、工期长且技术复杂的工程项目，则由工程总负责人、工程投资控制者、进度控制者、质量控制者及合同管理者等组成项目经理部，对项目建设全过程进行管理。建设单位也可配备分阶段项目经理，如准备阶段项目经理、设计阶段项目经理和施工阶段项目经理等。

建设单位项目经理的职责包括以下内容。

① 确定项目职责目标，明确各主要人员的职责分工。
② 确定项目总进度计划，并监督执行。
③ 负责可行性报告及设计任务书的编制。
④ 控制工程投资额。
⑤ 控制工程进度和工期。
⑥ 控制工程质量。
⑦ 管好合同，在合同有变动时，及时做出调整和安排。
⑧ 制定项目技术文件和管理制度。
⑨ 审查批准与项目有关的物资采购活动。
⑩ 其他各方面职责，包括怎样协调工作、如何实现目标。

2. 施工单位项目经理

施工单位项目经理即施工单位对一个工程项目施工的总负责人，他是施工项目经理部的最高负责者和组织者。项目经理部由工程项目施工负责人、施工现场负责人、施工成本负责人、施工进度控制者、施工技术与质量控制者、合同管理者等人员组成。施工项目经理的职责是由其所承担的任务决定的，施工项目经理应当履行以下职责。

① 贯彻执行国家和工程所在地政府的有关法律、法规和政策，执行企业的各项管理制度。
② 严格维护财经制度，加强财经管理，正确处理国家、企业和个人的利益关系。
③ 签订和组织履行《项目管理目标责任书》，执行企业和业主签订的《项目承包合同》中由项目经理负责履行的各项条款。

④ 对工程项目施工进行有效控制，执行有关技术规范和标准，积极推广应用新技术，确保工程质量和工期，实现安全、文明生产，努力提高经济效益。

⑤ 组织编制工程项目施工组织设计，并组织实施。

⑥ 根据公司年（季）度施工生产计划，组织编制季（月）度施工计划，并严格履行。

⑦ 科学组织和管理进入项目工地的人、财、物资源，协调和处理与相关单位之间的关系。

⑧ 组织制定项目经理部各类管理人员的职责权限和各项规章制度，定期向公司经理报告工作。

⑨ 做好工程竣工结算、资料整理归档，接受企业审计并做好项目经理部的解体与善后工作。

3. 项目经理的权限

为了给项目经理创造履行职责的条件，企业必须给项目经理一定的权限，包括参与企业进行的施工项目投标和签订施工合同、用人决策权、现场管理协调权、财务决策权、技术质量决策权、物资采购决策权、进度计划控制权。授权的依据主要是"责权一致，权能匹配"。

项目经理有权按工程承包合同的规定，根据项目随时出现的人、财、物等资源变化情况进行指挥调度。对于施工组织设计和网络计划，也有权在保证总目标不变的前提下进行优化和调整，以应付施工现场临时出现的各种变化。

三、项目经理的素质和能力

项目经理是以企业法人代表代理的身份被派驻施工现场，因此他必须具备相应的素质和能力，具体来说包括以下几点。

1. 高尚的职业道德、强烈的使命感和责任感

这是首先要解决的问题。项目经理独立地负责项目，如果职业道德素质低下，对企业不认同或认同感较差，与企业所提倡的精神背道而驰，或者别有用心，即使他的个人能力很强，最终也会给企业造成很大损失。

2. 有广泛的理论和科学技术知识

项目经理应具有丰富的知识，包括专业技术知识、管理知识、经济知识和法律知识等。

3. 项目施工管理能力

项目经理要掌握项目施工管理的基本原理和知识，熟悉了解项目管理运作方式，掌握财务管理的基础知识及相关技能、相关财务制度和法规，熟悉国家有关宏观政策及经济法规。

4. 组织领导能力

项目经理是项目实施的最高领导者、组织者、责任者，在项目管理中起到决定性的作用。项目经理必须善于用人、能够团结人、凝聚人心。识别、任用、考核评价和激励人才的能力，是项目经理所必须具有的。作为项目经理，要树立人本意识，重视员工、知人善任，充分激发和调动员工的积极性和创造性，发展和挖掘人的潜质并加以培养和使用，使员工的个人发展和项目的管理融为一体，最终实现理想的经济效益和社会效益。

5. 战略设计和组织实施能力

当前，企业不但面临日益激烈的国内竞争，而且面临与国外企业的竞争。在这种情况

下，如果没有竞争力，就会随时被市场竞争淘汰出局。企业能否创造出信誉、名牌、知名度等无形资产，将决定企业的前途与命运。因此，项目经理必须具有创新精神和战略预知能力，必须具备战略设计和组织铸造精品工程施工能力，并通过干好在建工程，树立市场信誉，从而扩大企业的知名度。

6. 营造企业文化的能力

施工项目是企业一级组织，是由许多员工组成的团队。因此，项目经理与有关各方之间应建立良好的关系。

7. 较强的协调沟通能力

只有沟通协调好各方面关系，才能拓展企业的生存发展空间。项目经理应与有关各方建立良好的关系；也应经常与项目管理团队成员进行沟通交流，以增进了解，建立良好的内部工作氛围。

8. 丰富的实践经验

由于项目经理需要承担相当繁杂的工作，而且现场条件十分艰苦，因此必须具有健康的身体。同时，项目经理要随时处理各种可能遇到的实际问题，所以他还应具备丰富的实践经验。

项目经理的素质高低成为一个项目能否顺利完工的关键。通过对项目经理能力素质分析，可以看到一名优秀的施工企业的项目经理必须具备以上素质，才能在激烈的市场经济竞争中走得更远，从而为企业创造更好的效益。

小博士

项目管理中最佳实践方法：

一、沟通技能是项目经理必不可少的工具

1. 成功意味着能让干系人高兴

即使所有的可交付成果得到实现，目标也得到满足，但如果你的关键干系人并不高兴，那也没有人会高兴得起来。

2. 在项目管理中结盟和化敌为友总比树敌要好

项目经理必须对干系人有所理解、影响、说服和沟通。项目经理应该花90%左右的时间用于沟通。

3. 注意事项

如果沟通不是有效的，这将是精力的浪费。

二、敏捷项目管理方法

原因：复杂多面性的项目管理，计划好每个细节再去执行是不可行的。

优点：敏捷项目管理可以在项目推进的过程中更多地了解产品。有点像滚动式波浪或正反馈式规划：规划、构建、学习、再规划、再构建等。

敏捷项目管理的三大特点：

① 对人的关注；

② 计划可以改变；

③ 可以在能够开始工作时就开始工作。

任务小结

本任务介绍了通信项目经理，主要内容包括项目经理相关概念、项目经理责任制、项目经理的素质和能力。

任务四　通信建设工程监理组织

一、通信建设监理企业的资质

（一）通信建设监理单位资质的概念

通信建设工程监理单位的资质是指对该企业从事通信建设监理业务应当具备的组织机构和规模、人员组成、人员素质、资金数量、固定资产、专业技能、管理水平以及监理业绩等的综合评定。

（二）通信建设监理单位资质申请基本条件

《工业和信息化部行政许可实施办法》（工信部第2号令）的相关规定，监理企业申请通信建设监理企业资质应具备的基本条件包括以下几个。

① 在中华人民共和国境内依法设立的、具有独立法人地位的企业（已取得企业法人营业执照，或者取得工商行政管理机关核发的工商预登记文件）。

② 有健全的组织机构，具有固定的、与人员规模相适应的工作场所。

③ 具备承担相应监理工作的检测仪器、仪表、设备和交通工具。

④ 符合通信建设监理企业资质等级的标准。

（三）通信建设监理企业资质等级的标准

通信建设监理企业资质等级分为甲级、乙级和丙级，甲级和乙级资质分为电信工程专业和通信铁塔专业，丙级资质只设电信工程专业。具体标准如下。

1. 甲级

甲级资质条件包括以下内容。

① 有关负责人资历。企业负责人应当具有从事通信建设或者管理工作的经历，并具有中级以上（含中级）职称或者同等专业水平；企业技术负责人应当具有8年以上从事通信建设或者管理工作的经历，并具有高级技术职称或者同等专业水平，同时取得通信建设监理工程师资格。

② 工程技术、经济管理人员的要求。通信建设监理工程师总数不少于60人，申请资质中包含电信工程专业的，电信工程专业监理工程师应当不少于45人；申请资质中包含通信铁塔专业的，通信铁塔专业监理工程师应当不少于5人。在各类专业技术人员中，高级工程师或者具有同等专业水平的人员不少于12人，具有高级经济系列职称或者同等专业水平的人员不少于3人，具有通信建设工程概预算资格证书的人员不少于20人。

③ 注册资本。注册资本不少于 200 万元。

④ 业绩。企业近 2 年内完成 2 项投资额 3 000 万元以上或者 4 项投资额 1 500 万元以上的通信建设监理工程项目。

甲级资质的监理企业可以在全国范围内承担所获监理专业的各种规模的监理业务，具体如下。

① 电信工程专业：有线传输、无线传输、电话交换、移动通信、卫星通信、数据通信、通信电源、综合布线、通信管道建设工程。

② 通信铁塔专业。

2. 乙级

乙级资质条件包括以下内容。

① 有关负责人资历。企业负责人应当具有从事通信建设或者管理工作的经历，并具有中级以上（含中级）职称或者同等专业水平；企业技术负责人应当具有 5 年以上从事通信建设或者管理工作的经历，并具有高级技术职称或者同等专业水平，同时取得通信建设监理工程师资格。

② 工程技术、经济管理人员的要求。通信建设监理工程师总数不少于 40 人，申请资质中包含电信工程专业的，电信工程专业监理工程师应当不少于 30 人；申请资质中包含通信铁塔专业的，通信铁塔专业监理工程师应当不少于 3 人。各类专业技术人员中，高级工程师或者具有同等专业水平的人员不少于 8 人，具有中级以上（含中级）经济系列职称或者同等专业水平的人员不少于 2 人，具有通信建设工程概预算资格证书的人员不少于 12 人。

③ 注册资本。注册资本不少于 100 万元。

④ 业绩。企业近 2 年内完成 2 项投资额 1 500 万元以上或者 5 项投资额 600 万元以上的通信建设监理工程项目，但首次申请乙级资质的除外。

乙级资质的监理企业可以在全国范围内承担所获监理专业的下列规模的监理业务，具体如下。

① 电信工程专业：工程投资额在 3 000 万元以内的省内有线传输、无线传输、电话交换、通信电源等工程；10^4 m^2 以下建筑物的综合布线工程；通信管道建设工程。

② 通信铁塔专业：塔高 80 m 以下的通信铁塔工程。

3. 丙级

丙级资质条件包括以下内容。

① 有关负责人资历。企业负责人应当具有从事通信建设或者管理工作的经历，并具有中级以上（含中级）职称或者同等专业水平；企业技术负责人应当具有 3 年以上从事通信建设或者管理工作的经历，并具有中级以上（含中级）技术职称或者同等专业水平，同时取得通信建设监理工程师资格。

② 工程技术、经济管理人员的要求。电信工程专业的通信建设监理工程师不少于 25 人，高级工程师或者具有同等专业水平的人员不少于 3 人，具有中级以上（含中级）经济系列职称或者同等专业水平的人员不少于 1 人，具有通信建设工程概预算资格证书的人员不少于 8 人。

③ 注册资本。注册资本不少于 50 万元。

④ 业绩。企业近 2 年内完成 5 项投资额 300 万元以上的通信建设监理工程项目，但首

次申请丙级资质的除外。

丙级资质的监理企业可以在全国范围内承担工程造价在100万元以内的本地网有线传输、无线传输、电话交换、通信电源等工程；500 m² 以下建筑物的综合布线工程；48孔以下通信管道工程。

（四）通信建设监理企业资质申请程序

为方便申请人，国务院国有资产监督管理机构管理的企业及其下属层级的企业申请通信建设监理企业资质的，直接向工业和信息化部报送申请材料；其他企业申请通信建设监理企业资质的，可以向所在地的省、自治区、直辖市通信管理局报送申请材料，由省、自治区、直辖市通信管理局初审后将初步审查意见和申请人的全部申请材料报工业和信息化部审批。

（五）通信建设监理工程师资格申请条件

通信建设监理工程师按专业设置，分为电信工程专业和通信铁塔专业，申请条件如下。
① 遵守国家各项法律规定。
② 从事通信建设工程监理工作，在通信建设监理单位任职。
③ 身体健康，能胜任现场监理工作，年龄不超过65周岁。
④ 申请电信工程专业监理工程师资格的，应当具有通信及相关专业或者经济及相关专业中级以上（含中级）职称或者同等专业水平，并有3年以上从事通信建设工程工作经历；申请通信铁塔专业监理工程师资格的，应当具有工民建及相关专业中级以上（含中级）技术职称或者同等专业水平，并有3年以上从事相关工作经历。
⑤ 近3年内承担过2项以上（含2项）通信建设工程项目。
⑥ 取得《通信建设监理工程师考试合格证书》。

（六）通信建设监理工程师资格申请程序

（1）申请通信建设监理工程师资格的，应当提交下列材料。
① 通信建设监理工程师资格申请表。
② 申请人的职称证书、学历证明、身份证原件扫描件。
③《通信建设监理工程师考试合格证书》原件扫描件。
④ 申请人的社会保险证明文件原件扫描件。受理单位有权对以上证书原件进行验证。

（2）为方便申请人，申请人可以向所在地的省、自治区、直辖市通信管理局提出申请，由省、自治区、直辖市通信管理局初审后将初步审查意见和申请人的全部申请材料报工业和信息化部审批。

（3）通信建设监理工程师资格采取网上申请和审批的方式，申请人通过工业和信息化部确定的信息系统上传资格申请表和文件等电子文档。

二、通信建设工程项目监理机构

（一）项目监理机构的组成

监理企业应当根据所承担的业务，成立项目监理机构，其要求包括以下内容。
（1）项目监理机构的组织形式和规模，应根据委托监理合同规定的服务内容、服务期限、工程类别、规模、技术复杂程度、工程环境等因素确定。项目监理机构监理人员应专业配套，人员数量应当满足工作的需要，与工程项目管理的组织形式类似，项目监理组织常用形式包括以下4类。

① 直线制监理组织形式，具体可分为按子项目、按建设阶段或按专业内容设置的直线制监理组织形式。

② 职能制监理组织形式。

③ 直线职能制监理组织形式。

④ 矩阵制监理组织形式。

(2) 项目监理机构人员，包括总监理工程师、专业监理工程师、监理员，必要时可设立总监理代表。

(3) 通信建设工程监理实行总监理工程师负责制，全权代表监理单位负责监理合同委托的所有工作。总监理工程师是经企业法人授权、派驻现场的监理组织总负责人，行使监理合同赋予监理企业的权利和义务，全面负责受委托工程监理工作的监理人员。一名总监理工程师只宜担任一项委托监理合同的项目总监理工程师工作。当需要同时担任多项委托监理合同的项目总监理工程师时，须经建设单位同意，且最多不得超过3项。

（二）通信建设监理人员素质要求

1. 总监理工程师

(1) 应取得《通信建设监理工程师资格证书》或全国注册监理工程师资格证书（通信专业毕业），以及《安全生产考核合格证书》，且具有3年通信监理经验。

(2) 遵纪守法，遵守监理工作职业道德，遵守企业各项规章制度。

(3) 较强的组织管理能力和协调沟通能力，善于听取各方面意见，能处理和解决监理工作中出现的各种问题。

(4) 能管理项目监理机构的日常工作，工作认真负责。

(5) 具有较强的安全生产意识，熟悉国家安全生产条例和施工安全规程。

(6) 有丰富的工程实践经验，有良好的品质，廉洁奉公，为人正直，办事公道，精力充沛，身体健康。

2. 总监理工程师代表

(1) 应取得《通信建设监理工程师资格证书》或全国注册监理工程师资格证书（通信专业毕业）。

(2) 遵纪守法，遵守监理工作职业道德，服从组织分配。

(3) 有较强的组织管理能力，能正确理解和执行总监理工程师安排的工作，在总监理工程师授权范围内管理项目监理机构的日常工作，协调各方面的关系，能处理和解决监理工作中出现的各种问题。

(4) 工作认真负责，能坚持工程项目建设监理基本原则。

(5) 具有较强的安全生产意识，熟悉国家安全生产条例和施工安全规程。

(6) 身体健康，能适应施工现场监理工作。

3. 专业监理工程师

(1) 应取得《通信建设监理工程师资格证书》或全国注册监理工程师资格证书（通信专业毕业）。

（2）遵纪守法，遵守监理工作职业道德，服从组织分配。

（3）工作认真负责，能坚持工程项目建设监理基本原则，善于协调各相关方的关系，熟悉本专业工程进度和质量控制方法，熟悉本专业工程项目的检测和计量，能处理本专业工程监理工作的问题。

（4）具有组织、指导、检查和监督本专业监理员工作的能力。

（5）具有安全生产意识，熟悉国家安全生产条例和施工安全规程。

（6）身体健康，能胜任施工现场监理工作。

4. 监理员

（1）遵纪守法，遵守监理工作职业道德，服从组织分配。

（2）能正确填写监理表格，能完成专业监理工程师交办的监理工作。

（3）熟悉本专业监理工作的基本流程和相关要求，能看懂本专业项目工程设计图纸和工艺要求，掌握本专业施工的检测和计量方法，能在专业监理工程师的指导下完成日常监理任务。

（4）具有安全生产意识，了解国家安全生产条例和施工安全规程。

（5）身体健康，能胜任施工现场监理工作。

（三）监理人员职责

1. 总监理工程师职责

（1）确定项目监理机构人员分工和岗位职责。

（2）主持编写项目监理规划，审批项目监理实施细则，并负责管理项目监理机构的日常工作。

（3）协助建设单位进行工程招标工作。

（4）协助建设单位确定合同条款。

（5）审查施工单位、分包单位的资质，并提出审查意见。

（6）签发工程开工令、停工令、复工令、竣工资料审查等。

（7）主持监理工作会议、监理专题会议，签发项目监理机构的文件和指令。

（8）审核签署工程款支付证书和竣工结算。

（9）审查并处理工程变更。

（10）主持或参与工程质量事故的调查。

（11）组织编写并签发监理周（月）报、监理工作阶段报告、专题报告和监理工作总结。

（12）调解合同争议，处理费用索赔，审批工程延期。

（13）定期或不定期巡视工地现场，及时发现和提出问题并进行处理。

（14）主持整理工程项目监理资料。

（15）参与工程验收。

2. 总监理工程师代表的职责

（1）负责总监理工程师指定或交办的监理工作。

（2）按总工程师的授权，行使总监理工程师的部分职责和权力。

（3）总监理工程师不得将下列工作委托总监理工程师代表：

① 主持编写项目监理规划、审批项目监理实施细则。

② 签发工程开工、复工报审表、工程暂停令、工程支付证书、工程竣工报验单。

③ 审核签认竣工结算。

④ 调解建设单位与施工单位的合同争议，处理索赔，审批工程延期。

3. 专业监理工程师职责

（1）负责编制本专业监理实施细则。

（2）负责本专业监理工作的具体实施。

（3）组织、指导、检查和监督监理员的工作。

（4）检查工程关键部位，对不合格的及时签发《监理通知单》，限令施工单位整改。

（5）核查抽检进场器材、设备报审表，核检合格予以签认。

（6）应对施工组织设计（方案）报审表、分包单位资格报审表、完工报验申请表提出审查意见并签字。

（7）负责本专业监理资料的收集、汇总及整理，参与编写监理周（月）报。

（8）定期向总监理工程师提交监理工作实施情况报告，对重大问题及时向总监理工程师汇报和请示。

（9）审查竣工资料，负责分项工程预验及隐蔽工程验收。

（10）负责本专业工程计量工作，审核工程计量的数据和原始凭证。

4. 监理员职责

（1）在专业监理工程师的指导下开展现场监理工作。

（2）对进入现场的人员、材料、设备、机具、仪表的情况进行观测并做好检查记录。

（3）实施旁站和巡视，对隐蔽工程进行随工检查签证。

（4）直接获取或复核工程计量的有关原始数据并签证。

（5）对施工现场发现的质量、安全隐患和异常情况，应及时提醒施工单位，并向监理工程师汇报。

（6）做好监理日记，如实填报监理原始记录。

5. 信息资料员职责

（1）收集与工程有关的各种资料和信息，及时向总监理工程师汇报。

（2）整理档案资料，负责工程档案的归档。

（3）向建设单位递送监理周（月）报。

（4）负责与建设项目有关文件的收发。

（四）监理人员行为规范

为更好地开展监理工作，服务于工程建设，监理人员应遵守以下行为准则。

（1）遵守诚信、公正、科学、守法的职业道德。

（2）通过培训获得任职资格才能从事监理工作。

（3）专业和业务方面要有科学的工作态度，尊重事实，以数据说话。

（4）不得直接或间接对有业务关系的建设和施工人员行贿、受贿。

（5）不参与工程的施工承包，不参与材料的采购营销，不准在与工程相关的单位任职或兼职。

（6）做好信息保密工作。

小博士

申哈尔和德维尔（2007）提出的"钻石框架"

"钻石框架"考虑了项目的4个维度。

① 新奇：新颖是项目的极度重要领域吗？
② 复杂：产品、过程和项目的复杂程度如何？
③ 技术：该项目在从低技术到超高科技所处的位置是怎样的？
④ 步伐：工作的紧急程度如何？时间上是常规、快速、实时，还是闪电战？

管理与项目要相匹配，要针对每个项目的特点使用不同的方法。

考虑到我们有不同特征和复杂性的范围广泛的项目，需要项目管理方法论的大量储备。

好的项目经理必须有一个包含从不同的"制造商"或"供应商"那里获取的过程、工具和技术的工具箱。

任务小结

本任务介绍了通信建设工程监理组织，主要内容包括监理企业的资质问题、通信建设工程项目监理机构的构成等。

※ 思考与练习

一、简答题

(1) 简述项目组织的管理职能。
(2) 简述项目组织机构的设置原则，并画出设置程序图。
(3) 简述项目法人责任制的特点。
(4) 简述项目甲方组织机构的形式。
(5) 简述项目乙方组织机构有哪些形式，并说明每种形式的优、缺点及适用场合。
(6) 简述项目经理应具备哪些素质。
(7) 简述申请通信建设监理工程师资格应具备的条件。
(8) 简述监理机构中各类人员应具备的素质。

二、判断题

(1) (   ) 施工项目是有许多员工组成的团队。
(2) (   ) 通信建设监理企业资质等级分为甲级、乙级和丙级，甲级和乙级资质分为电信工程专业，丙级分为电信工程专业和通信铁塔专业。
(3) (   ) 项目经理不可以按工程承包合同的规定，对人、财、物等资源不断变化的情况进行指挥调度。
(4) (   ) 项目经理在必要时可以召集技术方案论证会或外请咨询专家，以防止决策失误。

(5) （　） 项目经理应具有积极创新的精神，任何保守的、教条的和墨守成规的做法都会给项目实现带来问题和困难，甚至根本就行不通。

(6) （　） 项目团队成员既受原职能部门负责人的领导，又受所在项目团队经理的领导。

(7) （　） 规章不全和约束无力是指项目团队没有合适的规章制度去规范和约束项目团队及其成员的行为和工作。

(8) （　） 项目经理必须以身作则，对项目团队成员起榜样和示范作用。

三、选择题

(1) 与工程项目管理的组织形式类似，项目监理组织常用形式包括（　　）。
   A. 直线制监理组织形式　　　　　　　　B. 职能制监理组织形式
   C. 直线职能制监理组织形式　　　　　　D. 矩阵制监理组织形式

(2) 项目组织机构设置要遵循一定的原则，主要有（　　）方面。
   A. 目标任务原则　　　　　　　　　　　B. 管理幅度原则
   C. 责权利相结合原则　　　　　　　　　D. 集权与分权相结合的原则

(3) 项目跨越职能部门的组织形式有（　　）。
   A. 项目组织方式　　　　　　　　　　　B. 弱矩阵结构
   C. 平衡矩阵结构　　　　　　　　　　　D. 强矩阵结构

(4) 项目管理的基本特性有（　　）。
   A. 普遍性　　　　B. 目的性　　　　C. 独特性　　　　D. 持续性

(5) 项目经理在沟通的过程中一般遵循（　　）原则。
   A. 准确性　　　　B. 完整性　　　　C. 及时性　　　　D. 有效性

调研活动

选择一个通信企业进行调研，画出该企业项目经理部组织结构图。根据调研分析设计管道工程项目经理部。

实验活动：纸塔练习

分成每组 5 人的小组。

每小组有 10 min 的时间设计一个纸塔，纸塔的评估标准有 3 条：高度、稳定度、美观度。

每小组有 20 min 时间建造纸塔，裁判将检查所有的纸塔并评出优胜者。

评估标准：高度 35 分；稳定度 35 分；美观度 30 分。

讨论：

① 在计划和建塔的过程中哪些行为对团队建设有帮助？

② 在计划和建塔的过程中哪些行为对团队建设有害？

③ 在计划和建塔的过程中各种角色的定义如何？

进阶篇

引 言

工程建设监理的工作对于提高工程项目建设和科学管理水平起到了极其重要的作用。工程监理是工程建设活动的重要内容。随着基础设施建设事业的迅速发展，建筑工程监理工作在"三控制""三管理""一协调"方面显得尤为重要。本书将对其具体内容和工作方法进行详细的阐述。

实行建设监理制度是我国建设领域的一项重大改革，是我国对外开放、利用外资、国际交往日益扩大的结果。工程监理在保证工程项目质量、进度、投资及国家利益和社会利益以及建设单位的合法权益等方面日益显现它的巨大作用，并且为社会各界所认同和接受。我国的工程监理行业从无到有，行业从业规模不断扩大，从业人员的素质也不断提高。结合工程监理的实践，要做好监理工作，必须做好"三控三管一协调"，即造价控制、质量控制、进度控制、合同管理、信息管理、安全管理和组织协调。

学习目标

1. 知识目标

（1）掌握合同及合同管理的基本概念。
（2）掌握合同管理的流程。
（3）了解勘察设计合同的管理。
（4）掌握施工合同、监理合同的管理内容。
（5）理解索赔程序，掌握工程招投标程序。

2. 技能目标

（1）具备通信项目监理分类管理的能力。
（2）具备通信项目监理程序管理的能力。
（3）具备通信项目监理主体分类管理的能力。
（4）具备通信项目监理基础控制的能力。
（5）具备通信项目监理基础工作方法的能力。

3. 素质目标

（1）结合国家"十四五"新型基础设施建设规划和通信行业发展态势、岗位需求等，引导学生将个人事业、理想和道德追求融入国家建设，树立扎根基层、奋斗青春的信念，增强职业使命感和荣誉感。
（2）通过网络规划培养人生规划意识与能力。

项目三

合同管理

📘 项目描述

本项目主要介绍合同及合同管理的基本概念，详细介绍合同管理的流程，勘察设计合同的管理，施工合同、监理合同的管理内容，索赔程序，工程招投标程序。

📘 项目目标

(1) 识记：合同管理的流程、勘察设计合同的概念。
(2) 领会：施工合同的管理、监理合同的管理、勘察设计合同的履行管理。
(3) 应用：索赔程序、招标程序、勘察设计合同的实际应用。
(4) 能够：领悟诚实守信的重要性，有责任感。

📘 知识体系

```
                    ┌─ 合同的概念
                    ├─ 合同的主体
          ┌─ 合同 ──┤
          │         ├─ 合同的客体
          │         └─ 建设工程中常用的合同类型
          │
          │                      ┌─ 合同的订立
          │                      ├─ 合同的履行
          ├─ 合同管理的流程 ─────┤─ 合同的终止
          │                      ├─ 合同的违约责任
合同管理 ─┤                      └─ 合同争议的解决
          │
          │                    ┌─ 勘察设计合同的管理
          ├─ 合同管理内容 ─────┤─ 施工合同的管理
          │                    └─ 监理合同的管理
          │
          ├─ 索赔管理 ──┬─ 索赔概述
          │             └─ 索赔程序
          │
          └─ 工程招投标管理 ──┬─ 招投标概述
                              └─ 招投标程序
```

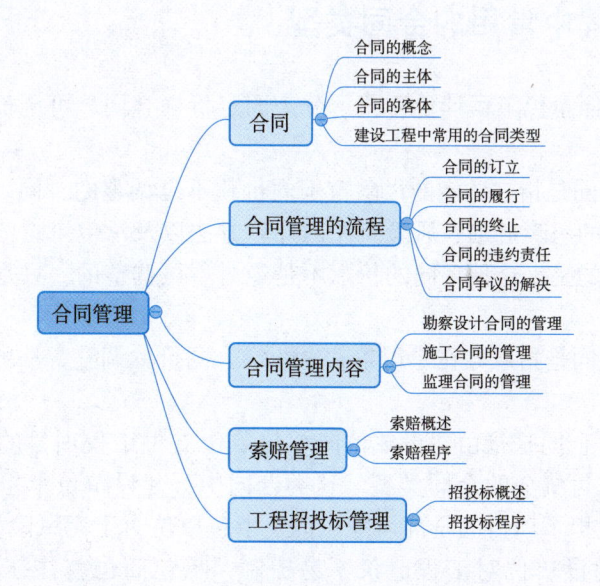

任务一　合同

一、合同的概念

《中华人民共和国合同法》规定：合同是平等主体的自然人、法人、其他组织之间设立、变更、终止民事权利义务关系的协议。

通信建设合同是通信建设单位和承包单位为了完成其所商定的工程建设目标以及与工程建设目标相关的具体内容，明确双方相互权利和义务关系的协议，主要包括通信建设工程勘察合同、设计合同、施工合同、监理合同。

二、合同的主体

在本通信建设合同中，合同关系的主体就是指承包人和发包人。承包人是指工程项目合同中负责工程勘察、设计、施工、监理任务的一方，发包人是指工程项目合同中委托承包人进行工程勘察、施工、监理任务的建设单位。

三、合同的客体

在通信建设合同中，合同关系的客体是指合同标的，是合同主体享有权利和承担义务所指的事物。

四、建设工程中常用的合同类型

建设工程合同按照承包工程计价方式可分为固定价格合同、可调价格合同、成本加酬金合同。

（1）固定价格合同是指在约定的风险范围内价款不再调整的合同。双方需在专用条款内约定合同价款包含的风险范围、风险费用的计算方法以及承包风险范围以外的合同价款调整方法。需要注意的是，这种合同的价款不是绝对不可调整的，只是在约定范围内的风险由施工单位承担。

（2）可调价格合同是指双方在专用条款内约定合同价款调整方法的合同。通常适用于工期较长的施工合同。

（3）成本加酬金合同是指由建设单位向承包单位支付工程项目的实际成本，并按事先约定的某种方式支付酬金的合同类型。这类合同中，建设单位承担项目实际发生的一切费用，因此也就承担了项目的全部风险。但是承包单位由于无风险，其报酬也就较低。这类合同的缺点是建设单位对工程造价不易控制，承包商也就往往不注意降低项目的成本。

博士课堂

某年4月A单位拟建办公楼一栋，工程地址位于已建成的X小区附近。A单位就勘察任务与B单位签订了工程合同。合同规定勘察费15万元。该工程经过勘察、设计等阶段于10月20日开始施工。施工承包商为D建筑公司。

问题：① 委托方A应预付勘察定金数额是多少？

② 该工程签订勘察合同几天后，委托方A单位通过其他渠道获得X小区业主C单位提供的X小区的勘察报告。A单位认为可以借用该勘察报告，A单位即通知B单位不再履行合同。请问在上述事件中，哪些单位的做法是错误的？为什么？A单位是否有权要求返还定金？

③ 若A单位和B单位双方都按期履行勘察合同，并按B单位提供的勘察报告进行设计与施工，但在进行基础施工阶段，发现其中有部分地段地质情况与勘察报告不符，出现软弱地基，而在原报告中并未指出。此时B单位应承担什么责任？

④ 问题③中，施工单位D由于进行地基处理，施工费增加20万元，工期延误20天，对于这种情况，D单位应怎样处理？而A单位应承担什么责任？

任务小结

本任务概述了合同管理相关内容，主要包括合同的概念、合同管理的概念。

任务二 合同管理的流程

合同管理是指企业对以自身为当事人的合同依法进行订立、履行、变更、解除、转让、终止以及审查、监督、控制等一系列行为的总称。其中订立、履行、变更、解除、转让、终止是合同管理的内容，审查、监督、控制是合同管理的手段。合同管理流程如图3-2-1所示。下面就图3-2-1中部分内容进行介绍。

一、合同的订立

合同的诞生一般需经过前期准备、进行内部评审、与客户谈判等多个阶段，最终订立合同。合同当事人为保证合同签订后的履行，往往会同时签订担保合同，从而形成合同担保。

（一）合同的订立

建设工程合同的订立一般经过要约和承诺实现。

1. 要约邀请

要约邀请是指希望他人向自己发出要约的意思表示，如价目表的寄送、招标公告、商业广告、招标说明书等，即是要约邀请。要约邀请不是合同成立过程中的必经步骤，不具

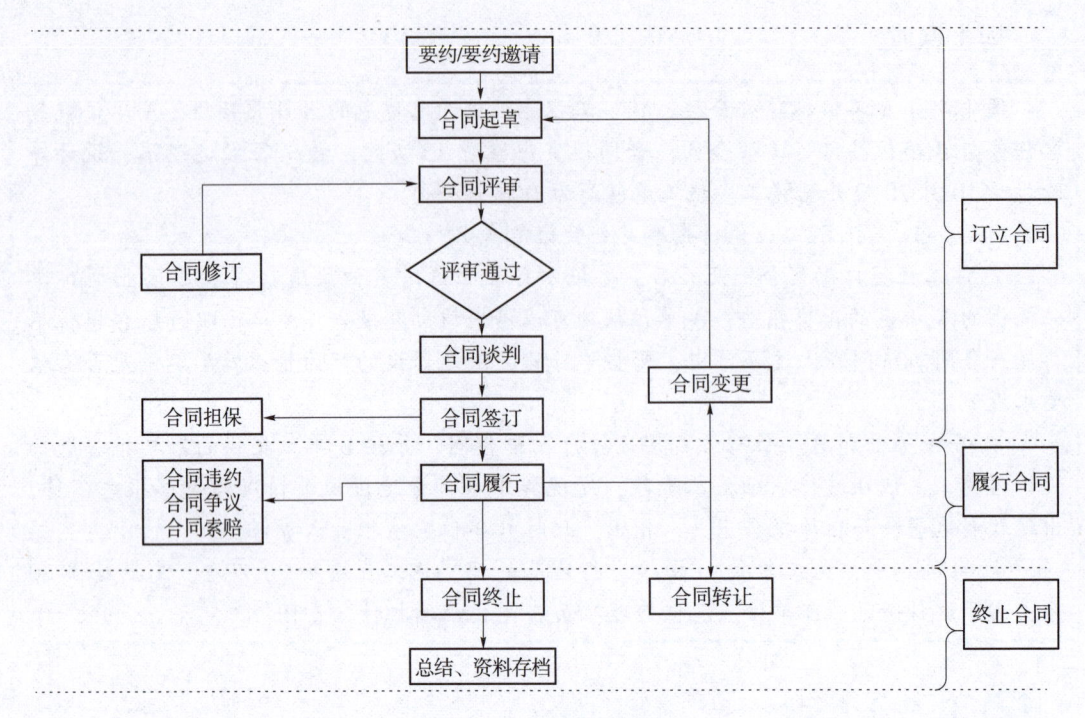

图 3-2-1 合同管理流程

有法律约束力，不需要承担法律责任。

2. 要约

要约是指希望和他人订立合同的意思表示。提出要约的一方为要约人，接受要约的一方为受要约人。要约人是特定的，受要约人既可以是特定的，也可以是不特定的。要约应具备以下条件：内容具体、确定；表明经受要约人承诺，要约人即受该意思表示约束。

（1）要约撤回，是指要约在发生法律效力之前，欲使其不发生法律效力而取消要约的意思表示。要约人可以撤回要约，撤回要约的通知应当在要约到达受要约人之前或同时到达受要约人时。

（2）要约撤销，是指要约在发生法律效力之后，要约人欲使其丧失法律效力而取消该项要约的意思表示。要约可以撤销，撤销要约的通知应当在受要约人发出承诺通知之前到达受要约人。但有下列情况之一的要约不得撤销：要约人确定了承诺期限或者以其他形式明示要约不可撤销；受要约人有理由认为要约是不可撤销的，并已为履行合同做了准备工作。

3. 承诺

承诺是指受要约人做出的同意要约的意思表示。承诺具有以下条件：承诺必须由受要约人做出；承诺只能向要约人做出；承诺的内容应当与要约的内容一致；承诺必须在承诺期限内发出。承诺必须以明示的方式，在要约规定的期限内做出。要约没有规定承诺期限的，视要约的方式而定，包括：要约以对话方式做出的，应当即时做出承诺，但当事人另有约定的除外；要约以非对话方式做出的，承诺应当在合理期限内到达。

（1）承诺的撤回，是指承诺人主观上欲阻止或者消灭承诺发生法律效力的意思表示。

承诺可以撤回，但不能因承诺的撤回而损害要约人的利益，因此，承诺的撤回是有条件的，即撤回承诺的通知应当在承诺生效之前或者与承诺通知同时到达要约人时。

（2）承诺的超期，即承诺的迟到，是指受要约人主观上超过承诺期而发出的承诺。迟到的承诺，要约人可以承认其效力，但必须及时通知受要约人，因为如果不及时通知受要约人，受要约人也许会认为承诺并未生效或者视为自己发出了新要约而希望得到要约人的承诺。

（3）承诺延误，是指承诺人发出承诺后，由于外界原因而延误到达。受要约人在承诺期限内发出承诺，按照通常情形能够及时到达要约人，但因其他原因承诺到达要约人时超过承诺期限的，除要约人及时通知受要约人因承诺超过期限不接受该承诺的以外，该承诺有效。

4. 要约和承诺的生效

《中华人民共和国合同法》规定，要约到达受要约人时生效。采用数据电文形式订立合同，收件人指定特定系统接收数据电文的，该数据电文进入该特定系统的时间，视为到达时间；未指定特定系统的，该数据电文进入收件人任何系统的首次时间，视为到达时间。承诺应当以通知的方式做出，根据交易习惯或者要约表明可以通过行为做出承诺的除外。承诺的通知送达给要约人时生效。

5. 合同形式

最终承诺生效后，双方需按照一定形式签订合同，具体包括：

（1）书面形式。是指合同书、信件和数据电文等可以有形地表现所载内容的形式。合同书，是指记载合同内容的文书。信件，是指当事人就要约与承诺所作的意思表示的普通文字信函。数据电文，是指与现代通信技术相联系，包括电报、电传、传真、电子数据交换和电子邮件等。建设工程合同按规定应采用书面形式。

（2）口头形式。即以口头语言形式表现合同内容。

（3）其他形式。包括公证、审批和登记等形式。

6. 工程项目合同文件的组成和解释顺序

签订合同形成的合同文件应能相互解释，互为说明。除专用条款另有约定外，组成本合同的文件及优先解释顺序如下：

① 本合同协议书；
② 中标通知书；
③ 投标书及其附件；
④ 本合同专用条款；
⑤ 本合同通用条款；
⑥ 标准、规范及有关技术文件；
⑦ 图纸；
⑧ 工程量清单；
⑨ 工程报价单或预算书。

合同履行中，发包人、承包人有关工程的洽商、变更等书面协议或文件视为本合同的组成部分，其解释权最高。

当合同文件内容含糊不清或不相一致时，在不影响工程正常进行的情况下，由发包人与承包人协商解决。双方也可以提请负责监理的工程师做出解释。

(二) 合同担保

担保，是指当事人根据法律规定或者双方约定，为促使债务人履行债务，实现债权人的权利的法律制度。担保通常由当事人双方订立担保合同。担保方式主要有保证、抵押、质押、留置（法定担保）和定金，如表3-2-1所示。

表3-2-1 担保方式

担保方式	含义	内容	备注
保证	保证人和债权人约定，当债务人不履行债务时，保证人按照约定履行债务或者承担责任的行为	保证人须是具有代为清偿债务能力的人，既可以是法人，也可以是其他组织或公民。但是以下组织不得为保证人： ① 企业法人的分支机构、职能部门。企业法人的分支机构有法人的书面授权的，可以在授权范围内提供保证。 ② 国家机关。经国务院批准为使用外国政府或者国际经济组织贷款进行转贷的除外。 ③ 学校、幼儿园、医院等以公益为目的的事业单位、社会团体	三方当事人参加，即保证人、被保证人（债务人）和债权人
抵押	指债务人或者第三人向债权人以不转移占有的方式提供一定的财产作为抵押物，用以担保债务履行的担保方式	① 根据《中华人民共和国担保法》，下列财产可以抵押：抵押人所有的房屋和其他地上定着物；抵押人所有的机器、交通运输工具和其他财产；抵押人依法有权处分的国有的土地使用权、房屋和其他地上定着物；抵押人依法有权处分的国有的机器、交通运输工具和其他财产；抵押人依法承包并经发包方同意抵押的荒山、荒沟、荒丘、荒滩等荒地的土地使用权；依法可以抵押的其他财产。 ② 根据《中华人民共和国担保法》，下列财产不得抵押：土地所有权；耕地、宅基地、自留地、自留山等集体所有的土地使用权，但上文明确规定可以抵押的除外；学校、幼儿园、医院等以公益为目的的事业单位、社会团体的教育设施、医疗卫生设施和其他社会公益设施；所有权、使用权不明或者有争议的财产；依法被查封、扣押、监管的财产；依法不得抵押的其他财产	抵押物不转移占有
质押	债务人或者第三人将其动产或权利移交给债权人占有，用以担保债权履行的担保形式	① 动产质押，是指债务人或者第三人将其动产移交给债权人占有，将该动产作为债权的担保。可以作为质押的动产没有限制。 ② 权利质押，是指将一般的权利凭证交给债权人占有的担保，可以质押的权利包括：汇票、支票、本票、债券、存款单、仓单、提单等；依法可以转让的股份、股票；依法可以转让的商标专用权、专利权著作权中的财产权；依法可以质押的其他权利	转移占有

续表

担保方式	含义	内容	备注
留置（法定担保）	债权人按照合同约定占有对方（债务人）的财产	当债务人不按照合同约定的期限履行其债务时，债权人有权依照法律规定留置该财产并享有处置该财产得到优先受偿的权利。留置仅适用于保管合同、运输合同和加工承揽合同的债权担保	债权人占有对方（债务人）的财产
定金	当事人一方向对方先行支付给对方一定数额的货币以担保债务的履行	① 定金应当以书面形式约定。定金数额由当事人约定，但不得超过主合同标的额的20%。② 债务人履行债务后，定金应抵作价款或者收回。给付定金的一方不履行约定债务的，无权要求返还定金。收受定金的一方不履行约定债务的，应当双倍返还定金	

二、合同的履行

合同履行，是指合同各方当事人按照合同的规定，全面履行各自的义务，实现各自的权利，使各方的目的得以实现的行为。

在合同的履行过程中，可能出现合同变更和转让，同时，也可能出现合同违约、合同争议、合同索赔等现象。

（一）合同的变更

合同变更是指当事人对已经发生法律效力，但尚未履行或者尚未完全履行的合同，进行修改或补充所达成的协议。合同变更的范围很广，一般在合同签订后，所有涉及对工程范围、进度、工程质量要求、合同条款内容、合同双方责权利（责任与权利）关系的变化等都可以被看作合同变更。最常见的变更有以下两种。

（1）涉及合同条款的变更，合同条件和合同协议书所定义的双方责权利关系，或一些重大问题的变更。这是狭义的合同变更，以前人们定义的合同变更即为这一类。

（2）工程变更，即工程的质量、数量、性质、功能、施工工序和实施方案的变化。

有效的合同变更必须要有明确的合同内容变更。如果当事人对合同的变更约定不明，视为没有变更。

（二）合同的转让

合同转让，是指合同一方将合同的权利、义务全部或部分转让给第三人的法律行为。对于合同的权利、义务的转让，除另有约定外，原合同的当事人之间以及转让人与受让人之间应当采用书面形式确定。转让合同的权利、义务约定不明确的，视为未转让。合同的权利、义务转让给第三人后，合同的当事人是原当事人一方和第三人。

三、合同的终止

合同的权利和义务的终止也称为合同终止，是指当事人之间根据合同确定的权利和义务在客观上不复存在，据此合同不再对双方具有约束力。按照《中华人民共和国合同法》的规定，有下列情形之一的，合同的权利和义务终止：

① 债务已经按照约定履行，这是最多的一类合同终止；
② 合同解除；
③ 债务相互抵销；
④ 债务人依法将标的物提存；
⑤ 债权人免除债务；
⑥ 债权债务同归于一人；
⑦ 法律规定或者当事人约定终止的其他情形。

四、合同的违约责任

（一）违约责任

违约责任是指合同当事人一方不履行合同义务或履行的合同义务不符合合同约定所应承担的法律责任。

违约责任的构成要件包括有违约行为和无免责事由。前者称为违约责任的积极要件，后者称为违约责任的消极要件。

（二）承担违约责任的形式

承担违约责任的基本形式包括继续履行、采取补救措施、赔偿损失、违约金和定金责任等。通信项目中承担违约责任的常用形式包括以下几种。

1. 赔偿损失

赔偿损失，在合同法上也称违约损害赔偿，是指违约方以支付金钱的方式弥补受害方因违约行为所减少的财产或者所丧失的利益的责任形式。

赔偿损失的确定方式有两种，即法定损害赔偿和约定损害赔偿。

1）法定损害赔偿

法定损害赔偿，是指由法律规定的，违约方因其违约行为而对守约方遭受的损失承担的赔偿责任。

2）约定损害赔偿

约定损害赔偿，是指当事人在订立合同时，预先约定一方违约时应当向对方支付一定数额的赔偿金或约定损害赔偿额的计算方法。它具有预定性（缔约时确定）、从属性（以主合同的有效成立为前提）、附条件性（以损失的发生为条件）的特点。

2. 违约金

违约金，是指当事人一方违反合同时应当向对方支付的一定数量的金钱或财物。

违约金是对损害赔偿额的预先约定，既可能高于实际损失，也可能低于实际损失，导致不公平结果。为此我国合同法规定：约定违约金低于造成损失的，当事人可以请求人民法院或仲裁机构予以增加；约定违约金高于造成损失的，当事人可以请求人民法院或仲裁机构予以适当减少。违约金与赔偿损失不能同时采用，如果当事人约定了违约金，则应当按照支付违约金承担违约责任。

3. 定金责任

当事人约定了定金担保的情况下，如一方违约，定金罚则即成为一种违约责任形式。当事人既约定违约金又约定定金的，一方违约时，对方可以选择适用违约金或定金条款，但两者不能合并使用。

（三）因不可抗力无法履约的责任承担

不可抗力是一项免责条款，是指合同签订后，发生了合同当事人无法预见、无法避免、无法控制、无法克服的意外事件（如战争、车祸等）或自然灾害（如地震、火灾、水灾等），以致合同当事人不能依约履行职责或不能如期履行职责，此时发生意外事件或遭受自然灾害的一方可以免除履行职责的责任或推迟履行职责。

不可抗力主要包括：自然灾害，如台风、洪水、地震；政府行为，如征收、征用；社会异常事件，如罢工、骚乱。

因不可抗力不能履行合同的，根据不可抗力的影响，可以部分或全部免除责任。当事人延迟履行合同后发生的不可抗力，不能免除责任。当事人因不可抗力不能履行合同的，应当及时通知对方，并在合理的期限内提供证明。为避免当事人滥用不可抗力的免责权，当事人可以在合同中约定不可抗力的范围，有些情况下还应当约定不可抗力的风险分担责任。

五、合同争议的解决

合同争议又称为合同纠纷，是指因合同的生效、解释、履行、变更、终止等行为而引起的合同当事人的所有争议。合同争议的内容主要表现在争议主体对于导致合同法律关系产生、变更与消灭的法律事实，以及法律关系的内容有着不同的观点与看法。

合同争议的解决方法主要包括和解、调解、仲裁和诉讼4种。

（一）和解

和解也称协商解决，是指合同纠纷当事人在自愿友好的基础上，互相沟通、互相谅解，从而解决纠纷的一种方式。这种方式的特点包括：

① 简便易行，能经济、及时地解决纠纷。

② 纠纷的解决依靠当事人的妥协与让步，没有第三方的介入，有利于维护合同双方的友好合作关系，使合同能更好地得到履行。

③ 和解协议不具有强制执行的效力，和解协议的执行依靠当事人的自觉履行。和解方式是最佳合同争议解决方式，发生争议时，当事人应首先考虑和解解决争议。

（二）调解

调解，是指合同当事人对合同所约定的权利、义务发生争议，不能达成和解协议时，在经济合同管理机关或有关机关、团体等的主持下，通过对当事人进行说服教育，促使双方互相做出适当的让步，平息争端，自愿达成协议，以求解决经济合同纠纷的方法。调解途径有：民间调解组织机构；仲裁委员会；人民法院；行政主管机关。

（三）仲裁

仲裁亦称"公断"，是当事人双方在争议发生前或争议发生后达成协议，自愿将争议交给第三者做出裁决，并负有自动履行义务的一种解决争议的方式。仲裁裁决的做出，标志着当事人之间的纠纷的最终解决。仲裁应该遵循的原则包括自愿原则、公平合理原则、仲裁独立原则、一裁终局原则。

当事人双方如果约定采用仲裁方式解决争议,则不得进行诉讼。但如果当事人能够提出证据证明裁决有下列情形之一的,可向仲裁委员会所在地的中级人民法院申请撤销裁决:

① 没有仲裁协议的;
② 裁决的事项不属于仲裁协议的范围或者仲裁委员会无权仲裁的;
③ 仲裁庭的组成或者仲裁的程序违反法定程序的;
④ 裁决所根据的证据是伪造的;
⑤ 对方当事人隐瞒了足以影响公正裁决的证据的;
⑥ 仲裁员在仲裁该案时有索贿受贿、徇私舞弊、枉法裁决行为的。

人民法院经组成合议庭审查核实裁决有以上规定情形之一的,应当裁定撤销。当事人申请撤销裁决的,应当自收到裁决书之日起 6 个月内提出。人民法院应当在受理撤销裁决申请之日起 2 个月内做出撤销裁决或者驳回申请的裁定。

(四) 诉讼

诉讼,是指合同当事人依法请求人民法院行使审判权,审理双方之间发生的合同争议,做出由国家强制保证实现其合法权益,从而解决纠纷的审判活动。合同双方当事人如果未约定仲裁协议,则只能以诉讼作为解决争议的最终方式。当事人应依法请求人民法院行使审判权,审理双方发生的经济争议,做出有国家强制力的裁决,保证实现其合法权益。

诉讼中的证据主要包括书证、物证、视听资料、证人证言、当事人的陈述、鉴定结论、勘验笔录等。因此,在施工过程中,有关各方都应该注意保存相关资料。

另外,应该注意诉讼时效的问题,诉讼时效是指权利人在法定期间内,不行使权利,即丧失请求人民法院保护的权利。超过诉讼时效期间,在法律上权利人将失去胜诉权利,即胜诉权利归于消灭。超过诉讼时效期间权利人起诉,如果符合民事诉讼法规定的起诉条件,法院仍然应当受理。但是,如果法院经受理后查明无中止、中断、延长事由的,判决驳回诉讼请求。

案例 3-2-1　合同争议

1. 背景

某施工单位承包了 5 km 的通信直埋线路建设工程,合同工期为 2012 年 7 月 1 日至 8 月 15 日。合同约定施工过程中如遇暴雨等自然灾害,建设单位可就施工单位所受的损失向施工单位提供补偿。施工过程中,施工单位因其相关施工机具出现故障使得完工时间推迟,2012 年 8 月 16 日施工现场突然下了一场大暴雨,使得已经挖好的尚未敷设光缆的 500 m 光缆沟被冲塌,施工单位因此需要重新开挖此段光缆沟。工程最终于 2012 年 8 月 28 日完工,并通过了工程验收。

2. 问题

① 被冲塌的光缆沟需重新开挖,施工单位能否就此向建设单位提出追加工程量的要求?为什么?

② 如果施工单位坚持就光缆沟被冲塌一事向建设单位提出赔偿要求,而建设单位又拒绝赔偿,施工单位可以采取哪些方法解决争议?

3. 分析

① 施工单位不可以就光缆沟被冲塌一事向建设单位提出工程量追加要求。因为此工程合同约定的工期是从 2012 年 7 月 1 日至 8 月 15 日，由于施工单位自身的原因，工程出现拖延，从而导致在施工过程中遇到大暴雨，使得施工单位未完成的工作量遭到破坏。如果施工单位能够尽早解决问题，工程在合同规定的工期内完工就不会遇到大暴雨。施工单位之所以在施工过程中遇到了大暴雨，完全是由于施工单位自身原因造成的，因此不应该提出追加工程量的要求。

② 如果施工单位坚持就光缆沟被冲塌一事向建设单位提出索赔要求，而建设单位又拒绝赔偿，施工单位可以按照合同中约定的解决争议的方法，采用协商、调解、仲裁或诉讼的方式解决此争议。

热点话题

订立合同时，谈判双方都应遵循一定的原则，只有这样，合同的订立才有意义。原则如下：

（1）守法原则。
（2）自愿原则。
（3）公平原则。

在签订合同过程中，任何一方不得把自己的意志强加给对方，任何单位和个人不得非法干预，这一原则主要强调了以下 3 点。

① 强调了签约双方在法律上的平等地位，在利益上的互相兼顾。不允许以上压下、以大欺小、以强凌弱，也不允许以小讹大、以穷吃富。

② 强调了签约双方在订立合同时，必须充分协商，在意思表示真实的前提下，达成一致协议（凡是采取欺诈、胁迫手段把自己的意志强加给对方，订立违反对方真实意愿的合同，都属无效合同）。

③ 强调了签约双方权利和义务的对等，坚持商品交换的基本原则。

由于合同不同于行政调拨，一般来说，它应是有偿的。

因此，订立合同，必须将公平、公正贯穿始终。当事人订立合同，应将公平作为出发点，这是合同顺利履行的前提条件。

（4）诚实信用的原则。

讲诚实、守信用，是合同当事人在经济往来中应遵守的原则，也是市场经济条件下的准则。不诚实、不讲信用是经济交往中的大忌。目前，全国各级政府组织企业开展的"重合同守信誉"活动，就是为了促进合同当事人的诚实信用度，进而促进企业依法管理，提高市场竞争能力。

任务小结

本任务介绍了合同的法律制度，主要包括合同的订立；合同的履行、变更、终止、转让和担保；合同的违约责任；合同争议的解决。

任务三 合同管理内容

一、勘察设计合同的管理

(一)勘察设计合同的相关概念

建设工程勘察设计合同是指根据建设工程的要求,查明、分析、评价建设场地的地质地理环境特征,通信机房环境、线路路由和岩土工程条件,编制建设工程勘察文件的协议。

建设工程设计合同是指根据建设工程的要求,对建设工程所需的技术、经济、资源、环境等条件进行综合分析、论证,编制建设工程设计文件的协议。

为了保证勘察、设计合同的内容完备、责任明确、风险责任分担合理,建设部和国家工商行政管理局在 2000 年颁布了建设工程勘察合同示范文本(两个版本:GP-2000—0203 和 GF-2000—40204)和建设工程设计合同示范文本(两个版本:GF-2000—0209 和 GF-2000—0210)。

(二)勘察合同的履行管理

1. 发包人的责任

(1)在勘察现场范围内,不属于委托勘察任务而又没有资料、图纸的地区(段),发包人应负责查清地下埋藏物。若因未提供上述资料、图纸,或提供的资料和图纸不可靠、地下埋藏物不清,致使勘察人在勘察工作过程中发生人身伤害或造成经济损失的,由发包人承担民事责任。

(2)若勘察现场需要看守,特别是在有毒、有害等危险现场作业时,发包人应派人负责安全保卫工作,按国家有关规定,对从事危险作业的现场人员进行保健防护,并承担费用。

(3)工程勘察前,属于发包人负责提供的材料,应根据勘察人提出的工程用料计划,按时提供各种材料及其产品合格证明,并承担费用和运到现场,派人与勘察人员一起验收。

(4)勘察过程中的任何变更,经办理正式变更手续后,发包人应按实际发生的工作量支付勘察费。

(5)为勘察人提供必要的生产、生活条件,并承担费用;如果不能提供时,应一次性付给勘察人临时设施费。

(6)发包人若要求在合同规定时间内提前完工(或提交勘察成果资料),应按每提前一天向勘察人支付计算的加班费。

(7)发包人应保护勘察人的投标书、勘察方案、报告书、文件、资料图纸、数据、特殊工艺(方法)、专利技术和合理化建议。未经勘察人同意,发包人不得复制、泄露、擅自修改、传送或向第三人转让或用于本合同外的项目。

2. 勘察人的责任

(1)勘察人应按国家技术规范、标准、规程和发包人的任务委托书及技术要求进行工程勘察，按合同规定的时间提交质量合格的勘察成果资料，并对其负责。

（2）若勘察人提供的勘察成果资料质量不合格，应无偿负责补充完善使其达到质量合格。如果勘察人无力补充完善，使得发包人需另委托其他单位，勘察人应承担全部勘察费用。因勘察质量造成重大经济损失或工程事故时，勘察人应负法律责任和免收直接受损失部分的勘察费，并根据损失程度向发包人支付赔偿金。赔偿金由发包人、勘察人在合同内约定。

（3）勘察过程中，勘察人根据工程的工作现场地形地貌、地质和水文地质条件及技术规范要求，向发包人提出增减工作量或修改勘察工作的意见，并办理正式变更手续。

3. 勘察合同的工期

勘察人应在合同约定的时间内提交勘察成果资料，勘察工作有效期限以发包人下达的开工通知书或合同规定的时间为准。如果遇到以下特殊情况时，可以相应延长合同工期：设计变更；工作量变化；不可抗力影响；非勘察人原因造成的停（窝）工等。

4. 勘察费用的支付

（1）收费标准及付费方式。合同中约定的勘察费用计价方式，可以采用以下方式中的一种。

① 参照国家计委、建设部《关于发布〈工程勘察设计收费管理规定〉的通知》（计价格〔2002〕10号）规定。

② 按实际完成工作量结算等。

（2）勘察费用的支付。合同签订后3天内，发包人应向勘察人支付预算勘察费的20%作为定金。勘察工作结束后，发包人向勘察人支付约定的勘察费。对于勘察规模大、工期长的大型勘察工程，可将这笔费用按实际完成的勘察进度分解，向勘察人分阶段支付工程进度款。提交勘察成果资料后10天内，发包人应一次性付清全部工程费用。

5. 违约责任

（1）发包人的违约责任。由于发包人未给勘察人提供必要的工作生活条件而造成停（窝）工或来回进出场地，发包人应承担的责任包括：付给勘察人停（窝）工费，金额按预算的平均工日产值计算，工期按实际延误的工日顺延；补偿勘察人来回的进出场费和调遣费。合同履行期间，由于工程停建而终止合同或发包人要求解除合同时，勘察人未进行勘察工作的，不退还发包人已付定金；已进行勘察工作的，完成的工作量在50%以内时，发包人应向勘察人支付预算额50%的勘察费；完成的工作量超过50%时，则应向勘察人支付预算额100%的勘察费。发包人未按合同规定时间（日期）拨付勘察费，每超过1日，应按未支付勘察费的1%偿付逾期违约金。发包人不履行合同时，无权要求返还定金。

（2）勘察人的违约责任。勘察人由于自身原因未按合同规定时间（日期）提交勘察成果资料，每超过1日，应减收勘察费的1%。勘察人不履行合同时，应双倍返还定金。

（三）设计合同的履行管理

1. 发包人的责任

（1）提供设计依据资料。发包人应按时提供设计依据文件和基础资料，同时应对资料的正确性负责。如果发包人提交的上述资料及文件超过规定期限，在15天以内的，设计人规定的交付设计文件时间相应顺延；若交付时间超过规定期限15天，设计人有权重新确定提交设计文件的时间。进行专业工程设计时，如果设计文件中需选用国家标准图、部标准图及地方标准图，应由发包人负责解决。

（2）提供必要的现场工作条件。由于设计人完成设计工作的主要地点不是施工现场，因此，发包人有义务为设计人在现场工作期间提供必要的工作、生活方便条件。发包人为设计人派驻现场的工作人员提供的方便条件可能涉及工作、生活、交通等方面的便利条件，以及必要的劳动保护装备。

（3）外部协调工作。设计的阶段成果（初步设计、技术设计、施工图设计）完成后，应由发包人组织鉴定和验收，并负责向发包人的上级或有管理资质的设计审批部门完成报批手续。

（4）保护设计人的知识产权。未经设计人同意，发包人对设计人交付的设计资料及文件不得擅自修改、复制或向第三人转让或用于本合同外的项目。如果发生以上情况，发包人应负法律责任，设计人有权向发包人提出索赔。

2. 设计人的责任

（1）保证设计质量。设计人应依据批准的可行性研究报告、勘察资料，在满足国家规定的设计规范、规程、技术标准基础上，按合同规定标准完成各阶段的设计任务，并对提交的设计文件质量负责。对于各设计阶段设计文件审查会提出的修改意见，设计人应负责修正和完善。设计人交付设计资料及文件后，需按规定参加有关的设计审查，并根据审查结论负责对不超出原定范围的内容做必要的调整和补充。

（2）配合施工的义务。

① 设计交底。设计人在建设工程施工前，需向施工承包人和施工监理人说明建设工程勘察、设计意图，解释建设工程勘察、设计文件，以保证施工工艺达到预期的设计水平要求，解决施工中出现的设计问题。设计人有义务解决施工中出现的设计问题，如属于设计变更的范围，按照变更原因确定费用负担责任。

② 工程验收。为了保证建设工程的质量，设计人应按合同约定参加工程验收工作。这些约定的工作可能涉及重要部位的隐蔽工程验收、试车验收和竣工验收。

（3）保护发包人的知识产权。设计人应保护发包人的知识产权，不得向第三人泄露、转让发包人提交的产品图纸等技术经济资料。如果发生以上情况，并给发包人造成经济损失，发包人有权向设计人索赔。

3. 设计费的支付与结算

设计人按合同约定提交相应报告、成果或阶段的设计文件后，参照国家计委、建设部《关于发布〈工程勘察设计收费管理规定〉的通知》（计价格〔2002〕110号）规定，发包人应及时支付约定的各阶段设计费。

4. 违约责任

1）发包人的违约责任

① 发包人延误支付。发包人应按合同规定的金额和时间向设计人支付设计费，每逾期支付1天，应承担应支付金额2‰的逾期违约金，且设计人提交设计文件的时间顺延。逾期30天以上时，设计人有权暂停履行下阶段工作，并书面通知发包人。

② 审批工作的延误。发包人的上级或设计审批部门对设计文件不审批或合同项目停缓建，均视为发包人应承担的风险。设计人提交合同约定的设计文件和相关资料后，按照设计人已完成全部设计任务对待，发包人应按合同规定结清全部设计费。

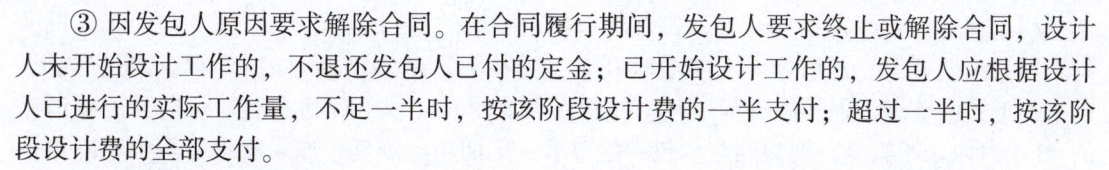

③ 因发包人原因要求解除合同。在合同履行期间，发包人要求终止或解除合同，设计人未开始设计工作的，不退还发包人已付的定金；已开始设计工作的，发包人应根据设计人已进行的实际工作量，不足一半时，按该阶段设计费的一半支付；超过一半时，按该阶段设计费的全部支付。

2）设计人的违约责任

① 设计错误。设计人应对设计资料及文件中出现的遗漏或错误负责修改或补充。由于设计人错误造成工程质量事故损失，设计人除负责采取补救措施外，应免收直接受损失部分的设计费。损失严重的，还应根据损失的程度和设计人责任大小向发包人支付赔偿金。范本中要求设计人的赔偿责任按工程实际损失的百分比计算；当事人双方订立合同时，需在相关条款内具体约定百分比的数额。

② 设计人延误完成设计任务。由于设计人自身原因，延误了按合同规定交付的设计资料及设计文件的时间，每延误1天，应减收该项目应收设计费的2%。

③ 因设计人原因要求解除合同。合同生效后，设计人要求终止或解除合同，应双倍返还定金。

3）不可抗力事件的影响

由于不可抗力因素致使合同无法履行时，双方应及时协商解决。

二、施工合同的管理

建设工程施工合同是发包人与承包人就完成具体工程项目的建筑施工、设备安装、设备调试、工程保修等工作内容，确定双方权利和义务的协议。建设部和国家工商行政管理局1999年颁发了《建设工程施工合同（示范文本）》（版本：GF—1999—0201）。施工合同的管理主要包括施工准备阶段的合同管理、施工过程的合同管理和竣工阶段的合同管理。

（一）施工准备阶段的合同管理

1. 施工图纸

发包人提供的图纸应在合同约定的日期前，免费按专用条款约定的份数供应承包人图纸，以保证承包人及时编制施工进度计划和组织施工。

2. 施工进度计划

承包人应当在专用条款约定的日期，将施工组织设计和施工进度计划提交给监理工程师进行审查。

监理工程师对进度计划和承包人施工进度的认可，不免除承包人对施工组织设计和工程进度计划本身的缺陷所应承担的责任。

3. 双方做好施工前的有关准备工作

开工前，发包人按照专用条款的规定使施工现场具备施工条件、开通施工现场公共道路。承包人应当做好施工人员和设备的调配工作。

4. 开工

承包人应在专用条款约定的时间按时开工，以便保证在合理工期内及时竣工。但在特殊情况下，工程的准备工作使其不具备开工条件的，则应按合同的约定区分延期开工的责任。

（1）承包人要求的延期开工。如果是承包人要求的延期开工，则监理工程师有权批准是否同意延期开工。若承包人不能按时开工，应在不迟于协议书约定的开工日期前 7 天，以书面形式向监理工程师提出延期开工的理由和要求。监理工程师在接到延期开工申请后的 48 小时内未予答复，视为同意承包人的要求，工期相应顺延。如果监理工程师不同意延期要求，工期不予顺延。如果承包人未在规定时间内提出延期开工要求，工期也不予顺延。

（2）发包人原因的延期开工。因发包人的原因导致施工现场尚不具备施工的条件，而影响承包人不能按照协议书约定的日期开工时，监理工程师应以书面形式通知承包人推迟开工日期。发包人应当赔偿承包人因此造成的损失，并相应顺延工期。

5. 支付工程预付款

合同约定有工程预付款的，发包人应按规定的时间和数额支付预付款。为了保证承包人如期开始施工前的准备工作和开始施工，预付款时间应不迟于约定的开工日期前 7 天。发包人不按约定预付，承包人在约定预付时间 7 天后向发包人发出要求预付的通知。发包人收到通知后仍不能按要求预付的，承包人可在发出通知后 7 天停止施工，发包人应从约定应付之日起向承包人支付应付款的贷款利息，并承担违约责任。

（二）施工过程的合同管理

1. 对材料和设备的质量控制

为了保证工程项目达到投资建设的预期目的，确保工程质量至关重要。而对工程质量进行严格把控，应从使用材料的质量控制开始。

（1）材料设备的到货检验。工程项目使用的建筑材料和设备按照专用条款约定的采购供应责任，可以由承包人负责，也可以由发包人提供全部或部分材料和设备。

① 发包人供应材料、设备。负责提供材料、设备的发包人应按照专用条款的材料、设备供应一览表，按时、按质、按量将采购的材料和设备运抵施工现场，与承包人共同进行到货清点。

发包人应当向承包人提供其供应材料设备的产品合格证明，并对这些材料设备的质量负责。发包人在其所供应的材料、设备到货前 24 h，应以书面形式通知承包人，由承包人派人与发包人共同清点。清点的工作主要包括：外观质量检查；对照发货单证进行数量清点（检斤、检尺）；对大宗建筑材料进行必要的抽样检验（物理、化学试验）等。

材料、设备接收后应移交承包人保管。发包人供应的材料、设备经双方共同清点接收后，由承包人妥善保管，发包人支付相应的保管费用。因承包人的原因发生损坏丢失，由承包人负责赔偿。发包人不按规定通知承包人验收，发生的损坏丢失由发包人负责。

发包人供应的材料、设备与约定不符时，应当由发包人承担有关责任。

② 承包人采购材料、设备。承包人负责采购材料、设备的，应按照合同专用条款约定及设计要求和有关标准采购，并提供产品合格证明，对材料、设备的质量负责。承包人在材料、设备到货前 24 h 应通知监理工程师共同进行到货清点。采购的材料、设备与设计或标准要求不符时，应在监理工程师要求的时间内运出施工现场，重新采购符合要求的产品，并承担由此发生的费用，延误的工期不予顺延。

（2）材料和设备的使用前检验。为了防止材料和设备在现场储存时间过长或保管不善而导致质量降低，应在用于永久工程施工前进行必要的检查试验。按照材料、设备的供应义务，对合同责任做以下区分。

① 发包人供应材料、设备。发包人供应的材料、设备进入施工现场后需要在使用前检验或者试验的，由承包人负责检查、试验，费用由发包人负责。按照合同对质量责任的约定，此次检查、试验通过后，仍不能解除发包人对其供应材料、设备存在的质量缺陷责任。即承包人检验通过之后，如果又发现材料、设备有质量问题时，发包人仍应承担重新采购及拆除重建的追加合同价款，并相应顺延由此延误的工期。

② 承包人负责采购材料和设备。采购的材料、设备在使用前，承包人应按监理工程师的要求进行检验或试验，不合格的不得使用，检验或试验费用由承包人承担。

2. 对施工质量的监督管理

施工单位应该按照合同约定的标准及相关质量标准、规范进行施工，确保工程质量达标。监理工程师应采用巡视、旁站、平行检验等方式监督检查承包人的施工工艺和产品质量，对生产过程进行严格控制，无论何时，监理工程师一旦发现工程质量达不到约定标准时均可要求承包人返工。

3. 隐蔽工程与重新检验

若工程具备隐蔽条件或达到专用条款约定的中间验收部位，承包人应先进行自检，并在隐蔽或中间验收前 48 h 以书面形式通知监理工程师验收，通知包括隐蔽和中间验收的内容、验收时间和地点，同时承包人准备验收记录。

监理工程师接到承包人的请求验收通知后，应在通知约定的时间与承包人共同进行检查或试验。检测结果表明质量验收合格，经监理工程师在验收记录上签字后，承包人可进行工程隐蔽和继续施工。若验收不合格，承包人应在监理工程师限定的时间内完成修改，之后重新验收。

无论监理工程师是否参加了验收，当其对某部分的工程质量有怀疑时，均可要求承包人对已经隐蔽的工程进行重新检验。

4. 施工进度管理

当出现某事件导致施工暂停时，监理工程师应该及时做出指示，并以书面形式通知承包人，具备复工条件时，监理工程师同样须及时做出书面指示。

对于工程拖延，监理工程师应根据合同条款约定确认：属于发包人违约或者应当由发包人承担风险的情况，工期给予顺延；反之，如果造成工期延误的原因是承包人的违约或者应当由承包人承担的风险，则工期不能顺延。

5. 设计变更管理

发包人、承包人、设计人都可以提出设计变更要求，但都应该按照相应程序进行。监理工程师在合同履行管理中应严格控制变更，施工中承包人未得到监理工程师的同意也不允许对工程设计随意变更。如果由于承包人擅自变更设计，发生的费用和因此而导致的发包人的直接损失，应由承包人承担，延误的工期不予顺延。

6. 支付管理

由于一些事件影响合同价款需要调整时，承包人应按照规定要求将调整的原因、金额以书面形式通知监理工程师。监理工程师确认调整金额后将其作为追加合同价款，与工程款同期支付。监理工程师收到承包人通知 14 天内不予确认也不提出修改意见的，视为已经同意该项调整。

发包人应在双方计量确认后及时支付工程进度款；否则，如果导致承包人停止施工，由发包人承担违约责任。

7. 不可抗力

不可抗力事件发生后，承包人应在力所能及的条件下迅速采取措施，尽量减少损失，并在不可抗力事件结束后 48 h 内向监理工程师通报受灾情况和损失情况，以及预计清理和修复的费用。发包人应尽力协助承包人采取措施。

若不可抗力事件继续发生，承包人应每隔 7 天向监理工程师报告一次受害情况，并于不可抗力事件结束后 14 天内，向监理工程师提交清理和修复费用的正式报告及有关资料。

（三）竣工阶段的合同管理

1. 工程试运行

如果施工合同包括设备安装工程，则设备安装完成后，要对设备运行的性能进行检验。如果试运行期间发生问题，监理工程师应督促相关责任单位进行处理。

2. 竣工验收

工程验收是合同履行中的一个重要工作阶段，工程未经竣工验收或竣工验收未通过的，发包人不得使用。如果发包人强行使用，由此发生的质量问题及其他问题，由发包人承担责任。

3. 工程保修

承包人应当在工程竣工验收之前，与发包人签订质量保修书作为合同附件。质量保修书的主要内容包括工程质量保修范围和内容、质量保修期、质量保修责任、保修费用和其他约定 5 部分。保修期从竣工验收合格之日起开始计算。属于保修范围、内容的项目，承包人应在接到发包人的保修通知 7 日内派人保修。如果承包人不在约定期限内派人保修，发包人可以委托其他人修理。发生紧急事故时，承包人接到通知后应当立即到达事故现场进行抢修。质量保修完成后，由发包人组织验收。

4. 竣工结算

根据原信息产业部发布的《关于发布〈通信建设工程价款结算暂行办法〉的通知》（〔2005〕418 号）精神，通信在初验后 3 个月内，双方应当按照约定的工程合同价款、合同价款调整内容以及索赔事项，进行工程竣工结算。

三、监理合同的管理

建设工程委托监理合同简称监理合同，是指委托人与监理人就委托的工程项目管理内容签订的明确双方权利、义务的协议。建设部和国家工商行政管理局 2000 年颁布了《建设工程委托监理合同（示范文本）》（GF—2000—0202），该示范文本由工程建设委托监理合同、建设工程委托监理合同标准条件、建设工程委托监理合同专用条件 3 部分组成。委托监理合同的标的是服务，监理工程师凭据自己的知识、经验、技能受业主委托授权，为其所签订其他合同的履行实施监督和管理，因此，监理合同是监理人实施监理的直接依据。

（一）监理工作范围

监理工作包括正常工作（合同专用条款中约定）、附加工作和额外工作。

1. 正常工作

监理合同的范围是监理工程师为委托人提供服务的范围和工作量。委托人委托监理业务的范围可以非常广泛。从工程建设各阶段来说，可以包括项目前期立项咨询、设计阶段、实施阶段、保修阶段的全部监理工作或某一阶段的监理工作。在每一阶段内，又可以进行投资、质量、工期三大控制，以及信息、合同、安全三项管理。

合同中的委托监理工作可看作监理人的正常工作，也是工作量最大的工作，监理人应该按照合同要求认真履行。

2. 附加工作

附加工作是指与完成正常工作相关，在委托正常监理工作范围以外监理人应完成的工作。可能包括：

① 由于委托人、第三方原因，监理工作受到阻碍或延误，以至增加了工作量或延续时间。

② 增加监理工作的范围和内容等。如由于委托人或承包人的原因，承包合同不能按期竣工而必须延长的监理工作时间。又如委托人要求监理人就施工中采用新工艺施工部分编制质量检测合格标准等都属于附加监理工作。

3. 额外工作

额外工作是指正常工作和附加工作以外的工作，即非监理人自己的原因而暂停或终止监理业务所产生的善后工作，以及恢复监理业务前不超过42天时间的准备工作。

如合同履行过程中发生不可抗力，承包人的施工被迫中断，监理工程师应完成的确认灾害发生前承包人已完成工程的合格和不合格部分，指示承包人采取应急措施等工作，以及灾害消失后恢复施工前必要的监理准备工作。

由于附加工作和额外工作是委托正常工作之外要求监理人必须履行的义务，因此委托人在其完成工作后应另行支付附加监理工作报告酬金，但酬金的计算办法应在专用条款内予以约定。

（二）合同有效期

尽管双方签订《建设工程委托监理合同》中注明"本合同自×年×月×日开始实施，至×年×月×日完成"，但此期限仅指完成正常监理工作预定的时间，并不一定就是监理合同的有效期。监理合同的有效期即监理人的责任期，不是以约定的日历天数为准，而是以监理人是否完成了包括附加和额外工作的义务来判定。因此，通用条款规定，监理合同的有效期为双方签订合同后，从工程准备工作开始，到监理人向委托人办理完竣工验收或工程移交手续，承包人和委托人已签订工程保修责任书，监理收到监理报酬尾款，监理合同才终止。如果保修期间仍需监理人执行相应的监理工作，双方应在专用条款中另行约定。

（三）双方的义务

1. 委托人义务

（1）委托人应负责建设工程的所有外部关系的协调工作，满足开展监理工作所需提供的外部条件。

（2）与监理人做好协调工作。委托人要授权一位熟悉建设工程情况，能迅速做出决定的常驻代表负责与监理人联系。

（3）为了不耽搁服务，委托人应在合理的时间内就监理人以书面形式提交并要求做出决定的一切事宜做出书面决定。为监理人顺利履行合同义务做好协助工作。协助工作包括以下几方面内容。

① 授予监理人的监理权利，以及监理人监理机构主要成员的职能分工、监理权限，及时书面通知已选定的第三方，并在第三方签订的合同中予以明确。

② 议定的时间内，免费向监理人提供与工程有关的监理服务所需要的工程资料。

③ 为入驻工地的监理机构开展正常工作提供协助服务，服务内容包括信息服务、物质服务和人员服务3个方面。

2. 监理人义务

（1）监理人在履行合同义务期间，应运用合理的技能认真、勤奋地工作，公正地维护有关方面的合法权益。当委托人发现监理人员不按监理合同履行监理职责，或与承包人串通给委托人或工程造成损失的，委托人有权要求监理人更换监理人员，直到终止合同并要求监理人承担相应的赔偿责任或连带赔偿责任。

（2）合同履行期间应按合同约定派驻足够的人员从事监理工作。开始执行监理业务前向委托人报送派往该工程项目的总监理工程师及该项目监理机构的人员情况。合同履行过程中如果需要调换总监理工程师，必须首先经过委托人同意，并派出具有相应资质和能力的人员。

（3）在合同期内或合同终止后，未征得有关方同意，不得泄露与本工程、合同业务有关的保密资料。

（4）任何由委托人提供的供监理人使用的设施和物品都属于委托人的财产，监理工作完成或中止时，应将设施和剩余物品归还委托人。

（5）非经委托人书面同意，监理人及其职员不应接受委托监理合同约定以外的与监理工程有关的报酬，以保证监理行为的公正性。

（6）监理人不得参与可能与合同规定的与委托人利益相冲突的任何活动。

（7）在监理过程中，不得泄露委托人声明的秘密，也不得泄露设计、承包等单位声明的秘密。

（8）负责合同的协调管理工作。在委托工程范围内，委托人或承包人对对方的任何意见和要求（包括索赔要求），均必须首先向监理机构提出，由监理机构研究处置意见，再同双方协商确定。当委托人和承包人发生争议时，监理机构应根据自己的职能，以独立的身份判断，公正地进行调解。当双方的争议由政府行政主管部门调解或仲裁机构仲裁时，应当提供佐证的事实材料。

（四）双方的权利

1. 委托人权利

（1）授予监理人权限的权利。监理合同内除需明确委托的监理任务外，还应规定监理人的权限。委托人授予监理人权限的大小，要根据自身的管理能力、建设工程项目的特点及需要等因素考虑。监理合同内授予监理人的权限，在执行过程中可随时通过书面附加协议予以扩大或减小。

（2）对其他合同承包人的选定权。委托人是建设资金的持有者和建筑产品的所有人，因此对设计合同、施工合同、加工制造合同等的承包单位有选定权和订立合同的签字权。

监理人在选定其他合同承包人的过程中仅有建议权而无决定权。监理人协助委托人选择承包人的工作可能包括：邀请招标时提供有资格和能力的承包人名录；帮助起草招标文件；组织现场考察；参与评标以及接受委托代理招标等。但标准条件中规定，监理人对设计和施工等总包单位所选定的分包单位，拥有批准权或否决权。

（3）委托监理工程重大事项的决定权。委托人有对工程规模、规划设计、生产工艺设计、设计标准和使用功能等要求的认定权，工程设计变更审批权。

（4）对监理人履行合同的监督控制权。委托人对监理人履行合同的监督权利体现在：对监理合同转让和分包的监督；对监理人员的控制监督；合同履行的监督权。

2. 监理人权利

监理合同中涉及监理人权利的条款可分为两类：一类是监理人在委托合同中应享有的权利；另一类是监理人履行委托人与第三方签订的承包合同的监理任务时可行使的权力。

（1）委托监理合同中赋予监理人的权利。

① 完成监理任务后获得酬金的权利。酬金包括正常酬金、附加工作或额外工作酬金以及适当的物质奖励。

正常酬金的支付程序和金额，以及附加与额外工作酬金的计算办法与奖励办法应在专用条款内写明。

② 终止合同的权利。如果由于委托人违约严重拖欠应付监理人的酬金，或由于非监理人责任而使监理暂停的期限超过半年以上，监理人可按照终止合同规定程序，单方面提出终止合同，以保护自己的合法权益。

（2）监理人执行监理业务可以行使的权力。

按范本通用条件的规定，监理委托人和第三方签订承包合同时可行使的权力包括以下几个。

① 建设工程有关事项和工程设计的建议权，建设工程有关事项包括工程规模、设计标准、规划设计、生产工艺设计和使用功能要求。

② 对实施项目的质量、工期和费用的监督控制权。

③ 工程建设有关协作单位组织协调的主持权。

④ 在业务紧急情况下，为了工程和人身安全，尽管变更指令已超越了委托人的授权（又不能事先得到批准），监理人也有权发布变更指令，但应尽快通知委托人。

⑤ 审核承包人索赔的权力。

（五）违约责任

1. 违约赔偿

合同履行过程中，由于当事人一方的过错，造成合同不能履行或者不能完全履行，由有过错的一方承担违约责任；如果属于双方的过错，根据实际情况，由双方分别承担各自的违约责任。为保证监理合同规定的各项权利、义务的顺利实现，在《委托监理合同示范文本》中，制定了约束双方行为的条款："委托人责任"和"监理人责任"。这些规定归纳起来有以下几点。

（1）在合同责任期内，如果监理人未按合同中要求的职责勤恳认真地服务；或委托人违背了他对监理人的责任时，均应向对方承担赔偿责任。

（2）任何一方对另一方负有责任时的赔偿原则如下。

① 若是委托人违约，应承担违约责任，赔偿监理人的经济损失。

② 因监理人过失造成经济损失的，应向委托人进行赔偿，累计赔偿额不应超出监理酬金总额（除去税金）。

③ 当一方向另一方的索赔要求不成立时，提出索赔的一方应补偿由此所导致的对方各种费用支出。

2. 监理人的责任限度

监理人在责任期内，如果因过失而造成经济损失，要负监理失职的责任；监理人不对责任期以外发生的任何事情所引起的损失或损害负责，也不对第三方违反合同规定的质量要求和完工（交图、交货）时限承担责任。

小博士

> Array 工程设计按工作进程和深度的不同，一般分为方案设计、初步设计、技术设计和施工图设计，不同的工程项目其设计阶段的划分可以有所不同，如对大型复杂的工程项目首先要进行方案设计，通过方案选优，再进行初步设计、技术设计和施工图设计，小型工程项目则可以以方案设计代替初步设计而后直接进行施工图设计，对小型简单的项目则只需进行施工图设计。

任务小结

本任务介绍了合同管理相关内容，主要包括勘察设计合同管理、施工合同管理、监理合同管理。

任务四　索赔管理

一、索赔概述

（一）索赔的概念

索赔是当事人在合同实施过程中，根据法律、合同规定及惯例，对不应由自己承担责任的情况造成的损失，向合同的另一方当事人提出给予赔偿或补偿要求的行为。在工程建设的各阶段，都有可能发生索赔，但在施工阶段索赔发生较多。索赔是相互的、双向的。承包人可以向发包人索赔，发包人也可以向承包人索赔。

对施工合同的双方来说，都有通过索赔维护自己合法利益的权利，依据双方约定的合同责任，构成正确履行合同义务的制约关系。作为监理工程师来说，一个重要任务就是尽量避免索赔的发生。

（二）索赔的分类

索赔一般包括工期索赔和费用索赔两类。

1. 工期索赔

由于非承包人责任的原因而导致施工进程延误，要求批准顺延合同工期的索赔，称为工期索赔。工期索赔形式上是对权利的要求，以避免在原定合同竣工日不能完工时，被发包人追究拖期违约责任。一旦获得批准合同工期顺延后，承包人不仅免除了承担拖期违约赔偿费的严重风险，而且可能提前完工得到奖励，工期索赔最终仍反映在经济收益上。

2. 费用索赔

费用索赔的目的是要求经济补偿。当施工的客观条件改变导致承包人增加开支，可要求对超出计划成本的附加开支给予补偿，以挽回不应由他承担的经济损失。

二、索赔程序

（一）承包人的索赔

承包人的索赔即是承包人向业主提出的索赔。承包人索赔程序框图如图 3-4-1 所示。

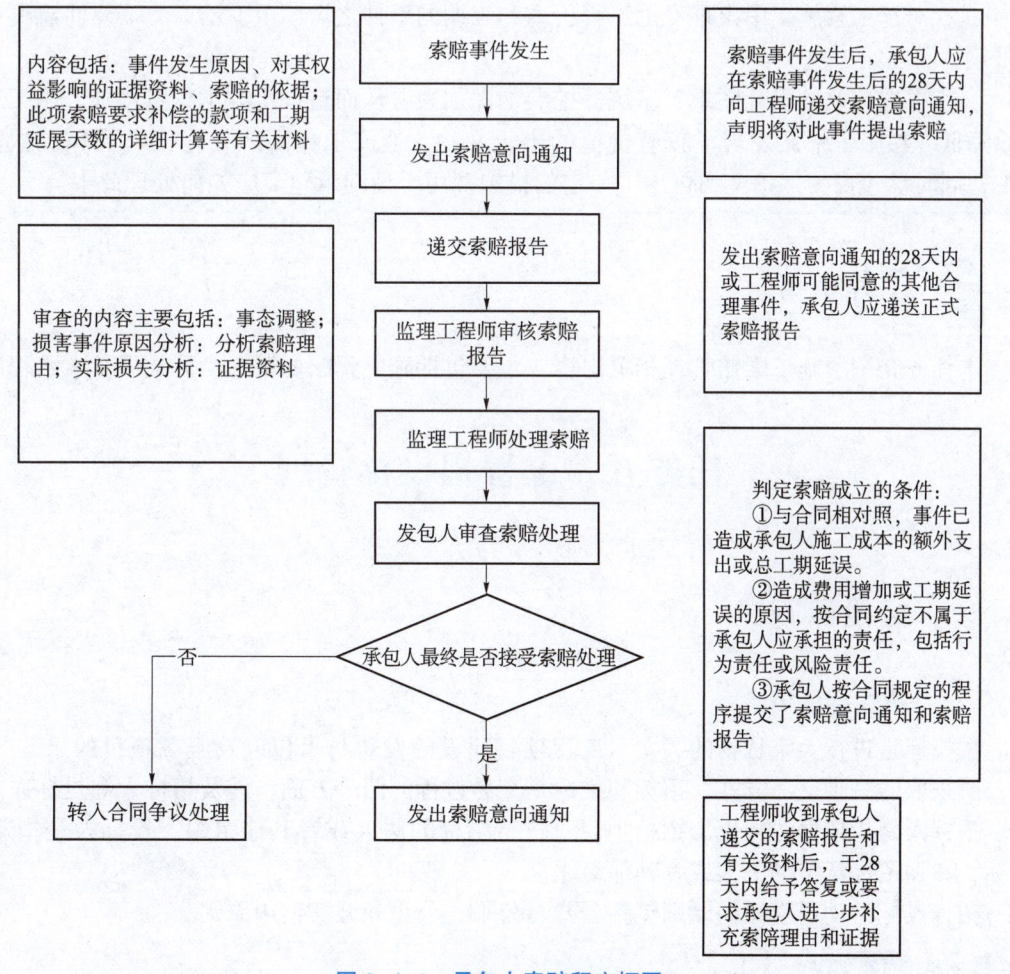

图 3-4-1 承包人索赔程序框图

(二）发包人的索赔

《建设工程施工合同（示范文本）》规定，承包人未能按合同履行自己的各项义务或发生错误而给发包人造成损失时，发包人也应按合同约定向承包人提出索赔。

博士课堂

某厂房建设场地原为农田。按设计要求在厂房地坪范围内的耕植土应清除，基础必须埋在老土层下2.00 m处。为此，业主在"三通一平"阶段就委托土方施工公司清除了耕植土并用好土回填压实至一定设计标高，故在施工招标文件中指出，施工单位无须再考虑清除耕植土问题。某施工单位通过投标方式获得了该项工程施工任务，并与建设单位签订了固定价格合同。然而，施工单位在开挖基坑时发现，相当一部分基础开挖深度虽已达到了设计标高，但仍未见老土，且在基坑和场地范围内仍有一部分深层的耕植土和池塘淤泥等，必须清除。

问题：
① 在工程中遇到地基条件与原设计所依据的地质资料不符时，承包商应该怎么办？
② 对于工程施工中出现变更工程价款和工期的事件之后，甲、乙双方需要注意哪些时效性问题？
③ 根据修改的设计图纸，基坑开挖要加深加大，从而造成土方工程量增加、施工工效降低。在施工中又发现了较有价值的出土文物，造成承包商部分施工人员和机械窝工，同时承包商为保护文物付出了一定的措施费用。请问承包商应如何处理此事？

任务小结

本任务介绍了施工索赔管理相关内容，主要包括施工索赔的概念、分类以及索赔程序。

任务五　工程招投标管理

一、招投标概述

（一）招投标的概念

招投标是进行大宗货物的买卖、工程项目建设的发包与承包以及服务项目的采购与提供，所采取的一种交易方式。招标和投标是交易过程的两个方面，涉及招标人和投标人。

招标人是指依据法规提出招标项目、进行招标的法人或者其他组织。投标人是指影响招标，参加招标竞争的法人或者其他组织。

招标投标活动要遵循的原则包括公开、公平、公正和诚实信用原则。

（二）招标方式

招标方式的含义及其优缺点见表3-5-1。

表 3-5-1　招标方式的含义及其优、缺点

招标方式	含义	优点	缺点	备注
公开招标（无限竞争性招标）	招标人通过新闻媒体发布招标公告，凡具备相应资质符合招标条件的法人和组织不受地域和行业限制均可申请投标	可以在较广的范围内选择中标人，投标竞争激烈，有利于将工程项目的建设交给可靠的中标人实施并取得有竞争性报价	申请投标人较多，为确定合格投标人名单，一般要设置投标人资格预审程序。评标工作量大，招标时间长，费用高	① 公开招标的投标人应不少于 3 家，否则失去了竞争意义。② 在有条件情况下应采取公开招标方式
邀请投标（有限竞争性招标）	招标人向预先选择的若干家具备相应资质、符合招标条件的法人或组织发出邀请函，请他们参加投标竞争	不需要发布招标公告和设置资格预审程序，节约招标费用和节省时间；由于对投标人比较了解，减小了合同履行过程中承包方违约的风险	因邀请范围较小使选择面窄，可能排除了某些技术或报价上有竞争实力的潜在投标人，竞争激烈程度相对较差	邀请对象数目以 5~7 家为宜，但不应少于 3 家

（三）招标范围

1. 国家规定

按照《中华人民共和国招标投标法》规定，必须进行招标的工程项目如下。

① 大型基础设施、公用事业等关系社会公共利益、公众安全的项目。

② 国家投资、融资的项目。

③ 使用国际组织或者外国政府贷款、援助资金的项目。

2. 原信息产业部规定

原信息产业部根据国家有关规定，颁布了《通信建设项目招标投标管理暂行规定》，要求在中华人民共和国境内进行邮政、电信枢纽、通信、信息网络等邮电通信建设项目的勘察、设计、施工、监理及与工程建设有关的主要设备、材料等的采购，达到下列标准之一的，必须进行招标：

① 施工单位合同估算价在 200 万元以上；

② 重要设备、材料等货物的采购，单项合同估算价在 100 万元以上；

③ 勘察、设计、监理等服务的采购，单项合同估算价在 50 万元以上。

为了防止将应该招标的工程项目化整为零规避招标，即使单项合同估算价低于上述第①、②、③项规定的标准，但项目总投资在 3 000 万元以上的勘察、设计、施工、监理及与建设工程有关的重要设备、材料等的采购也必须采用招标方式委托工作任务。

依法必须进行招标的项目、全部使用国有资金投资或者国有资金控股或者控股占主导地位的，应当公开招标。

二、招投标程序

招投标程序包括 3 个阶段，即招标准备阶段、招投标阶段、决标成交阶段。其具体程

序如图 3-5-1 所示。

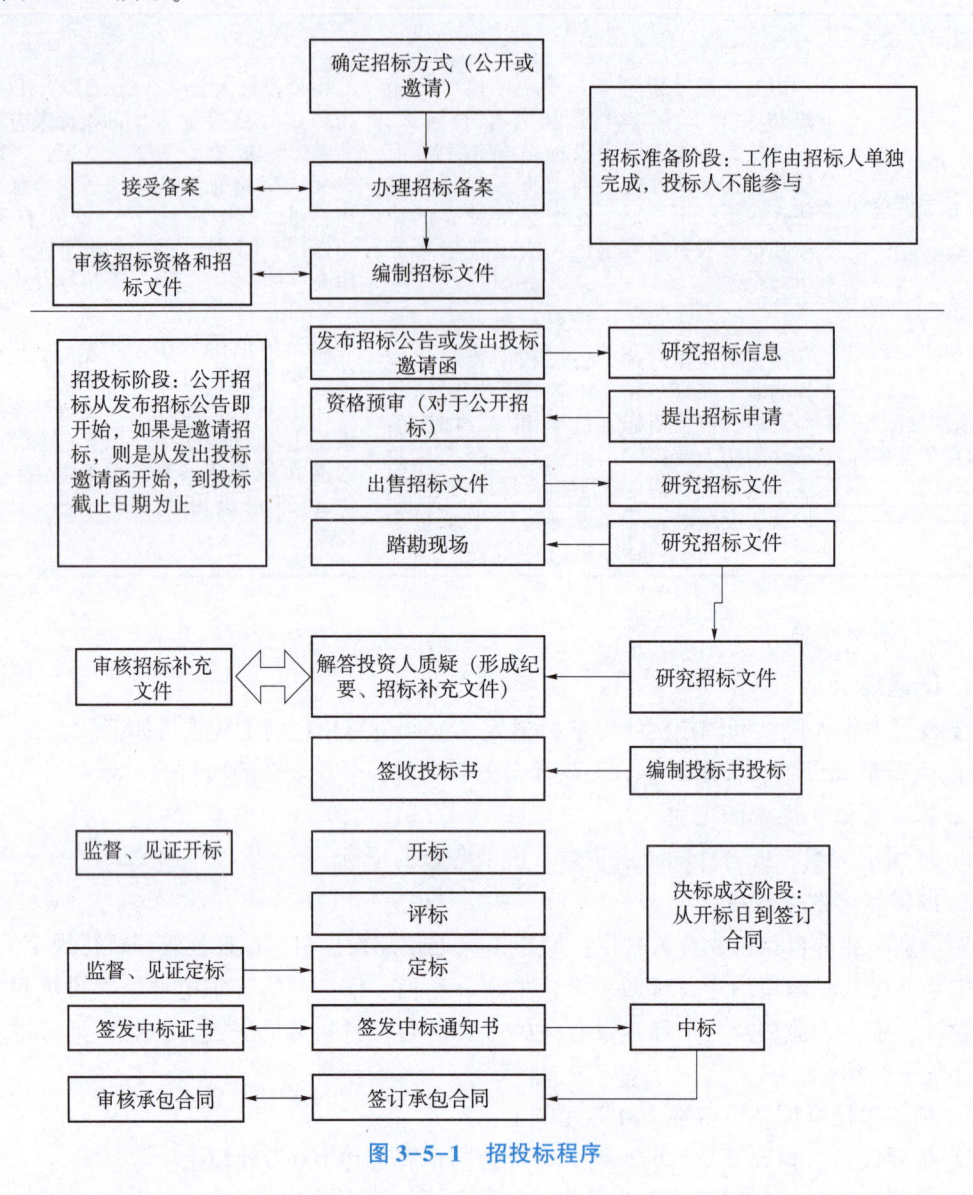

图 3-5-1 招投标程序

1. 招标文件

招标人根据招标项目特点需要编制招标文件,它是投标人编制投标文件和报价的依据,因此应当包括招标项目的所有实质性要求和条件。招标文件通常分为投标须知、合同条件、技术规范、图纸和技术资料、工程量清单几部分内容。

2. 资格预审

进行资格预审的目的主要包括两方面:一方面是保证参与投标的法人或组织在资质和能力等方面能够满足完成招标工作的要求;另一方面是通过评审优选出综合实力较强的一批申请投标人,再请他们参加投标竞争,以减小评标的工作量。

3. 踏勘现场

招标人在投标须知规定的时间组织投标人自费进行现场考察。设置此程序的目的，一方面让投标人了解工程项目的现场情况、自然条件、施工条件以及周围环境条件，以便编制投标书；另一方面是要求投标人通过自己的实地考察确定投标的原则和策略，避免合同履行过程中投标人以不了解现场情况为理由推卸应承担的合同责任。

4. 开标

公开招标和邀请招标均应举行开标会议。在投标须知规定的时间和地点由招标人主持开标会议，所有投标人均应参加，并邀请项目建设有关部门代表出席。开标时，由投标人或其推选的代表检验投标文件的密封情况。确认无误后，工作人员当众拆封，宣读投标人名称、投标价格和投标文件的其他主要内容。所有在投标致函中提出的附加条件、补充声明、优惠条件、替代方案等均应宣读，如果有标底也应公布。开标过程应当记录，并存档备查。开标后，任何投标人都不允许更改投标书的内容和报价，也不允许再增加优惠条件。投标书经启封后不得再更改招标文件中说明的评标、定标办法。

在开标时，如果发现投标文件出现下列情形之一，应当作为无效投标文件，即废标，不再进入评标。

① 投标文件未按照招标文件的要求予以密封；

② 投标文件中的投标函未加盖投标人的企业及企业法定代表人印章，或者企业法定代表人委托代理人没有合法、有效的委托书（原件）及委托代理人印章；

③ 投标文件的关键内容字迹模糊、无法辨认；

④ 投标人未按照招标文件的要求提供投标保证金或者投标保函；

⑤ 组成联合体投标的，投标文件未附联合体各方共同投标协议。

5. 评标

评标是指根据一定程序、按照一定评审方法对投标文件进行评定，一般由评标委员会进行，最终给出评标报告。

评标委员会由招标人的代表和有关技术、经济等方面的专家组成，成员人数为 5 人以上单数，其中招标人以外的专家不得少于成员总数的 2/3。

由于工程项目的规模不同、各类招标的标的不同，评审方法可以分为定性评审和定量评审两大类。中小型项目可以采用定性比较的专家评议法。大型工程应采用"综合评分法"或"评标价法"对投标书进行科学的量化比较。

评标报告是评标委员会经过对各投标书评审后向招标人提出的结论性报告，作为定标的主要依据。评标报告应包括评标情况说明、对各个合格投标书的评价、推荐合格的中标候选人等内容。如果评标委员会经过评审，认为所有投标都不符合招标文件的要求，可以否决所有投标。出现这种情况后，招标人应认真分析招标文件的有关要求以及招标过程，对招标工作范围或招标文件的有关内容做出实质性修改后重新进行招标。

6. 定标

定标是指根据一定程序最终确定中标者。招标人应根据评标委员会提出的评标报告和推荐的中标候选人确定中标人，也可以授权评标委员会直接确定中标人。

中标通知发出后的 30 天内，双方应按照招标文件和投标文件订立书面合同，不得做实质性修改。招标人确定中标人后 15 天内，应填写《通信建设项目招标投标情况备案表》，并按照项目的管理权限报工业和信息化部或者省、自治区、直辖市通信管理局备案。

> **重点掌握：**
> ① 招标程序；
> ② 各个阶段应该注意的问题。

案例 3-5-1　招投标管理

1. 背景

某运营商的省内直埋光缆干线工程进行招标，运营商请长期与其合作的某施工单位编制了标底，发布了招标公告。A 单位为外省单位，运营商以此为由拒绝接受其投标文件。B 单位因路上堵车而未按规定时间提交投标文件，经解释运营商接受了其标书。开标时，发现 C 单位投标文件中有两个报价，且并未声明哪一个有效，开标结束后，C 单位解释此问题是因为封装文件疏忽所致，并说明了有效文件版本。D 单位投标文件中个别文字错误，评标委员会请其做了必要的说明。评标委员会按照"最低投标价中标法"进行评标，E、F、G 三家单位报价最低，投标报价分别为定额价格的 7 折、5.4 折和 3.5 折，因此报价为 3.5 折的 G 单位中标。中标后，G 单位感觉中标价格过低，难以完成此项目的施工。由于 G 单位与该运营商长期合作，彼此关系非常融洽，于是向运营商提出了自己的问题。运营商考虑到中标单位的实际困难，于是双方以 5.5 折价格签订合同，合同签订一个月后，运营商向未中标的各施工单位退还了投标保证金。

2. 问题

① 运营商在此次招标活动中有哪些违规行为？应该怎样做？
② 未中标的施工单位应向谁投诉？投诉受理单位会受理吗？为什么？
③ 运营商应如何配合投诉受理单位的调查？

3. 分析

（1）运营商违规行为及正确做法。

① 运营商以 A 单位是外省单位为由拒绝接受其投标文件违规。以所处地区作为确定投标资格的依据是一种歧视性的依据，这是招投标法明确禁止的，若 A 单位符合招标文件要求，应接受其标书。

② 运营商接受 B 单位投标文件违规，对投标人逾期送达的投标文件，招标人应不予受理。开标时认定 C 单位标书有效是违规行为，投标人在一份投标文件中对同一招标项目具有两个或多个报价，且未声明哪一个有效的，应视为废标。

③ 运营商与 G 单位以 5.5 折价格签订合同违规，双方应按照中标价签订施工合同，返还投标保证金的时间有问题，对于未中标的投标人提交的投标保证金，运营商应在与中标人签订施工合同后 5 日内退还。

（2）由于此工程项目是省内的项目，因此应该向其所在省通信管理局投诉。

投诉受理单位会受理此项投诉。因为在招投标监督管理单位的工作职责中规定，招投标监督管理单位应依法对通信建设项目招投标活动及当事人的行为进行监督检查，包括对开标、评标、定标的过程进行监督检查。

（3）省通信管理局对此投诉受理以后，将对招标投标过程进行调查，运营商应提供相关文件、资料，配合监督检查工作。

博士课堂

背景

某施工单位根据领取的某 2 000 m² 两层厂房工程项目招标文件和全套施工图纸，采用低报价策略编制了投标文件，并获得中标。该施工单位（乙方）于 2000 年 5 月 10 日与建设单位（甲方）签订了该工程项目的固定价格施工合同。合同工期为 8 个月。甲方在乙方进入施工现场后，因资金紧缺，无法如期支付工程款，口头要求乙方暂停施工一个月。乙方也口头答应。工程按合同规定期限验收时，甲方发现工程质量有问题，要求返工。两个月后，返工完毕。结算时甲方认为乙方迟延交付工程，应按合同约定偿付逾期违约金。乙方认为临时停工是甲方要求的。乙方为抢工期，加快施工进度才出现了质量问题，因此迟延交付的责任不在乙方。甲方则认为临时停工和不顺延工期是当时乙方答应的。乙方应履行承诺，承担违约责任。

问题：
① 该工程采用固定价格合同是否合适？
② 该施工合同的变更形式是否妥当？此合同争议依据合同法律规范应如何处理？

任务小结

本任务介绍了工程招投标管理相关内容，主要包括招投标的概念、招标方式、招标范围及招投标程序。

※思考与练习

一、填空题

（1）招标投标活动遵循的原则有_____、_____、_____和_____。

（2）建设工程招标方式分为_____和_____两种。

（3）_____负责项目全面成本管理的决策，确定项目的合同价格和成本计划，确定项目管理层的成本目标。

（4）_____是平等主体的自然人、法人、其他组织之间设立、变更、终止民事权利和义务关系的协议。

（5）合同争议的解决方法主要包括_____、调解、_____和_____这 4 种。

（6）收尾过程包含为完结所有项目管理过程组的_____，以正式结束项目或阶段或合同责任而实施。

二、判断题

（1）（   ）索赔一般包括工期索赔和费用索赔两类。

（2）（   ）承包人的索赔是承包人向业主提出的索赔。

(3)（　　）竣工阶段可以直接进行工程竣工结算。

(4)（　　）勘察过程中的任何变更，就算没有正式变更手续，发包人也应按实际发生的工作量支付勘察费。

(5)（　　）订立、履行、变更、解除、转让、终止、监督都是合同管理的内容。

(6)（　　）承包人是指工程项目合同中负责工程勘察、设计、施工、监理任务的一方。

三、简答题

(1) 简述勘察设计合同的概念。
(2) 简述勘察合同履行管理的任务。
(3) 简述发包人的责任。
(4) 简述施工准备阶段包含哪些内容。
(5) 简述施工过程合同管理包括哪些内容。
(6) 简述合同争议的解决方式。
(7) 简述承担合同违约责任的基本形式。

四、选择题

(1) 通信工程建设合同主要包含（　　）。
A. 通信建设工程勘察合同　　　　B. 设计合同
C. 施工合同　　　　　　　　　　D. 监理合同

(2) 在通信建设合同中，合同关系的主体是（　　）。
A. 勘察人员　　B. 施工人员　　C. 监理人员　　D. 承包人和发包人

(3) 合同各方当事人按照合同的规定全面履行各自的义务，实现各自的权利，使各方的目的得以实现的行为称为（　　）。
A. 合同的变更　　B. 合同的转让　　C. 合同的履行　　D. 合同的违约

实验活动：招投标

分成每组 5 人的小组，查阅相关资料，针对某个通信项目模拟进行招投标，一个小组负责招标，一个小组负责投标，一个小组组成评标委员会，一个小组负责监督整个招投标过程。

项目四

信息管理

项目描述

本项目主要介绍通信信息管理的概念、特点及形态，通信各相关主体在各阶段的信息产生与收集，资料员职责，通信信息及信息流，通信信息的相关概念及其传递、存储与维护使用。

项目目标

(1) 识记：通信信息管理、通信信息的产生与收集。
(2) 领会：资料员职责，工程信息的传递、存储与维护使用。
(3) 应用：通信建设工程和工程信息管理、传递、存储与维护使用。
(4) 能够：能够在学习过程中，提高关于信息管理的保密意识。

知识体系

```
                          ┌── 项目中的信息
            ┌─ 工程信息管理 ─┼── 项目信息管理
            │               ├── 项目信息管理系统的组成
            │               └── 工程信息管理系统软件举例
信息管理 ──┤
            │               ┌── 通信建设工程信息及信息流
            │               ├── 建设单位的信息产生与收集
            │               ├── 勘察设计单位的信息产生与收集
            └─ 通信信息管理 ─┼── 施工单位的信息产生与收集
                            ├── 监管单位的信息产生与收集
                            ├── 通信建设工程信息的传递、存储与维护使用
                            └── 资料员职责
```

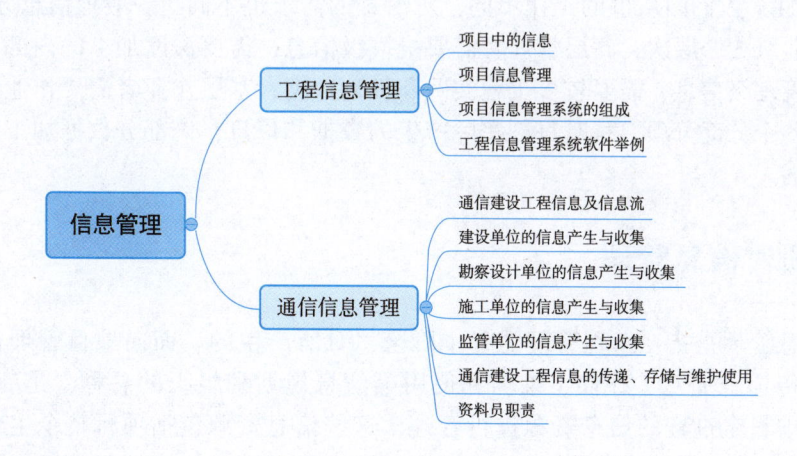

任务一　工程信息管理

一、项目中的信息

项目信息是指与项目实施有联系的报告、数据、计划、安排、技术文件、会议等各种信息。大致可以分为以下4类。

① 项目的基本状况信息，主要在项目的目标设计文件、项目手册、各种合同、设计文件和计划文件中。

② 现场的实际工程信息，如实际的工期、成本、质量信息等，主要在各种报告中，如日报、月报以及设备、劳动力、材料试用报告或质量报告中。

③ 各种指令、决策方面的信息。

④ 外部信息，如市场情况、气候以及政治波动等。

在实际的信息管理活动中，必须要充分认识工程信息的重要性和本质特性，才能充分、有效地利用信息，更好地为项目管理服务。项目信息的特征主要有以下几个。

① 真实性。事实是信息的基本特点，也是信息的价值所在。真实、准确地把握好信息是我们处理数据的最终目的。

② 时效性。信息在工程实际中是动态的、不断变化的、随时产生的，重视信息的时效，及时获取信息，才能做好决策和管理工作，避免事故发生，有助于做到事前控制。

③ 不完全性。由于人们对客观事物认识的局限性，信息具有不完全性。认识到这一点，有助于减少信息不完全所带来的负面影响，也有助于提高我们对客观规律的认识。

④ 层次性。人们因从事的工作不同，对信息的需求也不同，一般把信息分为决策级、管理级、作业级3个层次，高层管理者需要决策级信息，需要深度加工的内部信息；中层管理者需要管理级信息，需要较多工程实践和计划数据；基层作业者需要作业级信息，需要掌握工程各个分部分项、每时每刻实际产生的数据和信息，该部分数据加工量大、精度高、时效性强。

二、项目信息管理

项目信息管理是指在工程管理的各个阶段，对所产生的、面向项目管理业务的信息进行收集、传递、加工、存储、维护和使用等信息规划和组织的总称，是有效、有序、有组织地对项目全过程的信息资源进行管理，这些信息资源包括项目整个生命周期内不断产生的文件、报告、合同、图片、录像等。信息管理的目的就是要通过有效的信息规划和组织，使项目管理人员能及时、准确地获得进行项目规划、项目控制和管理决策所需的信息。

1. 信息的收集

信息的收集应按照信息规划，建立信息收集渠道的结构，即要明确各类项目信息的收集部门、收集者、收集地点、收集时间及收集方法，明确所收集信息的规格、形式。信息收集最重要的是必须要保证所需信息的准确、完整、可靠和及时。

2. 信息的传递

信息的传递也要建立渠道结构，明确各类信息应传输至何地、传输给何人、何时传输以及采用何种传输方法。信息的传递者应当保持原始信息的完整、清晰，使信息的接收者能准确地理解所接收的信息。

3. 信息的加工

信息需要进行深入加工才能给执行者、中高层管理者使用，信息的加工需要专门的部门、专门人员负责。须明确信息加工、整理处理的要求，包括信息格式、信息形式和信息上报周期等。

4. 信息的存储

信息的存储也要明确部门和操作人员，明确存储的介质类型以及存储的时间期限。

5. 信息的维护和使用

信息的维护目的是保证项目信息随时处于准确、及时、安全和保密的使用状态，能为管理决策提供使用服务。应由专人或兼职人员担任项目信息管理员，负责收集、整理、管理本项目范围内的信息，建立健全相关登记台账和管理档案。

三、项目信息管理系统的组成

一个项目信息管理系统通常包括基础平台层、业务功能层、数据分析层和上层决策层几部分，如图4-1-1所示。

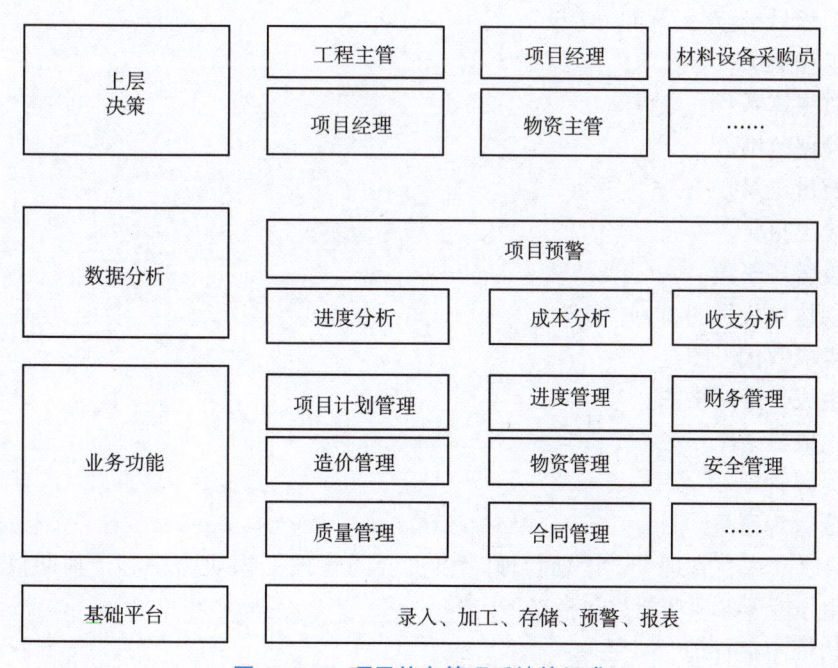

图 4-1-1　项目信息管理系统的组成

基础平台层提供基本的录入、加工、存储、预警和报表功能；业务功能层主要将信息分成 8 类，即项目计划管理、造价管理、质量管理、进度管理、物资管理、合同管理、财务管理和安全管理；数据分析层对信息进行分析和计算，并进行预警分析；上层决策层通过数据分析和预警信息做出决策。

信息管理系统的核心是它的 8 类业务。

1. 项目计划管理子层

（1）立项阶段的一些文书制作，包括项目建议书、可行性报告、项目任务书等。

（2）立项，制订项目计划。对项目进行一定的约束，如限制资金上限、规定项目总划分次数、指定设备（适度考虑）等。

（3）查询任务书执行情况。

（4）查阅项目重要的概算、结算数据。对项目工期进行监督，对各单位项目的工作进行协调。

2. 造价管理子层

（1）编制工程概预算书。

（2）定额维护与管理。

（3）取费定额维护与管理。

（4）工程造价分析。

（5）编制现金流计划。

（6）编制现金流实际。

（7）统计查询报表。

3. 质量管理子层

（1）工程目录。

（2）工程概况。

（3）质保体系。

（4）验评范围。

（5）质量记录。

（6）竣工报告。

4. 进度管理子层

（1）创建单代号图。

（2）生成双代号图。

（3）生成年度网络图。

（4）生成横道图。

（5）资源管理。

5. 物资管理子层

本子层以"库存管理""计划管理"和"合同管理"模块为中心，辅助报表、计划、合同的统计分析等各项功能，包括以下内容。

（1）物资库存管理。

（2）物资计划管理。

（3）物资合同管理。

（4）物资报表管理。

6. 合同管理子层

（1）经济合同通用文档资料管理。经济合同通用文档资料管理是指订立经济合同前的外部或内部信息的采集、归类、查询。合同管理子层主要是将以下三方面收集到的信息资料建立文档数据库。

① 国家、行业、地方指导经济合同签约的政策、法律、法规、标准或有关规定。

② 从外部搜集到的同类型企业的有关经济合同、招标投标文件或范本。

③ 企业内部的有关管理制度、规定及相关的数据资料。

（2）全部经济合同台账及合同附件数据库的建立与维护。

（3）经济合同履行过程中的数据管理。

（4）经济合同终结、工程竣工价款结算、信息的维护和管理。

（5）各类经济合同台账及附件资料的输出管理。

7. 财务管理子层

（1）建账。

（2）制单。

（3）记账。

（4）查询。

（5）出纳。

（6）固定资产入账。

8. 安全管理子层

（1）安全施工的证书管理。

（2）安全隐患排查登记。

（3）安全事故管理。

（4）安全培训记录。

（5）其他。

四、工程信息管理系统软件举例

项目管理技术的发展与计算机技术的发展密不可分，随着计算机性能的迅速提高，大量项目管理软件涌现出来。它们可以用于各种商业活动，提供便于操作的图形界面，帮助用户制定任务、管理资源、进行成本预算、跟踪项目进度等。其中微软公司的 Project 软件应用较为广泛，成为目前进行项目管理的常用工具软件。

Microsoft Project（或 MSP）的设计目的在于协助项目经理进行发展计划编制、为任务分配资源、跟踪进度、管理预算和分析工作量。它可产生关键路径日程表，并采用甘特图表示出来。Microsoft Project 的操作界面如图 4-1-2 所示。

Microsoft Project 是基于项目三角形原理来实现工程项目管理的，项目三角形如图 4-1-3 所示，质量用圆表示，位于三角形中心。三角形的 3 条边分别代表时间、成本和范围。在保证质量（即圆的大小不变）的前提下，改变三角形的一条边（时间、成本或范围）将影响三角形的另外两条边，如为了减少成本就需要增加时间，减少项目工程范围。如施工的

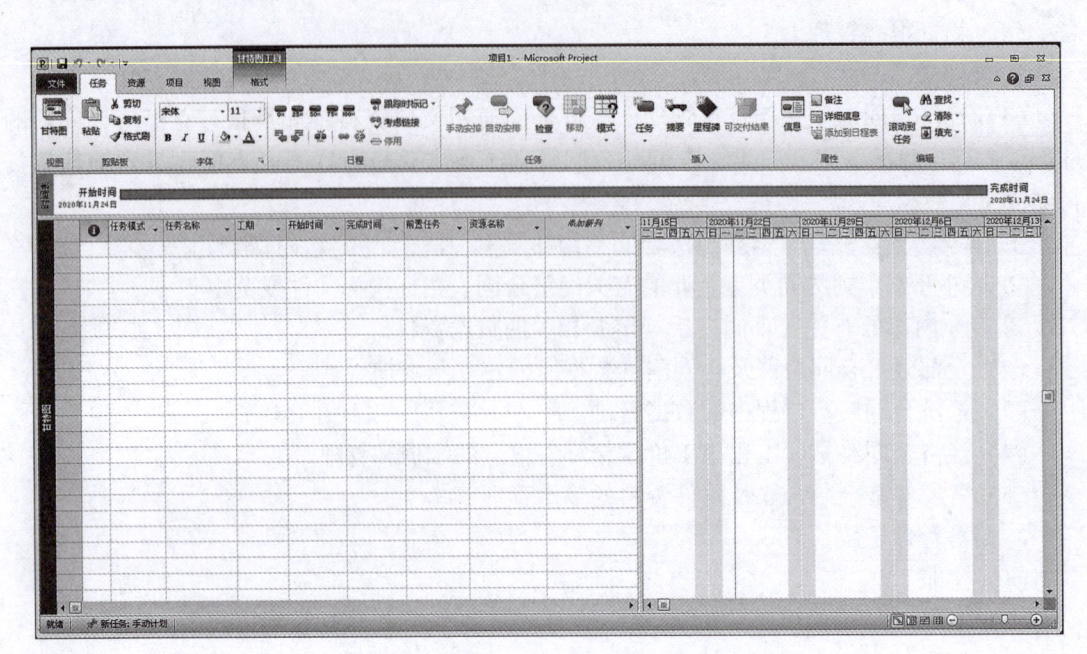

图 4-1-2 Microsoft Project 的操作界面

范围不变,要缩短工期,则需要增加成本。使用 Project 的操作流程分为以下几步:首先打开 Project 软件新建一个 Project 项目;其次设定项目的开工日期;更改工作时间,系统默认周六、周日以及节假日休息,根据工程实际修改;添加作业和作业的持续时间;设定作业的限制条件;设定作业的先后逻辑关系;系统自动生成关键路径日程表,可以进行微调;最后打印输出。Project 操作流程如图 4-1-4 所示。

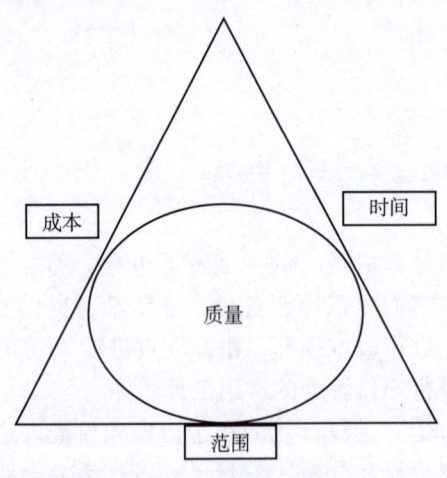

图 4-1-3 项目三角形

Project 软件可以应用在以下几个方面。

1. 用于项目招投标

目前很多设计项目都是通过招投标开展的,设计的组织安排、综合进度计划是否合理

```
打开Project新建一个项目 → 设定开工日期
                              ↓
                           更改工作时间
                              ↓
                          添加作业和作业工期
                              ↓
                          设定作业限制条件
                              ↓
                          设定作业逻辑关系
                              ↓
              打印出版 ← 局部调整
```

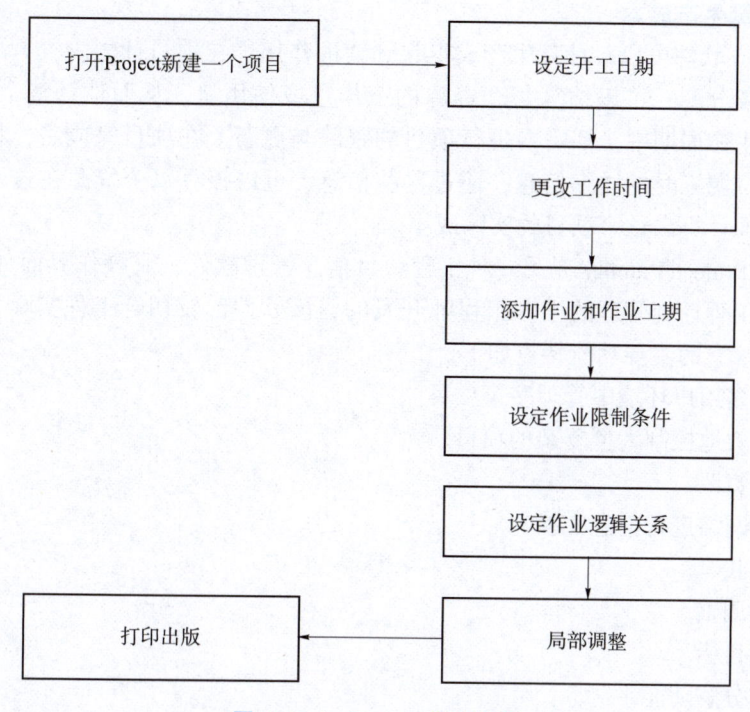

图 4-1-4　Project 操作流程

完善是设计院技术水平和管理水平的重要参考指标。Project 软件可以修改、优化项目的计划，最后生成条理清楚、逻辑关系正确、绘制精良的网络图、横道图和各种数据表格。

2. 项目的动态跟踪

由于设计院同时承接的项目数量越来越多，而且甲方对项目的质量要求也越来越高，设计院必须在项目的生命周期中进行非常细致的管理。使用 Project 软件可以每天对项目的完成情况进行及时汇总与更新，从而保持项目信息的准确与及时。结合 Project Server 的使用，整个企业的所有项目进展情况将变得非常清晰，利益干系人直接通过浏览器等软件即可以获得有关的项目信息。

3. 人力资源的合理调配

使用 Project 对所有项目编制项目计划并进行任务分配，将形成一个设计院所有人力资源的庞大信息库。在这个人力资源库中，可以直接查到每个人目前正在进行的所有项目以及任务的情况，可以统计每个资源的工作量是否被过度分配，每个资源每天的工作量计划为多少个小时等信息，这样就为合理调配资源提供了科学的依据。

4. 对于跨专业项目的沟通管理

在项目管理的方式下，一个设计项目将由一个项目组来共同完成，它突破了原来职能型组织结构的部门局限性，可以更好地进行项目的沟通管理。在计划编制好后，就已经明确了不同部门资源的工作量与任务完成时间，任何任务分配信息的更改都将及时反馈到项目计划中，并通知相关人员。同时每个项目有统一的文档库与问题库用来交换项目信息，项目组成员通过浏览器即可以访问这些资源，这样可以更有效地协调跨专业的项目。

5. 辅助核算生产成本

使用 Project 软件可以对计算生产成本起到辅助作用。在项目计划阶段，通过编制项目计划，进行任务分配，可以估算每个资源的工作量或使用量，从而估算整个项目的成本。在每个项目的生命周期中，都需要进行项目的跟踪与更新，在项目完成后，将有这个项目的任务分解及资源工时的详细信息，通过这些信息，可以核算每个资源在这个项目中的实际工作量，从而计算出这个项目的实际成本。

Primavera Project Planner 是另一种工程项目信息管理软件，其操作界面如图 4-1-5 所示，是由从事工程计划管理的土木工程师开发的，该软件比较切合工程实际，可操作内容多，功能完备。它的主要功能特点如下。

(1) 可在多用户环境中管理多个项目。

(2) 能有效地控制大型复杂的项目。

(3) 平衡资源。

(4) 利用网络进行信息交换。

(5) 资源共享。

(6) 自动调整。

(7) 优化目标。

(8) 工作分解功能。

(9) 对工作进行处理。

(10) 数据接口功能。

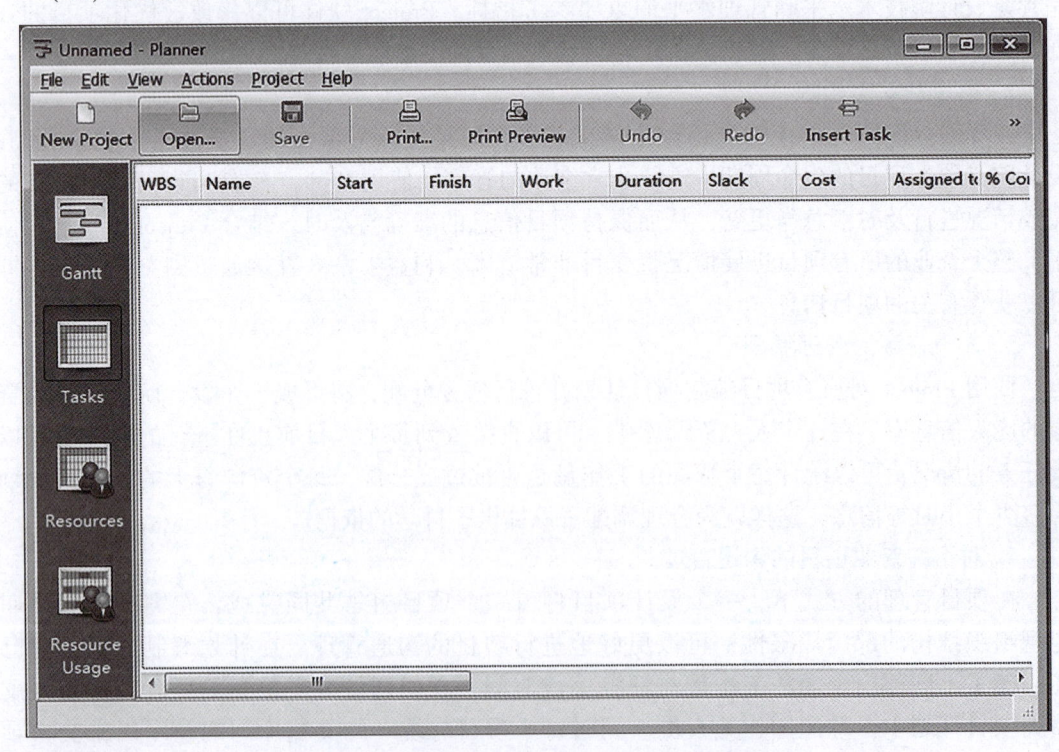

图 4-1-5　Primavera Project Planner 操作界面

小博士

建设工程项目信息管理的目的旨在通过有效项目信息传输的组织和控制为项目建设的增值服务。

建设工程项目的信息管理是通过对各个系统、各项工作和各种数据的管理，使项目的信息能方便和有效地获取、存储（存档是存储的一项工作）、处理和交流。

任务小结

本任务主要介绍有关信息管理的概念及其发展，具体包括信息和信息管理。信息管理主要包括信息的采集、加工、传递、存储和维护使用。

任务二　通信信息管理

一、通信建设工程信息及信息流

通信建设工程信息主要包括3类，即由下而上的信息、由上而下的信息和横向信息。

（1）由下而上的信息。通信项目决策离不开大量的一线基础信息。这些来自基层的信息如通信项目进展情况、执行情况等，是项目管理者进行决策的重要依据。由下而上的信息是通信项目管理者获得信息的基本渠道。通信项目管理者必须掌握以下基本信息：通信项目的约束条件和目标的实现情况，具体包括工程项目的质量、成本、进度、任务量等；人力、物力等各项资源计划的变化情况和干扰因素；参与通信项目的成员和工程项目涉及的相关单位、部门的基本情况。

（2）由上而下的信息。一般情况下，由上而下的信息指的是上级管理者传达给下级执行者的信息，其又可以分成下级必须了解的信息、下级应该了解的信息与下级想要了解的信息。下级必须了解的信息指的是下级执行者为了顺利完成工作任务而必须了解的相关信息，具体包括通信项的规定、标准、条例，工程项目的进度、程序、结束时间，工程项目各部门的职责与任务，工程项的组织系统和相关工作单位，工程项目的约束条件和目标等。下级应该了解的信息包括工程项目进行情况、约束条件和工程目标的变化情况，工作中可能出现的困难或问题等下级想要了解的信息，通常是通信项目的近期安排、原因及特殊情况等。

（3）横向信息。所谓通信项目的横向信息，是指同级的不同工作部门之间相互传递的信息。横向信息关系不属于正常的信息流，只有在紧急、特殊的情况下才允许发生。对于线性的通信项目系统来说，横向信息流能够在一定程度上节约信息传递的时间。

二、建设单位的信息产生与收集

建设单位需贯穿项目实施的整个过程,因而其收集的资料也是最完备的,包括以下资料。

1. 工程实施前期文件

（1）可研报告及可研报告批复文件。
（2）投资计划下达文件。
（3）实施方案及实施方案批复文件。
（4）勘察设计、施工、监理等单位资质文件。
（5）施工图设计文件。
（6）施工招标文件。
（7）施工图预算文件。
（8）其他与项目相关的文件资料。

2. 工程施工阶段文件

（1）施工合同、监理合同。
（2）开工报告。
（3）工程签证。
（4）增加工程内容预算及补充立项文件。
（5）补充协议。
（6）其他与项目实施过程相关的文件资料。

3. 工程竣工验收文件

（1）竣工验收报告,包括项目实施管理过程工作总结。
（2）施工单位提供的全套竣工资料。
（3）监理单位提供的全套竣工资料。
（4）竣工结算资料。
（5）财务决算资料。
（6）财务决算审计资料。
（7）相关财务凭证。

三、勘察设计单位的信息产生与收集

勘察设计单位主要在工程的勘察设计阶段产生信息,包括以下内容。

1. 勘察阶段

（1）勘察任务书。
（2）勘察中标文件。
（3）委托勘察合同。
（4）勘察实施方案（勘察纲要）。
（5）勘察报告。

（6）勘察成果交底记录。

2. 设计阶段

（1）设计任务书。
（2）设计单位的设计资质文件。
（3）相关设计通信设计规范。
（4）相关勘察报告。
（5）初步设计文件。
（6）技术设计文件。
（7）新技术、新工艺资料。
（8）施工图设计文件。

四、施工单位的信息产生与收集

施工单位主要在施工准备阶段、施工阶段和竣工阶段产生信息，包括以下内容。

1. 施工准备阶段

（1）中标通知书及施工许可证。
（2）施工合同。
（3）委托监理工程的监理合同。
（4）施工图审查批准书及施工图审查报告。
（5）勘察报告。
（6）施工图会审记录。
（7）经监理（或业主）批准的施工组织设计或施工方案。
（8）开工报告。
（9）技术交底记录。

2. 施工阶段

（1）质量验收记录。
（2）材料、产品、构配件等合格证资料。
（3）施工过程中进行实验的实验资料。
（4）设计变更资料。
（5）新材料、新技术、新工艺施工记录。
（6）隐蔽工程验收记录。
（7）施工日志。
（8）工程质量事故报告单。
（9）工程质量事故及事故原因调查、处理记录。
（10）工程质量整改通知书。
（11）工程局部暂停施工通知书。
（12）工程质量整改情况报告及复工申请。
（13）工程复工通知书。

3. 竣工阶段

（1）施工单位工程竣工报告。

（2）监理单位工程竣工质量评价报告。

（3）勘察单位勘察文件及实施情况检查报告。

（4）设计单位设计文件及实施情况检查报告。

（5）建设工程质量竣工验收意见书或单位（子单位）工程质量竣工验收记录。

（6）竣工验收存在问题整改通知书。

（7）竣工验收存在问题整改验收意见书。

（8）工程具备竣工验收条件的通知及重新组织竣工验收通知书。

（9）工程质量保修合同（书）。

（10）建设工程竣工验收报告（由建设单位填写）。

（11）竣工图。

五、监理单位的信息产生与收集

监理单位通常在勘察设计阶段才介入工程项目中来，其所需管理的信息主要包括勘察设计阶段信息、施工阶段信息和竣工阶段信息。

1. 勘察设计阶段收集信息

勘察设计阶段是工程建设的重要阶段，在勘察设计阶段将决定工程规模、工程的概算、技术先进性、适用性、标准化程度等一系列具体的要素。

监理单位在勘察设计阶段的信息收集要从以下几方面进行。

（1）可行性研究报告。

（2）同类工程的相关信息。

（3）工程所在地相关信息。

（4）设计单位相关信息。

（5）法律法规相关信息。

（6）设计产品形成过程的有关信息。

2. 施工阶段监理资料

目前，我国的监理大部分在施工阶段进行，有比较成熟的经验和完善的制度，各地施工阶段信息规范化也提出了不同的要求，建设工程竣工验收规范已经发布，建设工程档案制度也比较成熟。监理资料一般由以下几部分组成。

（1）施工合同文件及委托监理合同。

（2）勘察设计文件。

（3）监理规划。

（4）监理实施细则。

（5）分包单位资格报审表。

（6）设计交底与图纸会审会议纪要。

（7）施工组织设计（方案）报审表。

（8）工程开工/复工报审表及工程暂停令。

（9）测量核验资料。
（10）工程进度计划。
（11）工程材料、构配件、设备的质量证明文件。
（12）检查试验资料。
（13）工程变更资料。
（14）隐蔽工程验收资料。
（15）工程计量单和工程款支付证书。
（16）监理工程师通知单。
（17）监理工作联系单。
（18）报验申请表。
（19）会议纪要。
（20）来往函件。
（21）监理日记。
（22）监理周（月）报。
（23）质量缺陷与事故的处理文件。
（24）分部工程、单位工程等验收资料。
（25）安全监督管理资料。
（26）索赔文件资料。
（27）竣工结算审核意见书。
（28）工程项目施工阶段质量评估报告等专题报告。
（29）监理工作总结。

3. 竣工验收阶段产生的资料

建设项目竣工资料分为以下三部分。
（1）竣工文件，主要包括工程说明、建设安装工程量总表、随工检查记录、验收证书等。
（2）竣工图。
（3）竣工测试记录。

六、通信建设工程信息的传递、存储与维护使用

通信项目信息的传递包括外部部分和内部部分。外部部分主要包括规划设计部门、项目业主、勘察设计单位、相关政府管理部门、监理单位、施工单位、调试单位、材料供应单位、设备制造和供应单位等。

建设单位、勘察设计单位、施工单位和监理单位回荐信息的信息传递、存储和维护使用是类似的，图4-2-1是监理信息管理中信息传递、存储过程。信息管理员可以从监理员、监理工程师和专业监理工程师处收集信息，也可以从外部建设单位、勘察设计单位、施工单位和材料设备供应单位等处收集信息，并负责信息的加工、存储和维护。信息资料的外借需要总监理工程师或总监理代表的审批。

通常监理表格主要有以下3类。

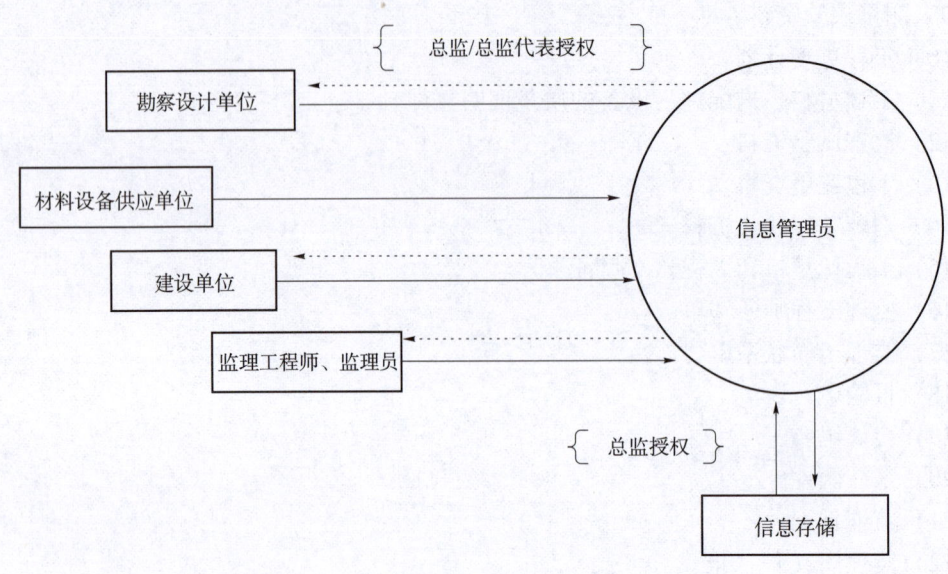

图 4-2-1　监理信息管理中信息传递、存储过程

（1）A 类表为承包单位用表，共 10 个表（A1~A10），是承包单位与监理单位之间的联系表，由承包单位填写，向监理单位提交申请或回复。

（2）B 类表为监理单位用表，共 6 个表（B1~B6），是监理单位与承包单位之间的联系表，由监理单位填写，向承包单位发出指令或批复。

（3）C 类表为各方通用表，共 2 个表（C1、C2），是监理单位、承包单位、建设单位等各单位之间的联系表。

七、资料员职责

资料员是负责工程项目的资料档案管理、计划、统计管理及内部管理工作的人员，资料员的职责包括以下几项。

1. 负责工程项目资料、图纸等档案的收集、管理

（1）负责工程项目所有图纸的接收、清点、登记、发放、归档、管理工作。在接收工程图纸进行登记以后，按规定向有关单位和人员签发，由收件方签字确认；负责收存全部工程项目图纸，且每一项目应收存不少于两套正式图纸，其中至少一套图纸有设计单位图纸专用章；竣工图采用散装方式折叠，按资料目录的顺序，对建筑平面图、立面图、剖面图、建筑详图、结构施工图等建筑工程图纸进行分类管理。

（2）收集整理施工过程中所有技术变更、洽商记录、会议纪要、监理通知、工作联系单等资料归档。负责对每日收到的管理文件、技术文件进行分类、登录、归档；负责项目文件资料的登记、分办、催办、签收、用印、传递、立卷、归档和销毁等工作；负责做好各类资料（包括电子文档资料）的积累、整理、处理、保管和归档、立卷等工作，注意保密的原则；来往文件资料收发应及时登记台账，视文件资料的内容和性质准确及时递交项目经理批阅，并及时送有关部门办理；确保设计变更、洽商的完整性，要求各方严格执行接收手续，所接收到的设计变更、洽商，须经各方签字确认并加盖公章。设计变更（包括图纸会审纪要）原件存档；所收存的技术资料须为原件，无法取得原件的，详细背书，并加盖公章；做好信息收集、汇编工作，确保管理目标的全面实现。

2. 参加分部分项工程的验收工作

（1）负责备案资料的填写、会签、整理、报送、归档。负责工程备案管理，实现对竣工验收相关指标（包括质量资料审查记录、单位工程综合验收记录）做备案处理；对工程备案资料进行核查；严格遵守资料整编要求，使其符合分类方案、编码规则，资料份数应满足资料存档的需要。

（2）监督检查施工单位施工资料的编制、管理，做到资料完整、及时，与工程进度同步。对施工单位形成的管理资料、技术资料、物资资料及验收资料，按施工顺序进行全程督查，保证施工资料的真实性、完整性和有效性。

（3）按时向公司行政部门移交。在工程竣工后，负责将文件资料、工程资料立卷移交公司。文件材料移交与归档时，应有"归档文件材料交接表"，交接双方必须根据移交目录清点核对，履行签字手续；移交目录一式二份，双方各持一份。

（4）负责向市城建档案馆的档案移交工作。提请城建档案馆对列入城建档案馆接收范围的工程档案进行预验收，取得《建设工程竣工档案预验收意见》，在竣工验收后将工程档案移交城建档案馆。

（5）指导工程技术人员对施工技术资料（包括设备进场开箱资料）的保管。指导工程技术人员对施工组织设计及施工方案、技术交底记录、图纸会审记录、设计变更通知单、工程洽商记录等技术资料进行分类保管，并移交资料室；指导工程技术人员对工作活动中形成的、经过办理完毕的、具有保存价值的文件材料，基建工程进行鉴定验收时归档的科技文件材料，已竣工验收的工程项目的工程资料进行分级保管并移交资料室。

（6）负责对施工部位、产值完成情况的汇总、申报，按月编制施工统计报表。在平时统计资料基础上，编制整个项目当月进度统计报表和其他信息统计资料。编制的统计报表要按现场实际完成情况严格审查核对，不得多报、早报、重报、漏报。

（7）负责与项目有关的各类合同复印件的档案管理。负责对各类的合同复印件进行收编归档，并开列编制目录；做好借阅登记，不得擅自抽取、复制、涂改，不得遗失，不得在案卷上随意划线、抽拆。

（8）负责向销售策划提供工程主要形象进度信息；向各专业工程师了解工程进度、随时关注工程进度情况，为销售策划提供确实、可靠的工程信息。

小博士

监理单位通常在勘察设计阶段才介入工程项目中来，其所需管理的信息主要包括勘察设计阶段信息、施工阶段信息和竣工阶段信息。

通信项目信息的传递包括外部部分和内部部分。

资料员是负责工程项目的资料档案管理、计划、统计管理及内部管理工作的人员。

任务小结

本任务主要介绍有关工程项目信息的概念及其发展，具体包括以下内容。

(1) 信息和信息管理，信息管理主要包括信息的采集、加工、传递、存储和维护使用。

(2) 通信建设工程信息和信息流，以及通信各方在各个阶段的信息产生及收集，通信建设工程信息的传递、加工、存储和维护。

(3) 资料员的岗位职责及资料收集要求。

※ 思考与练习

一、简答题

(1) 项目信息管理都有哪些？

(2) 项目管理的工作主要有哪些？

(3) 简述资料员的岗位职责。

(4) 简述资料员收集资料的质量要求。

(5) 一个信息管理系统通常由哪些部分组成？

(6) 信息管理系统的核心包含哪些业务？

二、判断题

(1) (   ) 业务功能层主要将信息分为8类。

(2) (   ) 立项阶段的一些文书制作，包括项目建议书、可行性报告。

(3) (   ) 信息管理系统的核心包含项目计划管理子层、造价管理子层、质量管理子层3类业务。

(4) (   ) 建设单位贯穿项目实施的整个过程，因而其收集的资料也是最完备的，包括工程实施前期文件、工程施工阶段文件、工程竣工验收文件。

(5) (   ) 施工单位的信息产生与收集主要包括施工准备阶段、施工阶段、竣工阶段。

三、填空题

(1) 进度管理子层有_____、_____、_____、_____、_____。

(2) 项目信息是指与项目实施有联系的报告、_____、_____、_____、_____、_____、会议等各种信息。

(3) 质量管理子层包括_____、_____、_____、_____。

(4) 财务管理子层有_____、_____、_____、_____、_____。

项目五

安全管理

项目描述

本项目主要介绍危险源以及通信常见危险源，重点介绍危险源的识别以及预防措施，详细描述事故等级以及对生产安全事故的调查和处理，通信安全监督管理的主要工作内容和要求，安全生产责任制等内容。

项目目标

(1) 识记：危险源的识别。
(2) 领会：生产安全事故调查和处理。
(3) 应用：通信安全监督管理的主要工作内容和要求。
(4) 能够：提高安全责任意识。

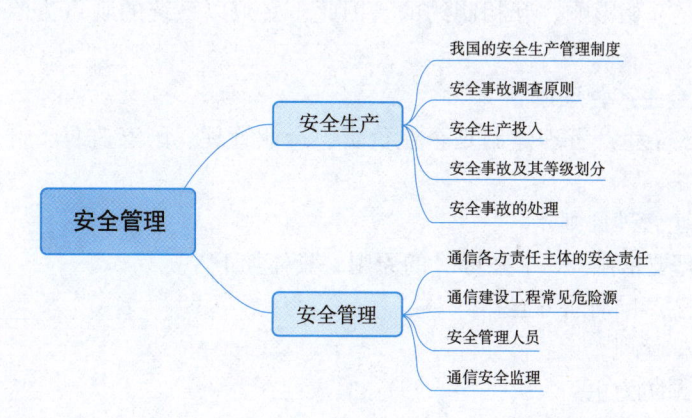

知识体系

```
                    ┌─ 安全生产 ─┬─ 我国的安全生产管理制度
                    │            ├─ 安全事故调查原则
                    │            ├─ 安全生产投入
                    │            ├─ 安全事故及其等级划分
                    │            └─ 安全事故的处理
安全管理 ───────────┤
                    │            ┌─ 通信各方责任主体的安全责任
                    └─ 安全管理 ─┼─ 通信建设工程常见危险源
                                 ├─ 安全管理人员
                                 └─ 通信安全监理
```

99

任务一　安全生产

一、我国的安全生产管理制度

安全生产是指在生产过程中不发生工伤事故、职业病、设备或财产损失的状态。即指人不受伤害，物不受损失。安全生产管理，就是针对人们生产过程的安全问题，运用有效的资源，发挥人们的智慧，通过人们的努力，进行有关决策、计划、组织和控制等活动，实现生产过程中人与机器设备、物料、环境的和谐，以达到安全生产的目标，安全生产管理的工作内容包括建立安全生产管理机构、配备安全生产管理人员、制定安全生产责任制和安全生产管理规章制度、策划生产安全、进行安全培训教育、建立安全生产档案等。安全生产管理的目标就是减少和控制危害，减少和控制事故，尽量避免生产过程中由于事故所造成的人身伤害、财产损失、环境污染以及其他损失。

1. 我国的安全生产管理方针

目前，我国安全生产管理的方针是"安全第一、预防为主、综合治理"。

（1）"安全第一"就是要把安全生产工作放在第一位，无论在干什么、什么时候都要抓安全，任何事情都要为安全让路。各级行政正职是安全生产的第一责任人，必须亲自抓安全生产工作，确保把安全生产工作列在所有工作的前边。要正确处理安全生产与效益的关系，当两者发生矛盾时，效益应服从安全。安全第一，还应体现在安全生产与政绩考核"一票否决"上，从而真正树立起"安全第一"的权威。

（2）"预防为主"是实现安全生产的最好举措，是安全第一的具体表现。要实现安全第一，就必须扎扎实实地从预防抓起。

（3）"综合治理"是一种新的安全管理模式，是指将各生产过程看成一个系统，系统中的每个部分都是互相影响、互相制约的。因此，必须以系统的观点去治理，才能保证安全生产。

2. 我国的安全生产管理体制

我国目前的安全生产管理体制是企业负责、行业管理、国家监督、群众监管、劳动者遵章守纪。

3. 我国的安全管理原则

安全生产管理要依照"6个坚持"的原则，具体如下。

（1）坚持管生产同时管安全。

（2）坚持目标管理。

（3）坚持以预防为主。

（4）坚持全员管理。

（5）坚持过程控制。

（6）坚持持续改进。

二、安全事故调查原则

安全事故调查处理应当坚持以下 4 项原则。

(1) 坚持"实事求是、尊重科学"的原则。事故调查必须以事实为依据,以法律为准绳,严肃认真地对待,不得有丝毫疏漏。

(2) 坚持"四不放过"原则,即必须坚持事故原因分析不清不放过、事故责任者和群众没受到教育不放过、事故隐患不整改不放过、事故责任者没受到处理不放过的原则。

(3) 坚持"公正、公平"的原则,即不打击报复,不冤枉无辜,对事故调查处理的结果要公开,引起全社会重视,让群众受教育,挽回事故影响。

(4) 事故调查处理应坚持分级管理的原则。事故的调查处理,依据事故的分类级别来进行。

> **重点掌握:**
> (1) 我国的安全生产管理方针。
> (2) 我国安全生产管理体制。
> (3) "6 个坚持"原则。

三、安全生产投入

(一) 安全生产投入的目的

生产经营单位必须安排适当的资金,用于改善安全设施,更新安全技术装备、器材、仪器仪表以及其他安全生产投入,以保证达到法律、法规、标准规定的安全生产条件,并对由于安全生产所需的资金投入不足导致的后果承担责任。

安全生产投入主要用于以下方面。

(1) 建设安全技术措施工程。
(2) 增设新安全设备、器材、装备、仪器、仪表等,以及这些安全设备的日常维护。
(3) 重大安全生产课题的研究。
(4) 按国家标准为职工配备劳动保护用品。
(5) 职工的安全生产教育和培训。
(6) 其他有关预防事故发生的安全技术措施费用和落实生产安全事故应急救援的预案等。

(二) 安全生产投入的资金保证

企业应当按照"项目计取、确保需要、企业统筹、规范使用"的原则加强安全生产费用管理,安全生产费用的计费原则有以下规定。

(1) 安全生产费用按照《高危行业企业安全生产费用财务管理暂行办法》(财企〔2006〕478 号)的规定,以建筑安装工程造价为计取依据。

（2）通信建设工程以建筑安装工程费的1.5%计取，计列在《通信概预算》表五第九项。

（3）通信提取的1.5%安全生产费为最低标准。

（4）安全生产费用在编制（1）计算时计列。

（5）招标文件中，应当单列安全生产费用项目清单。

（6）投标方应按照招标文件中单列的安全生产费用项目清单和主管部门测定的费率单独报价，并且不得删减。投标方未按本规定单独报价的，按废标处理。

一般来说，安全生产投入资金方面都有确切保证。股份制企业、合资企业等由董事会予以保证；国有企业由厂长或者经理予以保证；个体工商户等个体经济组织由投资人予以保证。上述保证人应为资金投入不足导致安全事故承担法律责任。

（三）安全生产资金支付期限和支付方式

（1）建设单位与施工单位应在施工合同中明确安全生产费用的费率、数额、支付计划、使用要求、调整方式等条款。

（2）建设单位应在合同签订之日起5日内支付安全生产费用，合同工期在一年以内的，预付安全生产费用不得低于该费用总额的7%；合同工期在一年以上的，预付安全生产费用不得低于该费用总额的50%。

（3）建设单位在申领施工许可证或报批开工报告时，应当提交安全生产费用预付凭证和安全生产费用支付计划，作为保证工程安全的具体措施。

（4）在工程量或施工进度完成50%时，施工企业项目负责人应按监理规范要求填报《其余安全生产费用支付申请表》并报送监理企业。监理应审核工程进度和现场安全管理情况，然后其总监方可签署"支付证书"，提交给建设单位及时支付。

（5）施工过程中出现工程变更情况，应按合同约定办理工程价款变更，并按安全生产费率确定安全生产费用增加费，作为其余安全生产费用同期支付的依据。

（6）进行竣工验收或办理竣工验收备案手续时，建设单位应向建设主管部门提交安全生产费用支付凭证。

（7）实行工程总承包，且总包单位依法将工程分包给其他单位的，总包单位应与分包单位在分包合同中明确由分包单位实施的分包工程的安全生产费用。

监理企业应当及时提醒建设单位支付安全生产费用。

四、安全事故及其等级划分

安全事故是指生产经营单位在生产经营活动（包括与生产经营有关的活动）中突然发生的伤害人身安全和健康，或损坏设备设施，或造成经济损失的，导致原生产经营活动（包括与生产经营有关的活动）暂时中止或永远终止的意外事件。

为了规范生产安全事故的报告和调查处理，落实生产安全事故责任追究制度，防止和减少生产安全事故，国务院规定，生产安全事故（以下简称"事故"）造成人员伤亡或者直接经济损失的等级可分为4级，即特别重大事故、重大事故、较大事故和一般事故。

安全事故等级划分如表 5-1-1 所示。

表 5-1-1　安全事故等级划分

安全事故级别	划分依据
特别重大事故	① 死亡 30 人以上；② 重伤 100 人以上；③ 直接经济损失亿元以上
重大事故	① 死亡 10 人以上 30 人以下；② 重伤 50 人以上 100 人以下；③ 直接经济损失 5 000 万元以上 1 亿元以下
较大事故	① 死亡 3 人以上 10 人以下；② 重伤 10 人以上 50 人以下；③ 直接经济损失 1 000 万元以上 3 000 万元以下
一般事故	① 死亡 3 人以下；② 重伤 10 人以下；③ 直接经济损失 1 000 万元以下

案例 5-1-1　安全事故分析

【事故背景】

2010 年，某施工单位现场施工人员在安装某基站发射塔时，由于铁塔塔基底座 12 个螺栓和螺母有 11 个不配套，导致其中 1 个螺母安装不上，为赶工程进度，3 名施工人员在铁塔底座没有固定，现场无监理人员和安全管理人员的情况下，仍然坚持上铁塔作业，当铁塔安装到 25 m 左右时，因铁塔的底座螺栓固定不到位、拉绳的拉力及作业人员的作用力等因素导致铁塔重心偏离，铁塔往拉绳方向倾倒，在铁塔上作业的 3 人跌落摔下并被摔死，在塔下拉绳的 1 人也被倒下的铁塔砸死，造成直接经济损失 90 万元。

【问题】

请问该安全事故的事故级别是什么？

【分析】

该事故造成 4 人死亡，满足较大事故条件中的第 1 条，应当属于较大事故。

五、安全事故的处理

安全事故处理通常遵从事故发生、事故现场处理及上报、事故调查、事故分析、事故责任认定、事故处罚、项目整改等环节，处理流程如图 5-1-1 所示。

事故发生后
- 事故现场处理及上报
- 事故调查
- 事故分析
- 事故责任认定
- 事故处罚
- 项目整改
- 安监部门

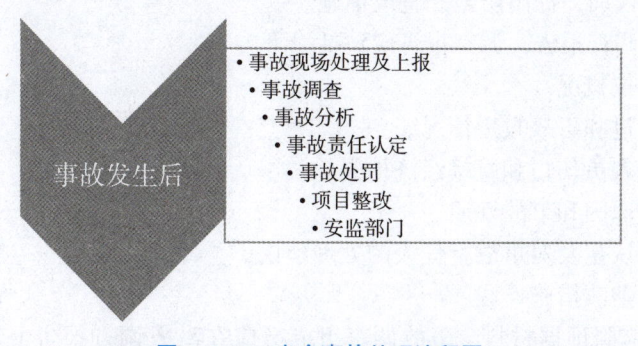

图 5-1-1　安全事故处理流程图

1. 事故现场处理及上报

根据国务院相关规定，在安全事故发生后，现场监理人员应及时、如实地向总监理工程师报告，总监理工程师应及时向建设单位报告，建设单位负责人接到报告后，应当在 1 h 内向事故发生地县级以上人民政府安全生产监督管理部门和负有安全生产监督管理职责的有关部门报告。情况紧急时，事故现场有关人员可以直接向事故发生地县级以上人民政府安全生产监督管理部门和负有安全生产监督管理职责的有关部门报告。

事故报告应包括以下内容：

① 事故发生单位概况。

② 事故发生的时间、地点以及事故现场情况。

③ 事故的简要经过。

④ 事故已经造成或者可能造成的伤亡人数（包括下落不明的人数）和初步估计的直接经济损失及已经采取的措施。

⑤ 其他应当报告的情况。

在事故报告后，又出现新情况的，应及时补报。

事故发生后，项目监理机构和监理人员应当立即保护事故现场以及相关仪器，任何单位和个人都不得破坏事故现场、毁灭相关证据，因抢救人员、防止事故扩大以及疏通交通等原因，需要移动现场物件的，应当做出标志，绘制现场简图并做出书面记录，妥善保存现场重要痕迹、物证。

接到事故报告后，总监理工程师应当立即启动事故应急预案，并应在第一时间赶赴现场，帮助事故发生单位，组织抢救，并采取有效措施，防止事故扩大，减少人员伤亡和财产损失。

对于接到事故报告后，认为不是自己的事，不积极组织抢救的不作为行为的，应承担相应的法律责任。

2. 事故调查

发生安全事故后，项目经理应联合相关部门组织对发生的事故进行调查，应履行下列职责。

（1）明确事故发生的经过、原因、人员伤亡情况及直接经济损失。

（2）认定事故的性质和事故的责任。

（3）提出对事故责任人的处理建议。

（4）总结事故教训，提出防范和整改措施。

（5）提交事故调查报告，调查报告应包括以下内容。

① 事故发生单位概况。

② 事故发生经过和事故救援情况。

③ 事故造成的人员伤亡和直接经济损失。

④ 事故发生的原因和事故性质。

⑤ 事故责任的认定及对事故责任人的处理建议。

⑥ 事故防范和整改措施。

事故调查报告应附证据材料。事故调查组成员应在事故调查报告上签名。事故调查组成员在调查过程中应当诚信、公正、遵守事故调查纪律，保守事故调查秘密。对事故调查工作不负责任，致使事故工作有重大疏漏的，或者包庇、袒护负有事故责任的人员或借机打击报复的，应依法追究法律责任。

3. 事故分析

事故分析的目的是发现事故的原因，事故原因大体分为物的不安全状态、人的不安全行为以及管理监督上的缺陷。每种原因都有两个层次，即直接原因和间接原因。事故原因分析的步骤如下。

（1）整理和阅读调查材料。

（2）分析伤害方式，内容包括受伤部位、受伤性质、起因物、伤害方式、不安全状态、不安全行为等。

（3）确定事故的直接原因。

（4）确定事故的间接原因。

4. 事故责任认定

事故的责任人主要分为 3 类，即直接责任者、主要责任者和领导责任者。

有下列情况之一时，应由肇事者或有关人员负直接责任或主要责任：

① 违章指挥或违章作业、冒险作业造成事故的。

② 违反安全生产责任制和操作规程，造成伤亡事故的。

③ 违反劳动纪律，擅自开动机械设备或擅自更改、拆除、毁坏、挪用安全装置和设备，造成事故的。

有下列情况之一时，有关领导应负主要责任：

① 由于安全责任制、安全生产规章和操作规程不健全，职工无章可循，造成伤亡事故的。

② 未按照规定对职工进行安全教育和技术培训，或职工未经过考试合格上岗操作造成伤亡事故的。

③ 机械设备超过检修期限或超负荷运行，或因设备有缺陷又不采取措施，造成伤亡事故的。

④ 作业环境不安全，又未采取措施，造成伤亡事故的。

⑤ 新建、改建、扩建工程项目的尘毒处理和安全设施不与主体工程同时设计、同时施工、同时投入生产和使用，造成伤亡事故的。

5. 事故处罚

对于发生安全事故的项目，需要进行整改。整改应从 3 个方面考虑，即安全技术整改措施、安全管理整改措施及安全教育和安全培训。

根据事故责任的大小，对事故责任者可进行不同程度的处罚，处罚的形式有行政处罚、经济处罚和刑事处罚，处罚条例详见国家安全生产监督管理总局第 13 号令《生产安全事故报告和调查暂行规定》。

案例 5-1-2 事故调查处理报告样例

2012 年 7 月 13 日上午，某施工队在某市进行管道电缆施工，因为是夏季，为了避免高温，早上很早施工人员就进入了人孔，进行大对数电缆的接续工作，进入人孔前按要求进行了通风工作，到吃午饭的时间，施工人员离开现场并将人孔全部盖上，一个多小时后施工人员返回，打开井盖机壳下井施工，此时有人在井内吸烟，引起井内可燃气体爆炸，致使其他两个相邻人孔也发生爆炸，致使施工人员3人被烧伤。

事故调查报告如下：

关于"7·13"人孔爆炸事故的调查处理报告

××市第×通信建设工程公司：

2012年7月13日，我项目部在进行管道电缆施工过程中，由于施工人员安全意识淡薄，造成人孔内可燃气体爆炸事故。事故发生后，我项目部迅速组织管理人员和班组长到事故现场，就事故发生的经过、原因进行调查分析，具体情况报告如下。

1. 事故发生经过

2012年7月13日上午，为了避免高温，我施工队施工人员早上很早就进入了人孔，进行大对数电缆的接续工作，进入人孔前按要求进行了通风工作，到吃午饭的时间，施工人员离开现场并将人孔全部盖上，14时左右，施工人员返回，打开井盖下井施工，此时有人在井内吸烟，引起井内可燃气体爆炸，致使其他两个相邻人孔也发生爆炸，施工人员3人被烧伤。

2. 事故发生的原因

经过现场调查和分析发现，该事故中施工人员××（男）的安全意识淡薄，没有进行再次通风，并且在井下吸烟，是本次事故发生的主要原因。

3. 事故的处理

事故发生后，我项目部及时将烧伤的施工人员送到医院医治，并立即召集项目部管理人员和各工种班长及事故当事人在项目部办公室召开了一次安全专题会，会上就事故发生的原因进行了深入剖析和深刻总结，并就本项目今后的安全工作如何减少或杜绝类似事故的发生进行了具体的安排和部署。

（1）组织所有参会人员重新学习安全操作规程和安全交底卡的内容，责令班组长加强对工人的安全管理，及每天对工人班前进行安全技术交底。

（2）遵守公司和项目部的各项安全纪律，项目部将不定期组织专人进行监督和检查，严禁不通风下井和井下吸烟，项目部将严管重责，决不姑息。

（3）事故责任人的处理。

① 给予施工人员××（男）当事人一次性经济处罚。

② 事故当事人对该事故的发生做深刻的反省并做出书面检查。

③ 事故当事人参加项目部组织的安全操作规程、安全交底卡和安全纪律的学习，时间为期3天，每天1 h。

特此报告

×××项目部
2012年7月15日

重点掌握

（1）事故及其分类。

（2）事故报告。

（3）事故处理。

（4）事故责任认定。

小博士

> 由于社会的进步，通信领域也得到了前所未有的发展，很多通信建设单位都出现了只顾及效益、忽略安全的现象，因此，经常会有人员伤亡、电路阻断的情况发生，这也是由于对安全生产缺乏关注的原因。这不但给企业和个人造成了伤害，也对国家乃至社会形成了很多不必要的损失。这些事故也给我们敲响了警钟，只有用安全的管理方式去建设通信，才可以将事故发生率降到最低，才可以有效地保障施工人员的人身安全和财产安全，才可以保障通信顺利完成。

任务小结

本任务主要介绍有关工程项目的安全管理，具体包括：通信项目的安全管理，包括我国的安全生产的概念及特点、分类；总体概述了我国的安全生产管理制度、安全生产投入以及安全事故如何处理。

任务二　安全管理

通信施工的特点是点多、线长、面广，遍布大街小巷，地形、环境十分复杂。墙上、杆上、地下通信线路纵横交错，各种设备、管线种类繁杂；市区内交通频繁，商业人口密集。所有这些都给通信施工带来很多困难。因此，通信施工作业必须要把施工安全放在首位。

一、通信各方责任主体的安全责任

为了加强安全生产的监督管理，防止和减少生产安全事故，保障人民生命和财产安全，促进经济和社会的协调发展，国务院相关规定指出："建设单位、勘察单位、设计单位、施工单位、工程监理单位及其他与建设工程安全生产有关的单位，必须遵守安全生产法律、法规的规定，保证建设工程安全生产，依法承担建设工程安全生产责任。"

(一) 建设单位（运营企业）的安全生产责任

为避免安全事故发生，建设单位作为出资方和工程项目的使用方，在工程项目的建设实施过程中应当注意以下几点。

(1) 建立完善的通信建设工程安全生产管理制度，并确定责任人。

(2) 在工程预算中明确通信建设工程安全生产费用，不得打折。

(3) 不得对设计单位、施工单位及监理单位提出不符合安全生产法律、法规和强制性标准规定的要求，不得压缩合同约定的工期。

(4) 建设单位在通信开工前，要明确相关单位的安全生产责任。

(5) 建设单位在对施工单位进行资格审查时，应对施工企业三类人员的安全考核进行审查。

(6) 建设单位应向施工单位提供现场地下管线、气象、水文、地质等相关资料，并保证资料的真实、准确、完整。

（二） 勘察单位的安全生产责任

勘察成果的深度、精度和广度直接影响工程项目的安全实施，因此勘察单位责任重大，主要责任有以下几项。

(1) 勘察单位应依照法律、法规和工程建设强制性标准进行勘察，提供的勘察文件应当真实、准确，满足建设工程安全生产的需要。

(2) 勘察单位在勘察作业时，应当严格执行操作规程，保证安全。

（三） 设计单位的安全生产责任

设计单位的安全生产责任有以下几项：

(1) 设计单位和有关人员对其设计安全性负责。

(2) 设计单位编制工程概算时，应全额列出安全生产费用。

(3) 设计单位应当按照法律、法规和工程建设强制性标准进行设计。

(4) 设计单位应当考虑施工安全操作和防护的需要，并对防范安全事故提出指导意见。

(5) 设计单位应参与与设计有关的安全生产事故分析，并承担相应责任。

(6) 对于采用新结构、新材料、新工艺的建设工程和采用特殊结构的建设工程，设计单位应当在设计中提出保障施工作业人员安全和预防生产安全事故的措施。

（四） 施工单位的安全生产责任

通信施工企业必须具备以下基本安全条件才能进行施工：施工单位必须取得行政部门颁发的《安全生产许可证》后方可施工；总包单位、分包单位都应持有相关资质证书后方可施工；必须建立专门的安全生产管理机构和安全管理制度；各类人员应经过培训持证上岗；特殊工种作业人员，应经相关部门的培训，持证上岗；对事故隐患要指定整改责任人；必须把握好安全生产的措施关；必须建立安全生产值班制度。

在施工过程中施工单位应负的安全生产责任如下。

(1) 施工单位从事建设工程的新建、扩建、改建和拆除等活动，应当具备国家规定的注册资本、专业技术人员、技术装备和安全生产等条件，依法取得相应等级的资质证书，并在其资质等级许可的范围内承揽工程。

(2) 施工单位应设立安全生产管理机构，健全责任制度，制定安全生产规章制度和操作规程、紧急预案。

(3) 建立安全生产费用预算，保证安全生产费用专款专用。

(4) 建设工程实施施工总承包的，由总承包单位对施工现场的安全生产负总责，并与分包单位承担连带责任。分包单位不服从管理导致生产安全事故的，由分包单位承担主要责任。

(5) 特种作业人员必须按照国家有关规定经过专门培训，持证上岗。

(6) 建设工程施工前，施工单位应层层进行安全技术交底，并由双方签字确认。

(7) 施工单位应在有危险存在的场所设置明显的安全警示标志。施工现场暂时停止施工的，施工单位应当做好现场防护，所需费用由责任方承担。

（8）施工单位应当保证施工现场的安全。

（9）施工单位应保证毗邻建筑物的安全，并采取各项环保措施。

（10）施工单位应当在施工现场建立消防安全责任制度，确定消防安全责任人。

（五）监理单位的安全生产责任

1. 监理单位作为专业的第三方项目管理监查者其主要的安全责任

（1）按照法律、法规、强制性标准实施监理，并对工程建设生产安全承担监理责任。

（2）要完善安全生产管理制度、明确监理人员的安全监理责任。建立监理人员安全生产教育培训制度。

（3）审查施工单位施工组织设计中的安全技术措施或者专项施工方案是否符合工程建设强制性标准要求。

（4）工程监理单位在实施监理过程中，发现存在安全事故隐患的，应当要求施工单位整改。

2. 监理单位的主要安全管理措施

（1）做好安全监理人员的培训和安全教育工作。

（2）建立、健全安全监理制度和现场安全生产监理组织。

（3）落实监理人员的安全监理责任。

二、通信建设工程常见危险源

通信工程施工的特点是点多、线长、面广，专业性强、技术复杂，危险源相对较多，风险程度也比较高。通信项目在室外作业时，周边环境、天气状况在不断变化，对安全施工影响很大，增加了安全风险。

通信工程施工是一项技术劳务密集型的项目，人的不安全行为常常是工程的主要危险源，在工程实施监理时，必须引起监理工程师的高度重视。

人的不安全行为主要分为：指挥、操作错误；使用不安全的设备；手工代替工具操作；物体存放不当，冒险进入危险场所；攀坐不安全的物；在起吊物下站立、停留；机械设备运转时加油、修理、检查、调整、清扫等；作业时分散注意力；在必须使用防护用品、用具的作业或场合中未使用；施工人员着不安全防护装束；对易燃、易爆等危险品处置错误等。

通信中，一般常见危险源归纳如下。

（1）通信线路包括：直埋光（电）缆工程；架空杆路工程；管道光（电）缆工程。

（2）通信管道工程。

（3）通信设备安装工程。

（4）铁塔和天馈线安装工程。

三、安全管理人员

安全管理人员主要包括企业负责人、项目负责人和专职安全生产管理人员。根据相关文件规定，企业负责人、项目负责人和专职安全生产管理人员必须经安全生产考核，取得安全生产合格证书后，方可担任相应的职务。

（一）企业负责人

企业负责人对企业安全生产工作负全面责任，其主要安全职责如下。

（1）认真贯彻执行国家、行业有关安全生产的法律、法规、方针和政策，掌握本企业的安全生产动态，定期研究安全工作。

（2）建立、健全本单位安全生产责任制。

（3）组织制定本单位安全生产规章制度和操作规程。

（4）保证本单位安全生产制度的有效实施。

（5）督促、检查本单位的安全生产工作，及时消除生产安全事故隐患。

（6）组织制定并实施本单位的生产安全事故应急救援预案。

（7）一旦发生事故，要做到妥善处理，配合调查组调查。

（8）及时、如实报告生产安全事故。

（二）项目负责人

项目负责人是项目安全生产的第一负责人，直接领导项目的实施，其安全职责如下。

（1）落实安全生产责任制度、安全生产规章制度和操作规程。

（2）确保安全生产费用的有效使用。

（3）根据工程的特点组织制定安全施工措施。

（4）消除安全事故隐患。

（5）及时、如实报告生产安全事故。

（三）专职安全员

专职安全员是施工项目部派到作业现场的专门负责安全生产的专职人员。他每天的任务就是在施工现场进行安全生产巡查；检查作业人员在生产过程中是否遵规守纪、是否按操作规程施工、有无不安全的行为、施工作业设备是否带病运转、施工作业环境有无安全隐患、施工作业中有无险情等。

专职安全员职务虽然不高，但肩负的责任重大，规章制度的制定，操作规程的制定，法律、法规在施工生产中的贯彻都与专职安全员能否负责密切相关。因此，专职安全员的选拔必须特别重视，专职安全员应具有的素质主要如下。

（1）专职安全员必须具备良好的品德和素质。

（2）安全员必须对自己的工作有深刻的理解和认识。

（3）安全员必须有敢说、敢管、敢于负责的精神。

（4）安全员应有承受较大压力的心理素质。

（5）安全员应具备一定的法律知识。

（6）安全员应具备一定的专业知识。

（7）安全员应做到"五勤"，即腿勤、嘴勤、脑勤、手勤、眼勤。

（8）安全员在单位应当有良好的群众基础。

专职安全员责任重大，因此必须给予足够授权，一般专职安全员的权利如下。

（1）深入施工现场检查权。

（2）发现违规操作时的纠正权。

(3) 作业机具检查权。
(4) 临时用电检查权。
(6) 发现隐患要求整改权。
(5) 安全资料检查权。
(7) 安全防护设施检查权。
(8) 要求紧急避险权。
(9) 工作汇报权。
专职安全员在行使权力的同时，必须承担相应的义务，具体如下。
(1) 安全员必须学习好相关的法规，掌握本专业的专业知识和安全操作规程。
(2) 安全员必须遵章守纪，遵守企业的各项规章制度，为员工做好表率。
(3) 安全员有义务在施工现场对作业人员进行安全指导。
(4) 安全员应对分包单位的安全工作进行业务指导。
(5) 安全员有义务检查分包单位的相关安全工作。
(6) 安全员有参与事故分析的义务。

四、通信安全监理

（一）安全监理人员

安全监理人员在生产中的安全管理职责如下。
(1) 在总监理工程师的主持和组织下，编制安全监理方案，必要时编制安全监理实施细则。
(2) 审查施工单位的营业执照、企业施工资质等级和安全生产许可证，查验承包单位安全生产管理人员的安全生产考核合格证书和特种作业（登高、电焊等工种）人员的特种作业操作资格证书。
(3) 审查施工单位提交的施工组织设计中有关安全技术措施和专项施工的方案。
(4) 审查施工单位对施工人员的安全培训教育记录和安全技术措施的交底情况。
(5) 审查施工单位成立的安全生产管理组织机构制定的安全生产责任制度、安全生产检查制度、安全生产教育制度和事故报告制度是否健全。
(6) 审查施工单位对施工图设计预算中的"安全生产费"的使用计划和执行情况。施工单位必须专款专用，安全生产费须用于购置安全防护用具、安全设施和现场文明施工、安全生产条件的改善，不得挪作他用。
(7) 审查采用新工艺、新技术、新材料、新设备的安全技术方案及安全措施。
(8) 定期检查施工现场的各种施工机械、设备、材料的安全状态，严格禁止已损坏或已需要保养的机具在工地继续使用。
(9) 对施工现场进行安全巡回检查，对各工序安全施工情况进行跟踪监督，填写安全监理日记，发现问题及时向总监理工程师或总监理工程师代表报告。
(10) 协助总监理工程师主持召开安全生产专题监理会议，讨论有关安全问题并形成纪要。
(11) 下达有关工程安全的《监理工程师通知单》，编写监理周、月报中的安全监理工作内容。

(12) 协助调查和处理安全事故。当施工安全状态得不到保证时,安全监理人员可建议总监理工程师下达"工程暂停令",责令施工单位暂停施工,进行整改。

案例 5-2-1　　事故监理责任认定

1. 背景

2012年,某运营商新建光缆线路工程,施工地点为山区。11月4日早上,根据施工队长工作任务安排,工人叶某和班长张某负责做附挂杆路的拉线抱箍安装工作。叶某在8 m电杆上安装拉线抱箍,由张某在地面观察来往车辆,并看守地面拉线。根据张某汇报,拉线长度在20 m一端已经安装在电杆上,剩下的盘成一小圈放在电杆下公路边,中午12点15分左右,一辆尼桑小轿车突然高速出现,张某来不及作出反应,钢绞线线头就被绞入小轿车车轮,汽车拖着钢绞线冲出逾30 m,将电杆拉断,并将叶某的安全带也拉断,正在电杆上安装拉线抱箍的叶某随电杆跌落,摔在公路边上,安全帽破裂,昏迷不醒。此时张某立即向事发地医院和交警报警,叶某经医生全力抢救无效,当场死亡。事发时,现场监理人员吴某正在距离事发点约5 km的另一处检查施工队布放光缆的质量情况。

2. 分析

经交警部门认定,这是一起因施工材料放置不当(放置在道路路面上)违规占道施工且并未摆放任何安全警示标志引发的一起交通意外事故,事故车辆不承担事故责任,施工方承担事故全部责任。

按照施工规范要求,施工材料的堆放不得影响交通,因施工需要占用交通道路的,需在安全距离设置安全警示标志,并派专人进行交通疏导工作。

交警和建设单位组成的调查组经过调查后,认定事故的直接原因为:施工单位未在规定地点摆放施工材料。认定事故的间接原因为:施工单位未配备专职安全管理人员对施工现场进行管理,未对施工人员进行岗前培训。

建设单位经过对监理记录、监理日志的调查了解:监理方在事发前一天,主持召开了安全专题会议,要求施工单位在施工时必须佩戴安全帽、安全带、手套,公路边进行占道施工时必须安放警示标志。会议纪要清晰、明了、详尽记录了会议内容,施工单位参会人员也签字认可,已尽到监理方的安全管理责任,监理方有预见性地提出了安全管理建议,应该受到表扬,不承担此次事故的任何责任。

3. 处理意见

根据交警部门的事故认定结果,由施工方赔偿死者叶某抚恤金25万元,建设主管单位对施工单位作出通报批评,要求施工单位立即停止施工,全面整顿,认真吸取事故教训,写出自查整改报告,监理方不承担责任。

4. 探讨

结合案例5-2-1,考虑以下问题:
① 施工方不理监理方的安全管理建议,监理方应如何处理?
② 是否监理方进行安全教育就能免除其责任?

（二）通信安全监理的主要内容

1. 施工准备阶段

（1）编制安全监理方案，该方案是安全监理的指导性文件，应具有可操作性。安全监理方案应在总监理工程师主持下进行编制，作为监理规划的一部分内容。安全监理方案应包括以下主要内容。

① 安全监理的范围、工作内容、主要工作程序、制度措施以及安全监理人员的配备、计划和职责，做到安全监理责任落实到人、分工明确、责任分明。

② 针对工程具体情况，分析存在的危险因素和危险源，尤其是对一些重大危险源应制定相应的安全监督管理措施。

③ 收集与本工程专业有关的强制性规定。

④ 制定安全隐患预防措施、安全事故的处理和报告制度、应急预案等。

（2）对于危险性较大的通信铁塔工程、天馈线安装工程、电力杆路附近架空线路工程、架设过河飞线以及在高速公路上施工的通信增线工程等，还应根据安全监理方案编制安全监理实施细则，报总监理工程师审批实施。

（3）审查施工单位提交的《施工组织设计》中的安全技术措施。对一些危险性大的工序（如石方爆破高处作业、电煤、电锯、临时用电、管道和铁塔基础土方开挖、立杆、架设钢绞线、起承吊装、人（手）孔内作业、截灌作业等）和在特殊环境条件下（高速公路、冬雨季、水下、电力线下、市内、高原、沙造等）的施工，必须要求施工单位编制专项安全施工方案和对于施工现场及毗邻建筑物、构筑物、地下管线的专项保护措施，当不符合强制性标准和安全要求时，总监理工程师应要求施工单位重新修改后报审。

（4）审查施工单位资质等级、安全生产许可证的有效性。安全生产许可证的有效期为3年。

（5）审查施工单位的项目经理和专兼职安全生产管理人员是否具备工业和信息化部或通信管理局颁发的《安全生产考核合格证书》，人员名单应与投标文件相一致。

检查特殊工种作业人员的特种作业操作资格证书。特殊工种作业人员包括电工、焊工、上塔人员以及起重机、挖掘机、铲车等的操作人员，应具备当地政府主管部门颁发的特种作业操作资格证书。

（6）审查施工单位在工程项目上的安全生产规章制度和安全管理机构的设立，以及专职安全生产管理人员配备情况。

（7）审查承包单位与各分包单位的安全协议签订情况、各分包单位安全生产规章制度的建立和实施情况。

（8）审查施工单位应急预案。应急预案是出现重大安全事故时执行抢救、控制事故的继续蔓延、抢救受伤人员和财产损失的方案，是重大危险控制系统的重要组成部分。施工单位应结合工程实际情况，对风险大的工程、工序制定应急预案，如高处作业、在高速公路上作业、地下原有管线和构筑物被挖断或戳坏、工程爆破、危险物资管理、机房电源线路短路、通信系统中断、人员触电、发生火灾以及在台风、地震、洪水易发地区都应制定应急预案。应急预案应包括启动应急预案期间的负责人，对外联系方式，应采取的应急措施，起到特定作用的人员的职责、权限和义务，人员疏散方法、程序、路线和到达地点，疏散组织和管理，应急机具、物资需求和存放，危险物资的处理程序，对外的呼救等。编制的预案应重点突出、针对性强、责任明确、易于操作。监理工程师应对应急预案的实用性、可操作性做出评估。

(9) 检查安全防护用具、施工机具、装备配置情况，不允许将带"病"机具、装备运到施工现场作业。同时，检查施工现场使用的安全警示标志，标志使用必须符合相关规定。

(10) 对于有割接工作的工程项目，应要求施工单位申报详细的割接操作方案，经总监理工程师审核后，报建设单位批准，切实保证割接工作的安全。

(11) 了解施工单位在施工前向全体施工人员进行安全培训、技术措施交底的情况。凡是没有组织全体施工人员进行安全培训或进行安全技术措施交底的，应要求施工单位在施工现场向全体施工人员进行安全技术措施交底。

(12) 对于易发生的突发事件，监理工程师应要求施工单位按照应急预案的要求，组织施工人员参加演练，提高自防自救的能力，必要时，监理员也应参加。

2. 施工阶段

1) 监理人员安全监理的一般工作要求

(1) 检查施工单位专职安全检查员的工作情况和施工现场人员的机具安全施工情况。

(2) 检查施工现场的施工人员劳动防护用品是否齐全，用品质量是否符合安全保护要求。

(3) 检查施工物资堆放场地库房等现场的防火设施措施；检查施工现场安全用电设施。

(4) 低温阴雨期，检查防潮、防雷、防塌设施和措施，发现隐患，应及时通知施工单位限期整改。

(5) 完成后，监理人员应跟踪检查其整改情况。

(6) 检查施工工地的围挡和其他警示设施是否齐全。检查工地临时用电设施的保护装置和警示标志是否符合设置标准。

(7) 监督施工单位按照施工组织设计中的安全技术措施和特殊工程、工序的专项施工方案组织施工，及时制止任何违规施工作业的现象。

(8) 定期检查安全施工情况。巡检时应认真、仔细，不得"走过场"。当发现有安全隐患时，应及时指出和签发监理工程师通知单，责令整改，消除隐患。对施工过程中危险性较大工程工序作业，应视施工情况，设专职安全监理人员重点旁站监督，防止安全事故的发生。督促施工单位定期进行安全自查工作，检查施工机具、安全装备、安全警示标志和人身安全防护用具的完好性、齐备性。

(9) 遇紧急情况，总监理工程师应及时下达工程暂停令，要求施工单位启动应急预案，迅速、有效地开展抢救工作，防止事故的蔓延和进一步扩大。

(10) 安全监理人员应对现场安全情况及时收集、记录和整理。

2) 通信线路工程作业的安全要求

(1) 在行人较多的地方进行立杆作业时应划定安全区，设置围栏，严禁非作业人员进入现场。

(2) 立杆前，必须合理配备作业人员。立杆用具必须齐全、牢固，作业人员应能正确使用。竖杆时应设专人统一指挥，明确分工。

(3) 使用脚扣或脚蹬板上杆时，应检查其完好情况。当出现脚扣带腐蚀、有裂痕，弯钩的橡胶套（橡胶板）破损、老化，脚蹬板扭曲、变形、螺丝脱落等情形之一时，严禁使用，不得用电话线或其他绳索替代脚扣带。

（4）布放钢绞线前，应对沿途跨越的通电线路、公路、铁路、街道、河流、树木等调查统计，针对每处的具体情况制定和采取有效措施，保证布放时安全通过。如钢绞线跨越低压电力线，必须设专人用绝缘棒托住钢绞线，不得搁在电力线上拖拽。

（5）在杆上收紧吊线时，必须轻收慢紧，严禁突然用力。收紧后的吊线应及时固定，拧紧中间沿线电杆的吊线夹板，并做好吊线终端。

（6）在吊线上布放光（电）缆作业前，必须检查吊线强度，确保吊线不断裂、电杆不倾斜、线卡扭不松脱。

（7）拆除吊线前，应将杆路上的吊线夹板逐步松开。如遇角杆，操作人员必须站在电杆弯角的背面。

（8）若要在原有杆路上作业，应要求施工人员先用试电笔检查该电杆上附挂的电缆线，确认不带电后方可作业。

（9）在供电线及高压输电线附近作业时，作业人员必须戴安全帽和绝缘手套，穿绝缘鞋和使用绝缘工具。严禁作业人员及设备与电力线触碰。在高压线附近进行架线、安装拉线等作业时，离开高压线的最小空距应保证：35 kV 以下为 2.5 m；35 kV 以上为 4 m。

（10）当架空的通信线路与电力线交叉达不到安全净距时，必须根据规范或设计要求采取安全措施。

（11）在电力线下架设的吊线应及时按设计规定的保护方式进行保护。严禁在电力线路正下方立杆作业，严禁使用金属伸缩梯在供电线及高压输电线附近作业。

（12）在穿越电力线、铁路、公路杆挡安装光（电）缆挂钩和拆除吊线滑轮时严禁采用吊板。

（13）当通信线与电力线接触或电力线落在地面上时，必须立即停止一切作业，保护现场，禁止行人步入危险地段。不得用一般工具触动通信线或电力线，应立即要求施工项目负责人和指定专业人员排除事故。事故未排除前，不得恢复作业。

（14）在江河、湖泊及水沟等水面进行截流作业时，应携带必要的救生用具，作业人员必须穿好救生衣，听从统一指挥。

（15）在桥梁桥体施工时应得到相关管理船泊部门批准，作业区周围必须设置安全警示标志，圈定作业区，并设专人看守。作业时，应按设计或相关部门指定的位置安装钢架、钢管、材料管或光（电）缆。严禁擅自改变安装位置，损伤桥体主钢筋。

（16）在墙壁上及空内钻孔布放光（电）缆时，如遇与近距离电力线平行或穿越情况，必须先断电后作业。

（17）在跨越街巷、居民区院内通道地段安装光（电）缆时均应使用梯子，设专人扶、守、搬移。严禁使用吊线坐板方式在塔壁间的吊线上作业。

（18）在建筑物的金属顶棚上作业前，施工人员应用试电笔检查，确认无电后方可作业。

（19）在森林、草原或荒山等地区作业时，不得使用明火。确实需要动用明火时，应征得相关部门同意，同时必须采取严密的防火措施。

（20）在施工人员和其他相关人员进入高速公路施工现场时，必须穿专用交通警示服装。按有关部门的要求,应设专人摆放交通警示和导向标志,维护交通,施工安全警示标志摆放应根据施工作业点"覆动前移"。收工时,安全警示标志的回收顺序必须与摆放顺序相反。

3)土、石方和地下作业的安全要求

(1)在开挖坑洞、沟槽等土方前,应调查地下原有电力线、光(电)缆、天然气、供水、供热等情况,知晓注污管等设施路由与开挖路由之间的间距。

(2)开挖土方作业区时必须封闭,严禁非工作人员进入。严禁非作业人员接近和操作正在施工运行中的各种设备与设施。

(3)人工开挖土方或路面时,相邻作业人员间必须保持 2 m 以上间距。

(4)使用潜水泵排水时,水泵周围 30 m 以内水面,不得有人、畜进入。

(5)进行石方爆破时,必须由持爆证的专业人员进行,并对所有参与作业者进行爆破安全常识教育。炮眼装药严禁使用铁器。装置带雷管的药时必须轻塞,严禁重击。

(6)不得在高压输电线路下面或靠近电力设施附近搭建临时生活设施,也不得在易发生塌方、山洪、泥石流危害的地方架设帐篷、搭建简易住房。

4)通信设备安装作业的安全要求

(1)机房内施工不得使用明火,需要动用明火时须经相关单位部门批准。

(2)作业人员不得触碰机房内的在运设备,不得随意关断电源开关。严禁将交流电源线挂在通信设备上。使用机房原有电源插座时必须先测量电压,核实电源开关容量。

(3)不得在机房使用切割机加工铁件,切割铁件时,严禁在砂轮片侧面磨削。

(4)安装机架时应使用绝缘梯或高凳,严禁攀踩铁架、机架和电缆走道;严禁攀踩配线架支架和端子板、弹簧排。

(5)带电作业时,操作人员必须穿绝缘硅,戴绝缘手套,使用绝缘性能良好的工具。在带电的设备、列头柜、分支柜中操作时,作业人员应取下手表、钥匙、戒指、项链等随身金属物品、饰品。作业时,应采取有效措施防止螺丝钉、垫片、铜屑等金属材料掉落在机架内。

(6)搬运蓄电池等化学物品时,应戴防护手套和眼镜,注意防振,物体不可倒置。如物体表面有泄漏的残液,必须用防腐布清擦,严禁用手触摸。

(7)搬运重型或吊装体积较大的设备时,必须编写安全作业计划。项目负责人必须对操作人员进行安全技术措施交底,并设专人指挥,明确职责,紧密配合,保证每项措施的落实,使设备安全放置或吊装到位。

(8)布放光(尾)纤时,必须放在光纤槽内加塑料管保护。

(9)布放电源线时,无论是明敷还是暗敷,必须采用整条线料,中间严禁有接头。电源线端头应做绝缘处理。

(10)交流线、直流线、信号线应分开布放,不得绑扎在一起,如走在同一路由时,间距必须保证在 5 cm 以上。非同一级电力电缆不得穿放在同一管孔内。

(11)太阳电池输出线必须采取有屏蔽层的电力电缆布放,在进入机房室内前,屏蔽层必须接地,芯线应安装相应等级的避雷器件。

(12)严禁架空交、直流电源线直接出、入局(站)和机房。严禁在架空避雷线的支柱上悬挂电话线、广播线、电视接收天线及低压电力线。

（13）交、直流配电瓶和其他供电设备正、背面前方的地面应铺放绝缘橡胶垫。如需合上供电开关，应首先检查有无人员在工作，然后合闸并放上"正在工作"警示标志。

（14）设备加电时，必须沿电流方向逐级加电、逐级测量电压，插拔机盘、模块时，操作人员必须佩戴电池良好的防静电手环。

（15）焊线的烙铁暂时停用时应放在专用支架上，不得直接放在桌面或易燃物上。

（16）机房工作完毕离开现场时，应切断施工用的电源并检查是否还有其他安全隐患，确认安全后方可离开现场。

5）铁塔和天馈线安装作业的安全要求

（1）上塔作业人员必须经过专业培训，须通过考试并取得《特种作业操作证》。

（2）施工人员在进行铁塔和天馈线等高处作业的过程中，应要求承包单位在施工现场以塔基为心、塔高的1.05倍为半径圈围施工区，非施工人员不得进入。

（3）上塔前，作业人员必须检查安全帽、安全带各个部位有无伤痕，如发现问题严禁使用，施工人员的安全帽必须符合国家标准《安全个人防护用品使用》（GB 2811—1981），安全带必须经过劳动检验部门的拉力试验，安全带的腰带、钩环、铁链必须正常。

（4）各工序的工作人员必须使用相应的劳动保护用品，严禁穿高跟鞋或赤脚上塔作业。

（5）塔上作业时，必须将安全带固定在铁塔的主体结构上，不得固定在天线支撑杆上。安全带用完后必须放在规定的地方，不得与其他杂物放在一起。严禁用一般绳索、电线等代替安全带（绳）。

（6）施工人员上、下塔时必须按规定路径攀登，人与人之间距离不得小于3 m。攀登速度宜慢不宜快。上塔人员不得在防护栏杆、平台和孔洞边沿停靠、坐卧休息。

（7）塔上作业人员不得在同一垂直面同时作业。

（8）塔上作业所用材料、工具应放在工具袋内，所用工具应系有绳环，使用时应套在手上，不用时放在工具袋内。塔上的工具、铁件严禁从塔上扔下，大小件工具都应用工具袋吊送。

（9）在塔上电焊时，除有关人员外，其他人员都应远离塔处。凡焊渣飘到的地方，严禁人员通过。电焊前应将作业点周边的易燃、易爆物品清除干净。电焊完毕后，必须清理现场的焊渣等火种。施焊时，必须穿戴电焊防护服、手套及电焊面罩。

（10）输电线路不得通过施工区，遇此情况必须采取停电或其他安全措施，方可作业。

（11）遇有雨雪、雷电、大风（5级以上）、高温（40 ℃）、低温（−20 ℃）及塔上有冰霜等恶劣气候影响施工安全时，严禁施工人员在高处作业。

（12）吊装用的电动卷扬机、手摇绞车的安装位置必须设在施工围栏区外。开动绞盘前应清除工作范围内的障碍物。绞盘转动时严禁用手摸走动的钢丝绳或校正盘滚筒上的钢丝绳。当钢丝绳出现断股或腐蚀等现象时，必须更换，不得继续使用。

（13）在地面起吊天线、馈线或其他物体时，应在物体稍离地面时对钢丝绳、吊钩、吊装固定方式等做详细的安全检查。对起吊物重量不明时，应先试吊，可靠后再起吊。

6）网络优化和软件调测作业的安全要求

（1）网络优化工程师应保守秘密，不得将通信网络资源配置及相关数据、资料泄露给其他人员。

（2）天馈线操作人员测试或者调整天馈线时，网络优化工程师不应在铁塔或增高架下方逗留。

（3）通信网络调整时，通信网络操作工程师必须持有通信设备生产厂家或运营商的有效上岗证件。网络优化工程师不得调整本次工程或本专业范围以外的网元参数。

（4）网络数据修改前，必须制订详细的基站数据修改方案和数据修改失败后返回的应急预案，报建设单位审核、批准。每次数据修改前必须对设备和系统的原有数据进行备份，并注明日期，严格按照设备厂家技术操作指导书进行操作。

（5）软件调测工程师不得私自更改、增加、删除相关局数据，如用户数据、入口指令等。

（6）工程测试必须严格执行职业操作规范，在合同规定的范围内进行相关操作（如监听测试等）。

（7）软件调测工程师不得擅自登录建设单位通信系统，严禁进行超出工程建设合同内容以外的任何操作。

（8）5个基站以上的大范围数据修改后，应及时组织路测，确保网络运行正常。

（9）在检查中发现存在涉及网络安全的重大隐患，应及时向建设单位报告。

3. 安全监督管理资料的收集和整理

施工安全监理资料是监理单位对施工现场安全施工进行系统管理的体现，是安全管理工作的记录，是事故处理的重要证据，也是工程监理资料的重要组成部分。因此，在安全监理过程中对安全监理资料进行收集、整理、保存是非常重要的，项目监理机构尤其是总监理工程师和安全监理人员必须给予高度重视。项目监理机构的安全监理资料包括监理规划的安全监理方案、安全监理实施细则、安全监理例会纪要、安全监理检查记录、安全类书面指令、安全监理日志等。这些资料保留了项目监理机构在实际安全管理工作中的痕迹，应单独整理存放。工程结束后应和其他监理资料汇编成册，交建设单位并自存一份。

当发生安全生产事故时，可依据这些资料协助做好相关事故调查，提供证据，处理善后工作。

小博士

工业和信息化部关于印发《通信建设工程安全生产管理规定》

第一章第三条规定：通信建设工程安全生产管理，坚持安全第一、预防为主、综合治理的方针，强化和落实单位主体责任，建立单位负责、职工参与、政府监管、行业自律和社会监督的机制。

第二章第五条规定：通信工程建设、勘察、设计、施工、监理等单位应建立安全生产责任制，明确各岗位的责任人员、责任范围和考核标准等内容，确保安全生产责任制的落实。

任务小结

本任务主要介绍各个建设主体的安全责任，主要包括：建设方、施工方、勘察设计方和监理方的安全责任；通信建设工程常见危险源；安全管理人员的素质要求和权利义务；

安全监理人员及其职责,以及不同专业的安全监理内容。

※ 思考与练习

一、选择题

(1) 工程项目施工阶段的安全管理不包括(　　)。
A. 施工安全策划　　　　　　B. 施工安全计划的编制和实施
C. 编制安全生产方针　　　　D. 安全检查

(2) (　　)是事故赔偿、事故处理以及事故责任追究的依据。
A. 事故调查报告　　　　　　B. 事故认定书
C. 事故责任决定　　　　　　D. 事故处理决定

(3) 关于安全生产管理人员的下列说法,错误的是(　　)。
A. 生产经营单位安全生产管理人员应当恪尽职守,依法履行职责
B. 生产经营单位作出涉及安全生产的经营决策,应当听取安全生产管理人员的意见
C. 危险物品生产单位安全生产管理人员的任免,应当告知主管的负有安全生产监督管理职责的部门
D. 生产经营单位可以因安全生产管理人员依法履行职责而降低其工资

(4)《中华人民共和国安全生产法》规定:"生产经营单位的主要负责人和安全生产管理人员必须具备与本单位所从事的生产经营活动相应的安全生产知识和管理能力。"生产经营单位的安全生产管理人员是指(　　)。
A. 所有专职安全生产管理人员
B. 所有专、兼职安全生产管理人员
C. 安全生产主管部门负责人以及所有专、兼职安全生产管理人员
D. 分管安全生产的副职、安全生产主管部门负责人以及所有专、兼职安全生产管理人员

(5) 专职安全管理人员(　　)。
A. 遇有严重隐患或违反规章制度的行为,有可能立即造成重大伤亡事故危险和特别紧急的不安全情况时,有权指令先行停止生产,并立即报告领导研究处理
B. 出现重大安全事故,有权立即向上级主管部门和安全监督管理部门报告
C. 有权检查所在单位对安全生产方针或上级有关安全生产工作指示的贯彻执行情况
D. 以上三者

(6) 监理安全管理人员的岗位职责包括(　　)。
A. 与建设单位、施工单位的安全管理人员对接,负责日常安全生产管理的监理工作
B. 组织编写安全生产管理的监理实施细则
C. 审查施工单位安全生产管理组织机构及制度建设情况
D. 审查施工单位、分包单位的安全生产许可证和项目经理、专职安全生产管理人员、特种作业人员的资格
E. 审查施工组织设计中本专业的安全技术措施和安全专项施工方案

（7）安全生产管理人员包括（   ）。

A. 质检人员

B. 企业主要负责人

C. 项目负责人

D. 监理人员

E. 专职安全生产管理人员

（8）专职安全员责任重大，因此必须给予足够授权，专职安全员的权利有（   ）。

A. 深入施工现场检查权

B. 发现违规操作时的纠正权

C. 发现隐患要求整改权

D. 安全资料检查权

E. 安全防护设施检查权

二、简答题

（1）项目负责人是项目安全生产的第一负责人，直接领导项目的实施，他的安全职责有哪些？（至少说出三种）

（2）为避免安全事故发生，建设单位作为出资方和工程项目的使用方，在工程项目的建设实施过程中应当注意哪些事项？（至少列出3种）

（3）通信管道线路中常见的危险源有哪些？

（4）通信设备安装工程中常见的危险源有哪些？

（5）我国安全管理的原则是什么？

（6）我国的安全生产管理方针是什么？

（7）我国安全事故调查的原则是什么？

高级篇

引　言

工程施工监理的主要任务是对监理的工程项目进行"三控制",即造价控制、进度控制、质量控制,其中工程质量控制是施工监理的重点,质量不仅关系到工程的使用寿命,也直接影响工程的进度和投资,所以工程质量是决定工程建设的关键。本篇将通过"三管理"(安全管理、合同管理、信息管理)和"一协调"的配合来实现对本监理项目实施的"三控制"。工程质量是工程建设项目的核心,是施工监理工作三大控制的重点,也是业主最重视的监理内容。我国工程项目监理机构将遵循"超前监理、预防为主、动态管理、跟踪监控"的原则,采取以"主动控制为主,被动检验为辅"的监理方式,明确重要部位和关键工序,并提出主要预防控制的措施和方法,确保工程质量目标的实现。

学习目标

1. 知识目标

(1) 了解工程造价和工程概（预）算的基本概念。

(2) 明确两者的区别和联系。

(3) 熟悉造价控制的原理、过程、措施和目标。

(4) 掌握通信建设工程设计阶段和施工阶段造价控制的内容和方法。

(5) 掌握通信建设工程概（预）算文件的组成和编制方法。

2. 技能目标

(1) 具备通信工程造价管理的基本能力。

(2) 具备通信工程设计优选的能力。

(3) 具备通信工程施工图审查的能力。

(4) 具备通信工程施工造价控制的能力。

(5) 具备通信工程概（预）算审查的能力。

(6) 具备通信工程概（预）算文件管理的能力。

3. 素质目标

(1) 培养学生严谨、细致、规范、认真的职业态度和职业素养。

(2) 通过项目任务引领,培养学生工作的积极性、团队观念、时间管理、工作安排能力。

项目六

造价控制

🌀 项目描述

本项目主要介绍通信项目管理和通信工程造价的基础知识，通过本项目的学习，掌握工程项目的设计阶段和施工阶段的造价控制流程，了解通信工程概（预）算的概念和相关文件的使用。

🌀 项目目标

(1) 识记：工程造价的概念、工程项目计价方式和概预算文件。
(2) 领会：工程造价控制目标、控制重点、控制措施和控制任务。
(3) 应用：通信工程设计和施工阶段的造价控制。
(4) 能够：具备严谨、细致、规范、认真的职业态度和职业素养。

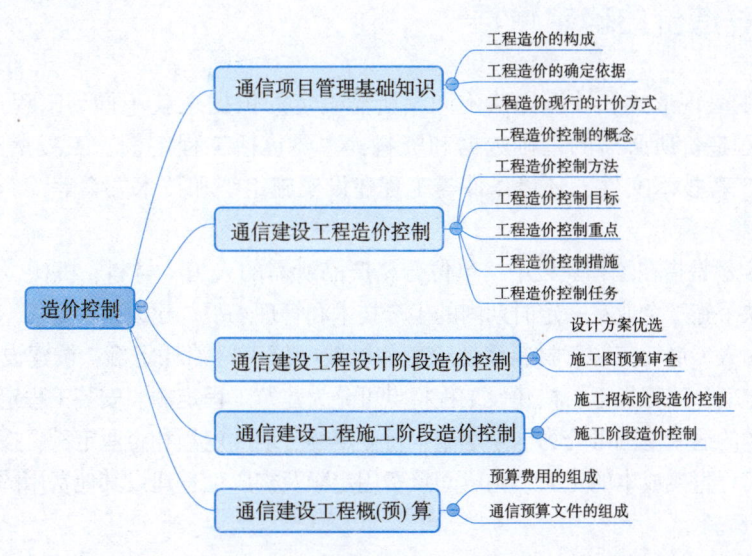

🌀 知识体系

```
                                         ┌── 工程造价的构成
                     ┌─通信项目管理基础知识─┼── 工程造价的确定依据
                     │                   └── 工程造价现行的计价方式
                     │
                     │                   ┌── 工程造价控制的概念
                     │                   ├── 工程造价控制方法
                     │                   ├── 工程造价控制目标
                     ├─通信建设工程造价控制─┼── 工程造价控制重点
                     │                   ├── 工程造价控制措施
   造价控制 ──────────┤                   └── 工程造价控制任务
                     │
                     │                              ┌── 设计方案优选
                     ├─通信建设工程设计阶段造价控制─┤
                     │                              └── 施工图预算审查
                     │
                     │                              ┌── 施工招标阶段造价控制
                     ├─通信建设工程施工阶段造价控制─┤
                     │                              └── 施工阶段造价控制
                     │
                     │                         ┌── 预算费用的组成
                     └─通信建设工程概(预)算─────┤
                                               └── 通信预算文件的组成
```

任务一　通信项目管理基础知识

工程造价是指进行某项工程建设所花费的全部费用。工程造价是一个广义概念，在不同的场合，工程造价的含义不同。

从投资者的角度而言，工程造价是工程项目按照确定的建设内容、建设规模、建设标准、功能要求和使用要求等，全部建成并验收合格交付使用所需的全部费用，一般是指一项工程预计开支或实际开支的全部固定资产投资费用。工程造价与建设工程项目固定资产投资在量上是等同的。

从市场交易的角度而言，工程造价是指工程价格，即为建成一项工程，预计或实际在土地市场、设备市场、技术劳务市场以及工程承发包市场等的交易活动中所形成的建筑安装工程价格和建设工程总价格。造价控制就是把建设工程项目造价控制在预定限额内，对建设单位、施工单位以及其他相关各方都具有非常重要的作用。

通信造价是项目决策的依据，是制订投资计划和控制投资的依据，是筹集建设资金的依据，也是评价投资效果的重要指标，还是利益合理分配和调节产业结构的手段。工程建设的特点决定了工程造价具有大额性、个别性、动态性、层次性、兼容性的特点；具有单件性、多次性、组合性、方法多样性、依据复杂性的计价特征。

工程造价的概念区别于工程费用，工程费用是由设备及工器具购置费和建筑安装工程费组成的，它只是工程造价的一部分。

一、工程造价的构成

我国现行工程造价的构成如图 6-1-1 所示。

二、工程造价的确定依据

工程造价的表现形式和计算方法不同，所需确定的依据也就不同。工程造价确定的依据是指确定工程造价所必需的基础数据和资料，主要包括工程定额、工程量清单、要素市场价格信息、工程技术文件、环境条件与工程建设实施组织和技术方案等。

1. 建设工程定额

建设工程定额是指在工程建设中，单位合格产品所需的人工、材料、机械、资金消耗的规定额度。它反映了施工企业在一定时期内的生产技术和管理水平。建设工程定额，按其反映物质消耗内容可分为人工消耗定额、材料消耗定额和机械（仪表）消耗定额；按建设程序可分为预算定额、概算定额、估算指标；按建设工程特点可分为建筑工程定额、安装工程定额、铁路工程定额等；按定额的适用范围可分为国家定额、行业定额、地区定额和企业定额；按构成成本和费用可分为构成工程直接成本的定额、构成间接费用定额及构成工程建设其他费用的定额。

2. 工程量清单

工程量清单是指建设工程的分部分项工程项目、措施项目、其他项目、规费项目和税

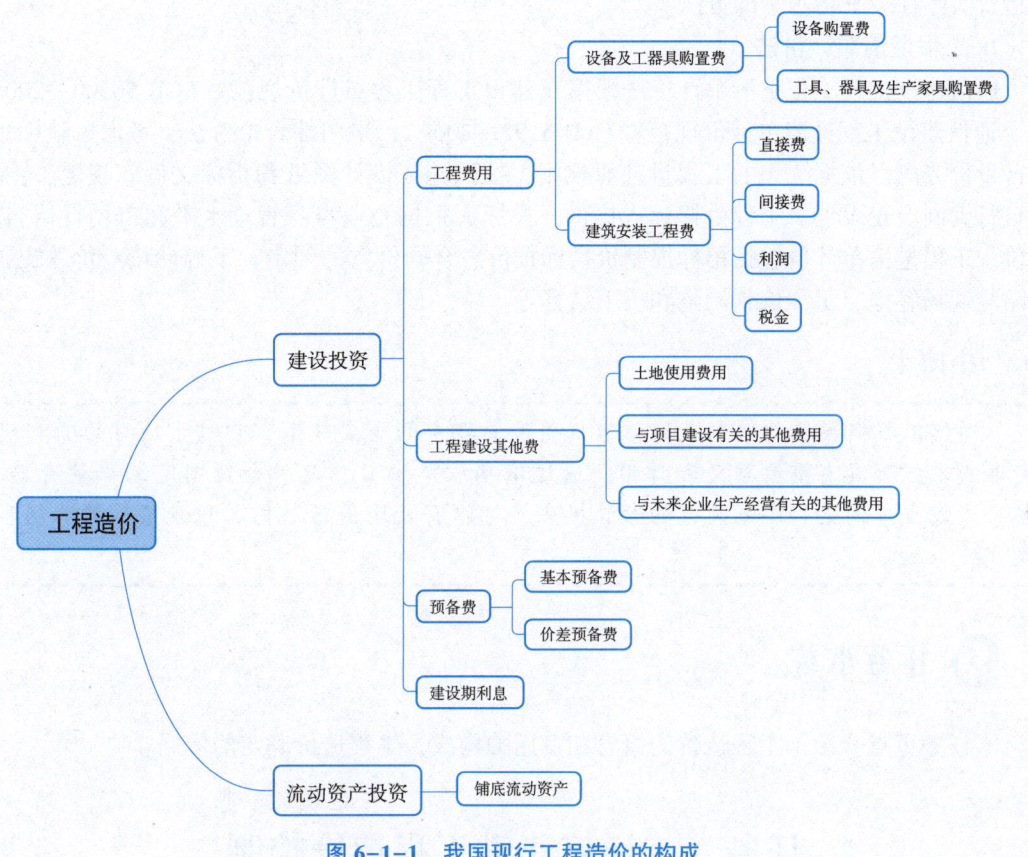

图 6-1-1 我国现行工程造价的构成

金项目的名称和相应数量等的明细清单。工程量清单应由分部分项工程量清单、措施项目清单、其他项目清单、规费项目清单、税金项目清单组成。为规范工程量清单计价行为，统一建设工程工程量的编制和计价方法，工业和信息化部发布了《通信建设工程量清单计价规范》（YD 5192—2009）。

工程量清单是在发包方与承包方之间，从工程招标投标开始直至竣工结算为止，双方进行经济核算、处理经济关系、进行工程管理等活动不可缺少的工程内容及数量依据。工程量清单的主要作用为：为投标人的投标竞争提供一个平等的基础；是工程付款和结算的依据；是调整工程量、进行工程索赔的依据。

3. 其他确定依据

其他工程造价的确定依据包括工程技术文件、要素市场价格信息、建设工程环境条件、国家法规规定的相关税费和企业定额等。

三、工程造价现行的计价方式

1. 预算定额计价法

预算定额计价法是指采用工料单价法，按国家统一的预算定额计算工程量，计算出工程造价实际社会平均水平的方法。

2. 工程量清单计价法

通信建设工程工程量清单计价法根据《建设工程工程量计价规范》（GB 50500—2008）及《通信建设工程量清单计价规范》（YD 5192—2009），采用综合单价法，考虑风险因素，实行量价分离，依据统一的工程量计算规则，按照施工设计图纸和招标文件的规定，由企业自行编制。建设项目工程由招标人提供，投标人根据企业自身管理水平和市场行情自主报价。工程量清单计价包括招标控制价投标报价、合同价款的约定、工程计量与价款支付、索赔与现场签证、工程价款调整和竣工结算等。

小博士

> 通信工程概预算的编制是通信工程项目管理中的重要环节，它对于项目的顺利进行和成本控制具有重要意义和作用。通过准确收集项目信息、合理制定工程量清单、综合考虑成本因素和编制规范的预算报告，可以有效地进行通信工程概预算的编制和应用。

任务小结

本任务重点介绍了工程造价的概念和费用的构成，工程造价确定的依据。

任务二 通信建设工程造价控制

一、工程造价控制的概念

工程造价控制就是在投资决策阶段、设计阶段和施工阶段把工程造价控制在批准的投资限额以内，随时纠正发生的偏差，以保证项目投资目标的实现，以求在建设工程中能合理使用人力、物力、财力，取得较好的投资效益和社会效益。

工程造价的计价与控制必须从立项就开始全过程的管理活动，从前期工作开始抓起，直到工程竣工为止。它是一个逐步深入、细化和逐渐接近实际造价的过程，如图6-2-1所示。

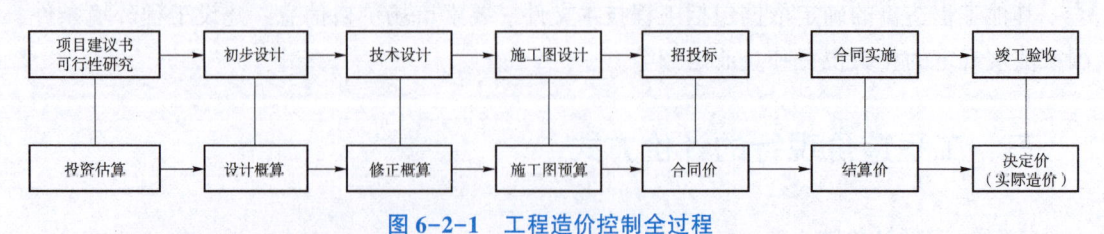

项目建议书可行性研究	初步设计	技术设计	施工图设计	招投标	合同实施	竣工验收
投资估算	设计概算	修正概算	施工图预算	合同价	结算价	决定价（实际造价）

图6-2-1 工程造价控制全过程

二、工程造价控制方法

工程造价控制是工程项目控制的主要内容之一，控制方法如图6-2-2所示，这种控制是动态的，并贯穿于项目建设的始终。在这一动态控制过程中，应首先做好对计划目标值的论证和分析；及时收集实际数据，对工程进展做出评估；进行项目计划值与实际值的比较，以判断是否存在偏差；采取控制措施以确保造价控制目标的实现。

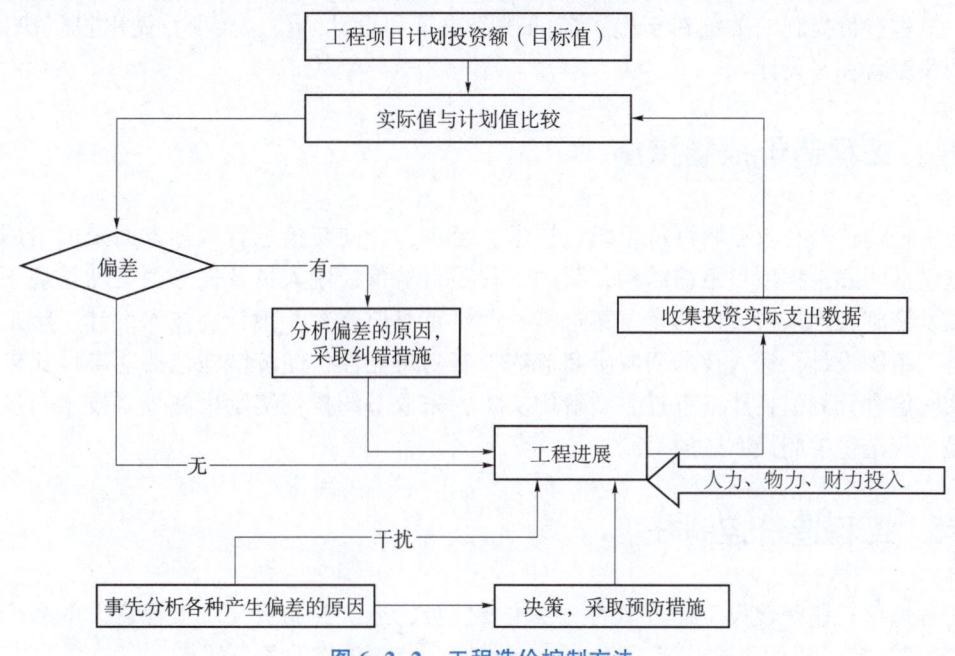

图6-2-2 工程造价控制方法

所谓控制，是指行为主体为保证在变化的条件下实现其目标，按照事先拟订的计划和标准，通过采用各种方法，对被控对象实施过程中发生的各种实际值与计划值进行对比、检查、监督、引导和纠正的过程。它包括3个步骤，即确定目标标准、检查实施状态、纠正偏差。全过程控制分为3个阶段，即事前控制、事中控制和事后控制。3个阶段应以事前控制为主，即在项目投入阶段就开始，这样可以起到事半功倍的效果。因为工程造价在整个施工过程中处于不确定状态，所以控制的状态是动态的。工程造价的有效控制，是以合理确定为基础、有效控制为核心。工程造价的控制是贯穿于项目建设全过程的控制，即在投资决策阶段、设计阶段、招投标阶段、施工阶段和竣工结算阶段都要进行控制。

三、工程造价控制目标

工程造价控制目标应随着工程建设项目的进展，分阶段设置。具体地讲，投资估算应是建设工程设计方案选择和进行初步设计的工程造价控制目标；设计概算应是进行技术设计和施工图设计的工程造价控制目标；施工图预算或建筑安装工程承包合同价则是施工阶段造价控制的目标。各个阶段目标有机联系、相互制约、相互补充，前者控制后者，后者补充前者，共同组成建设工程造价控制的目标体系。

四、工程造价控制重点

工程造价控制贯穿于项目建设的全过程，但必须突出重点。影响项目投资最大的阶段是约占工程项目建设周期1/4的、技术设计结束前的工作阶段。在初步设计阶段，影响项目投资的可能性为75%~95%；在技术设计阶段，影响项目投资的可能性则为5%~35%。显然，工程造价控制的关键在于施工前的投资决策和设计阶段，而项目做出投资决策后，控制的关键就在于设计。

五、工程造价控制措施

对工程造价的有效控制可从组织、技术、经济、合同与信息管理等方面采取措施。组织措施包括明确工程项目组织结构，明确工程项目造价控制人员及任务，明确管理职能分工；技术措施包括重视设计的多方案选择，严格审查监督初步设计、技术设计、施工图设计、施工组织设计，深入技术领域研究节约投资的可能性；经济措施包括动态地比较项目投资实际值和计划值，严格审查各项费用支出，采取节约投资奖励措施等。技术与经济相结合是工程造价控制最有效的手段。

六、工程造价控制任务

工程造价控制是建设工程监理的一项主要任务，造价控制贯穿于工程建设的各个阶段（设计阶段、施工招标阶段、施工阶段），也贯穿于监理工作的各个环节。

1. 设计阶段

设计阶段工程造价控制的任务是：协助业主提出设计要求，组织设计方案竞赛或设计招标，用技术、经济方法组织评选设计方案；协助设计单位开展限额设计工作，编制本阶段资金使用计划，并进行付款控制；进行设计挖掘，用价值工程等方法对设计进行技术经济分析、比较和论证，在保证功能的前提下进一步寻找节约投资的可能性；审查设计概预算，尽量使概算不超估算，预算不超概算。

2. 施工招标阶段

施工招标阶段工程造价控制的任务是：准备并发送招标文件，编制工程量清单和招标工程标底；协助评审投标书，提出评标建议；协助建设单位与承包单位签订承包合同。

3. 施工阶段

施工阶段工程造价控制的任务是：依据施工合同有关条款、施工设计图，对工程项目造价目标进行风险分析，并制定防范性对策；从造价、项目的功能要求、质量和工期方面审查工程变更的方案，并在工程变更实施前与建设单位、承包单位协商确定工程变更的价款；按施工合同约定的工程量计算规则和支付条款进行工程量计算和工程款支付；建立月完成工程量统计表，对实际完成量与计划完成量进行比较、分析，制定调整措施；收集、整理有关的施工和监理资料，为处理费用索赔提供依据；按施工合同的有关规定进行竣工结算，对竣工结算的价款总额与建设单位和承包单位进行协商。

任务小结

本任务重点介绍了工程造价控制的概念、方法、原理，建设项目实施各阶段造价控制的任务和目标。

任务三　通信建设工程设计阶段造价控制

一、设计方案优选

设计方案优选是提高设计经济合理性的重要途径。

（一）设计方案选择的含义

设计方案选择就是通过对工程设计方案的技术经济分析，从若干设计方案中选出最佳方案的过程。设计方案选择最常用的方法是比较分析法。

（二）设计概算审查

设计概算是初步设计文件的重要组成部分，是在投资估算的控制下由设计单位按照设计要求概略地计算建筑物或构筑物的造价文件。设计概算编制工作较为简单，在精度上没有施工图预算准确。采用两阶段或三阶段设计的建设项目，初步设计阶段必须编制设计概算；采用一阶段设计的施工图预算应反映全部概算的费用。

设计概算是编制建设项目投资计划、确定和控制建设项目投资的依据，一经批准将作为控制建设项目投资的最高限额；设计概算也是签订建设工程合同和贷款合同的依据，是控制施工图设计和施工图预算的依据，是衡量设计方案技术经济合理性和选择最佳设计方案的依据，是考核建设项目投资效果的依据。

1. 设计概算的内容

设计概算分为单位工程概算、单项工程综合概算、建设项目总概算3级。各级概算之间的相互关系如图6-3-1所示。

2. 设计概算编制方法

设计概算是由最基本的单位工程概算编制开始逐级汇总而成的，单位工程概算书分为建筑工程概算书和设备及安装工程概算书两类。建筑单位工程概算编制方法一般有扩大单价法、概算指标法两种，可根据编制条件、依据和要求的不同适当选取。设备及安装工程概算由设备购置费和安装费两部分组成，设备购置费由设备原价和设备运杂费两部分组成，设备安装工程概算的编制方法一般有3种，即预算单价法、扩大单价法、概算指标法。

单项工程综合概算是以单项工程为编制对象，由该单项工程内各个单位工程概算书汇总而成。建设项目总概算则以整个工程项目为对象，由各单项工程综合概算及其他工程和

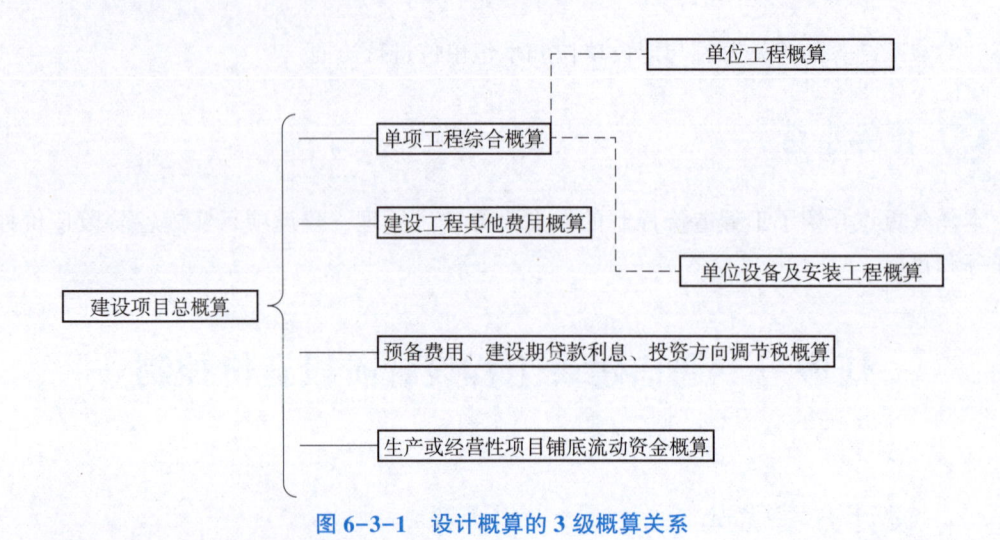

```
                                      ┌─ 单位工程概算
          ┌─ 单项工程综合概算 ─┤
          │                   └─ 单位设备及安装工程概算
          │
          ├─ 建设工程其他费用概算
建设项目总概算 ┤
          ├─ 预备费用、建设期贷款利息、投资方向调节税概算
          │
          └─ 生产或经营性项目铺底流动资金概算
```

图 6-3-1　设计概算的 3 级概算关系

费用概算综合汇编而成。

3. 设计概算审查依据

（1）国家有关建设和造价管理的法律、法规和方针政策。

（2）批准的建设项目的设计任务书（或批准的可行性研究文件）和主管部门的有关规定。

（3）初步设计项目一览表。

（4）能满足编制设计概算各专业的设计图纸、文字说明和主要设备表。

（5）当地主管部门的现行建筑工程和专业安装工程的概算定额（或预算定额、综合预算定额）、单位估价表。材料构配件预算价格、工程费用定额和有关费用规定的文件等。

（6）现行的有关设备原价及运杂费率。

（7）现行的有关其他费用定额、指标和价格。

（8）建设场地的自然条件和施工条件。

（9）类似工程的概、预算及技术经济指标。

（10）建设单位提供的有关工程造价的其他材料。

4. 设计概算审查内容

设计概算审查的主要内容包括：设计概算编制依据的合法性、时效性和适用范围，通过审查编制说明，审查概算编制的完整性，审查概算的编制范围来审查概算编制深度。审查工程概算的内容主要包括：审查建设规模、建设标准、配套工程、设计定员等是否符合原批准的可行性研究报告或立项批文的标准；审编制方法、计价依据和程序是否符合现行规定；审查工程量是否正确；审查材料用量和价格；审查设备规格、数量和配置是否符合设计要求，是否与设备清单一致；审查建筑安装工程各项费用的计取是否符合国家或地方有关部门的现行规定等。

5. 设计概算审查方法

采用适当方法审查设计概算，是确保审查质量、提高审查效率的关键。较常用的方法有对比分析法、查询核实法、联合会审法。

二、施工图预算审查

1. 施工图预算审查的概念

施工图预算是施工图设计预算的简称，又叫设计预算。它是由设计单位或造价咨询单位在施工图设计完成后，根据施工图设计图纸、现行预算定额、费用定额以及地区设备、材料、人工、施工机械台班等预算价格编制和确定的建筑安装工程造价文件。施工图预算是招投标的重要基础，既是工程量清单的编制依据，也是标底编制的依据。施工图预算是施工单位在施工前组织材料、机具、设备及劳动力供应的重要参考。

2. 施工图预算审查的内容

施工图预算有单位工程预算、单项工程预算和建设项目总预算之分。根据施工图设计文件、现行预算定额、费用定额，以及人工、材料、设备、机械台班等预算价格资料，可编制单位工程的施工图预算；然后汇总所有各单位工程施工图预算，成为单项工程施工图预算；再汇总所有单项工程施工图预算，便是一个建设项目建筑安装工程的总预算。

3. 施工图预算编制方法

施工图预算编制的一般程序如图 6-3-2 所示，预算编制可以采用工料单价法和综合单价法两种方法。

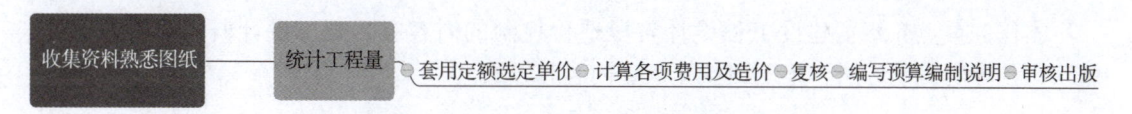

收集资料熟悉图纸 → 统计工程量 → 套用定额选定单价 → 计算各项费用及造价 → 复核 → 编写预算编制说明 → 审核出版

图 6-3-2　施工图预算编制的一般程序

4. 综合单价法和工料单价法的含义和区别

工料单价法是目前施工图预算普遍采用的方法，是指根据建筑安装工程图和预算定额，按分部分项的顺序，先算出分项工程量，然后再乘以对应的定额基价，求出分项工程直接工程费。将分项工程直接工程费汇总为单位工程直接工程费，直接工程费汇总后另加措施费、间接费、利润、税金生成施工图预算造价。

综合单价法，即分项工程全费用单价。它综合了人工费、材料费、机械费，有关文件规定的调价、利润、税金，现行取费中的有关费用、材料差价，以及采用固定价格的工程所测算的风险金等全部费用。

综合单价法与工料单价法相比，主要区别在于：综合单价法中计算间接费和利润等是用一个综合管理费率分摊到分项工程单价中，从而组成分项工程全费用单价，某分项工程单价乘以工程量即为分项工程的完全价格。

5. 施工预算审查依据

（1）国家有关工程建设和造价管理的法律、法规和方针政策。

（2）施工图设计项目一览表、各专业施工图设计的图纸和文字说明、工程地质勘察资料。

（3）主管部门颁布的现行建筑工程和安装工程预算定额、材料与配构件预算价格、工程费用定额和有关费用规定文件。

（4）现行的有关设备原价及运杂费率。
（5）现行的其他费用定额、指标和价格。
（6）建设场地中的自然条件和施工条件。

6. 施工图预算审查内容

审查施工图预算的重点，应该放在工程量计算、预算定额的套用、设备材料预算价格取定是否正确、各项费用标准是否符合现行规定等方面。主要审查工程量、单价和其他有关费用。

7. 施工图预算审查方法

施工图预算的审查方法主要有逐项审查法（又称全面审查法）、标准预算审查法、分组计算审查法、对比审查法、"筛选"审查法和重点审查法。

小博士

> 初步设计需要编制概算，概算定额是计算和确定扩大分项工程的人工、材料、机械、仪表台班耗用量（或货币量）的数量标准，与预算定额相比，概算定额的项目划分比较粗略，它是预算定额的综合扩大。因此，概算定额又称扩大结构定额。

任务小结

本任务重点介绍了建设工程设计阶段造价控制的内容和目标、设计概算的编制方法、施工图预算的编制方法、施工图预算审查内容和方法。

任务四　通信建设工程施工阶段造价控制

一、施工招标阶段造价控制

（一）承包合同价格方式选择

《中华人民共和国招标投标法》第 46 条规定，招标人和中标人应当自中标通知书发出之日起于 30 日内，按照招标文件和投标文件订立书面合同。因此，招标文件中规定的合同价格方式和中标人按此方式所做出的投标报价成为签订施工承包合同的依据。

1. 以计价方式划分的建设工程施工合同分类

《建设工程施工合同》通用条款中规定有固定价格、可调价格、成本加酬金 3 类可选择的计价方式，所签合同采用哪种方式需在专用条款中说明。

按照国际通行做法，建设工程施工承包合同可分为总价合同、单价合同和成本加酬金合同。

以计价方式划分的建设工程施工合同分类如图 6-4-1 所示。

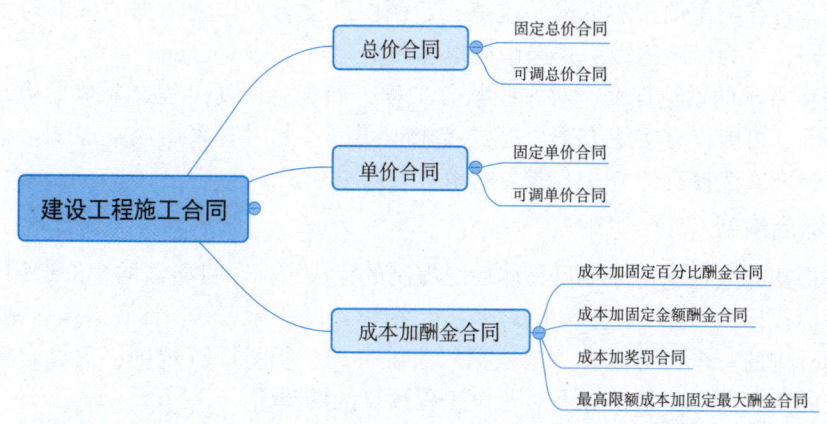

```
                                    ┌── 固定总价合同
                         ┌─总价合同─┤
                         │          └── 可调总价合同
                         │
                         │          ┌── 固定单价合同
建设工程施工合同 ────────┼─单价合同─┤
                         │          └── 可调单价合同
                         │
                         │              ┌── 成本加固定百分比酬金合同
                         │              ├── 成本加固定金额酬金合同
                         └─成本加酬金合同┤
                                        ├── 成本加奖罚合同
                                        └── 最高限额成本加固定最大酬金合同
```

图 6-4-1　以计价方式划分的建设工程施工合同分类

2. 承包合同计价方式选择（表 6-4-1）

表 6-4-1　建设工程施工各类合同计价方式适用范围及风险情况

序号	合同计价方式	适用范围	风险情况
1	总价合同	仅适用于工程量不太大且能精确计算、工期较短、技术不太复杂、风险不大的项目	承包方承担工程量变化风险
2	单价合同	适用于范围比较宽，合同双方对单价和工程技术按计价方法协商解决	风险合理分摊
3	固定价格合同	适用于工期短、图纸要求明确的项目	承包方承担资源价格变动的风险
4	可调价格合同	适用于工期较长的工程	发包方承担资源价格变动的风险
5	成本加酬金合同	主要适用于：需要立即开展工作的项目；新型的工程项目或工程内容及技术经济指标未明确的项目；风险大的项目	发包方承担全部风险

在工程实践中，采用哪种合同计价方式，应根据建设工程特征、工程费用、工期、质量要求等综合考虑。影响合同价格方式选择的因素主要包括以下几个方面。

（1）项目复杂程度。规模大且技术复杂的工程项目，因承包风险较大，各项费用不易准确估算，不宜采用固定总价合同。可以对有把握的部分采用固定总价合同，对估算不准的部分采用单价合同或成本加酬金合同。

（2）工程设计深度。工程招标时所依据的设计文件的深度，即工程范围的明确程度和预计完成工程量的准确程度，经常是选择合同计价方式时考虑的重要因素。若招标时的设计深度已达到施工图设计要求，工程设计图纸完整齐全，设计文件能够完全详细确定工程任务，在此情况下，一般可采用总价合同；当设计深度不够或施工图不完整，不能准确计算出工程量时，一般宜采用单价合同。

（3）施工难易程度。如果施工中有较大部分采用新技术和新工艺，而发包方和承包方都没有经验，且在国家颁布的标准、规范、定额中又没有可作为依据的标准时，不宜采用固定总价合同，较为保险的做法是选用成本加酬金合同。

（4）进度要求的紧迫程度。对一些紧急工程，如灾后恢复工程、要求尽快开工且工期较紧的工程等，可能仅有实施方案，还没有施工图纸，此时宜采用成本加酬金合同，可以采用邀请招标方式选择有信誉、有能力的承包方及早开工。

（二）标底编制

标底是指招标人根据招标项目具体情况编制的完成招标项目所需的全部费用。《中华人民共和国招标投标法》第22条第2款规定："招标人设有标底的，标底必须保密。"标底是我国工程招标中的一个特有概念，是依据国家统一的工程量计算规则、预算定额和计价办法计算出来的工程造价，是招标人对建设工程预算的期望值。

标底与合同价没有直接关系。标底是招标人发包工程的期望值，即招标人对建设工程合同价格的参考依据，有标底的招标工程，在评标时应当参考标底。合同价是确定了中标者双方签订的合同价格，而中标者的投标报价，即中标价可认为是招投标双方都可接受的价格，是签订合同的价格依据，中标价即为合同价，招标人和中标人不得再行订立背离合同实质性内容的其他协议。

1. 标底编制依据

工程标底的编制主要需要以下基本资料和文件。

（1）国家的有关法律、法规，以及国务院和省、自治区、直辖市人民政府建设行政主管部门制定的有关工程造价的文件、规定。

（2）工程招标文件中确定的计价依据和计价办法，招标文件的商务条款，包括合同条件中规定由工程承包方应承担义务而可能发生的费用，以及招标文件的澄清、答疑等补充文件和资料。在标底价格计算时，计算口径和取费内容必须与招标文件中有关取费等要求一致。

（3）工程设计文件、图纸、技术说明及招标时的设计交底，按设计图纸确定的或招标人提供的工程量清单等相关基础资料。

（4）国家、行业、地方的工程建设标准，包括建设工程施工必须执行的建设技术标准、规范规程。

（5）采用的施工组织设计、施工方案、施工技术措施等。

（6）工程施工现场地质、水文勘探资料，现场环境和条件及反映相应情况的有关资料。

（7）招标时的人工、材料、设备及施工机械台班等要素的市场价格信息，以及国家或地方有关改性调价文件的规定。

2. 标底编制程序

标底文件可由具有编制招标文件能力的招标人自行编制，也可委托有相应资质和能力的工程造价咨询机构、招标代理机构和监理单位编制，编制程序如下。

① 收集编制资料，包括全套施工图纸及地质、水文、地上情况的有关资料，招标文件，其他依据性文件。

② 参加交底会及现场勘察。

③ 编制标底。

④ 审核标底价格。

3. 标底文件的主要内容

标底文件的主要内容包括编制说明、标底价格文件、标底附件、标底价格编制的有关表格。

4. 标底价格的编制方法

目前我国建设工程施工招标标底主要采用定额计价法和工程量清单计价法来编制。编制标底价格需考虑的因素主要有以下几个。

① 标底价格必须适应目标工期的要求，对提前工期因素有所反映。

② 标底价格必须适应招标人的质量要求，对高于国家验收规范的质量因素有所反映。

③ 计算标底价格时，必须合理确定间接费、利润等费用的计取，计取应反映企业和市场的现实情况，尤其是利润计取，一般应以行业平均水平为基础。

④ 标底价格必须综合考虑招标工程所处的自然地理条件和招标工程的范围等因素。

⑤ 标底价格应根据招标文件或合同条件的规定，按规定的承发包模式，确定相应的计价方式，考虑相应的风险费用。

二、施工阶段造价控制

一般情况下，建设项目投资控制的关键在于投资决策阶段和设计阶段，但在项目正式开工以后，由于受到施工各方人员、材料设备、施工机械、施工工艺和施工环境间不断变化且相互制约因素的影响，工程造价易出现偏差，所以施工阶段的造价控制也必然很重要。众所周知，建设工程的投资主要发生在施工阶段，在这一阶段需要投入大量的人力、物力、资金等，是工程项目建设费用消耗最多的时期，因此，对施工阶段的造价控制应给予足够重视，精心组织施工，挖掘各方面潜力，节约资源消耗，仍可以收到节约投资的明显效果。

（一）施工阶段造价控制的任务和措施

施工阶段造价控制的主要任务是通过工程付款控制、工程变更费用控制、预防并处理好费用索赔、挖掘节约投资潜力来努力实现实际发生的费用不超过计划投资。施工阶段造价控制仅仅靠控制工程款的支付是不够的，应从组织、经济、技术、合同等多方面采取措施，控制投资。

1. 组织措施

施工阶段造价控制可采取的组织措施包括以下几个。

（1）在项目监理机构中落实造价控制的人员、任务分工和职能分工。

（2）编制本阶段造价控制工作计划和详细的工作流程图。

2. 经济措施

施工阶段造价控制可采取的经济措施主要包括以下几个。

（1）审查资金使用计划，确定、分解造价控制目标。

（2）进行工程计量。

（3）复核工程付款账单，签发付款证书。

（4）做好投资支出的分析与预测，经常或定期向建设单位提交投资控制及存在问题的报告。

（5）定期进行投资实际发生值与计划目标的比较，发现偏差、分析原因、采取措施。

（6）对工程变更的费用做出评估，并就评估情况与承包单位和建设单位进行协调。

（7）审核工程结算。

3. 技术措施
施工阶段造价控制可采取的技术措施主要包括以下几个。

（1）对设计变更进行技术经济比较，严格控制设计变更。

（2）继续寻找通过设计挖掘潜力节约投资的可能性。

（3）从造价控制的角度审核承包单位编制的施工组织设计，对主要施工方案进行技术经济分析。

4. 合同措施
施工阶段造价控制可采取的合同措施主要包括以下几个。

（1）注意积累工程变更等有关资料和原始记录，为处理可能发生的索赔提供依据，参与处理索赔事宜。

（2）参与合同修改、补充工作，着重考虑对投资的影响。

（二）施工阶段造价控制的主要工作内容

施工阶段造价控制的主要工作内容包括以下几个方面。

（1）参与设计图纸会审，提出合理化建议。

（2）从造价控制的角度审查承包方编制的施工组织设计，对主要施工方案进行技术经济分析。

（3）加强工程变更签证的管理，严格控制、审定工程变更，且要求设计变更必须在合同条款的约束下进行，任何变更不能使合同失效。

（4）实事求是、合理地签认各种造价控制文件资料，文件资料不得重复或与其他工程资料相矛盾。

（5）建立月完成量和工作量统计表，对实际完成量和计划完成量进行比较、分析，做好进度款的控制。

（6）收集有现场监理工程师签认的工程量报审资料，将其作为结算审核的依据。

（7）收集经设计单位、施工单位、建设单位和总监理工程师签认的工程变更资料，以作为结算审核的依据，防止施工单位在结算审核阶段只提供对施工方有利的资料，造成不应发生的损失。

（三）工程计量

工程计量是投资支出的关键环节，是约束承包商履行合同义务的手段。工程计量一般只对工程量清单中的全部项目、合同文件中规定的项目和工程变更项目进行计量。对于已完工程，并不全部进行计量，而只对质量达到合同标准的已完工程，由专业监理工程师签署报验申请表，质量合格才予以计量。对于整改的项目，不得重复计量，未完的工程项目也不得计量。未经总监理工程师签认的工程变更，承包单位不得实施，项目监理机构不得予以计量。

（四）施工阶段变更价款确定

工程变更发生后，承包人应在工程设计变更确定后提出变更工程价款的报告，经建设单位确定后调整合同价款。如承包人未提出适当的变更价格，则发包人可根据所掌握的资料决定是否调整合同价款和调整的具体数额。收到变更价款报告的一方，予以确定或提出协商意见，否则视为变更工程价款报告已被确定。

变更价款方法如下：

① 合同中已有适用于变更工程的价格时，按合同已有的价格变更合同价款；

② 合同中只有类似变更工程的价格时，可以参照类似价格变更合同价款；

③ 合同中没有适用于类似变更工程的价格时，承包人需要提出适当的变更价格，经建设单位确认后执行。

总监理工程师应就工程变更费用与承包单位和建设单位进行协商。在双方未能达成协议时，项目监理机构可提出一个暂定的价格，作为临时支付工程款的依据。该工程款最终结算时，应以建设单位与承包单位达成的协议为依据。

（五）施工阶段索赔控制

索赔是工程承包合同履行中，当事人一方因对方不履行或不完全履行既定的义务，或者由于对方的行为使权利人受到损失时，要求对方补偿损失的权利。索赔是双向的，不仅承包人可以向发包人索赔，发包人同样也可以向承包人索赔。只有实际发生了经济损失或权利受到侵害时，一方才能向对方索赔。索赔是一种未经对方确认的单方行为，它的最终实现必须要通过确认才能实现。

索赔费用一般包括8个部分，费用索赔的计算方法有实际费用法、修正的总费用法和总费用法等。实际费用法是计算工程索赔时最常用的一种方法。这种方法的计算原则是以承包商为某项索赔工作所支付的实际开支为根据，向业主要求费用补偿。索赔费用见表6-4-2。

表6-4-2 索赔费用

序号	费用名称	说明
1	人工费	指增加工作内容的人工费、停工损失费和工作效率降低的损失费等累计，其中增加工作内容的人工费按计日工费计算，而停工损失费和工作效率降低的损失费按窝工费计算，窝工费的标准双方应在合同中约定
2	设备费	可采用机械台班费、机械折旧费、设备租赁费等几种形式。当工作内容增加时，设备费的标准按照机械台班费计算。因窝工引起的设备费索赔，当施工机械属于施工企业自有时，按照机械折旧费计算；当施工机械是施工企业从外部租赁时，按设备租赁费计算
3	材料费	
4	保函手续费	工程延期时，保函手续费相应增加
5	贷款利息	
6	保险费	
7	管理费	
8	利润	

使用实际费用法计算时，在直接费的额外费用部分的基础上，再加上应得的间接费和利润，所得结果即是承包商应得的索赔金额。由于实际费用法所依据的是实际发生的成本记录或单据，所以，在施工过程中系统而准确地积累记录资料是非常重要的。

修正的总费用法是对总费用法的改进，即在总费用计算的原则上，去掉一些不合理的因素，使其更合理。修正的内容如下：

① 将计算索赔款的时段局限于受到外界影响的时间，而不是整个施工期；

② 只计算受影响时段内的某项工作所受影响的损失，而不是计算该时段内所有施工工作所受的损失；

③ 与该项工作无关的费用不列入总费用中；

④ 对投标报价费用重新进行核算：按受影响时段内该项工作的实际单价进行核算，将其乘以实际完成的该项工作的工程量，得出调整后的报价费用。

按修正后的总费用计算索赔金额的公式为

索赔金额＝某项工作调整后的实际总费用－该项工作的报价费用

修正的总费用法与总费用法相比，其准确程度已接近于实际费用法。

（六）工程结算

工程结算是指施工企业按照承包合同和已完工程量向建设单位（业主）办理工程价清算的经济文件。工程建设周期长、耗用资金数大，为使建筑安装企业在施工中耗用的资金及时得到补偿，需要对工程价款进行中间结算（进度款结算）、年终结算，全部工程竣工验收后应进行竣工结算。在会计科目设置中，工程结算为建造承包商专用的会计科目。工程结算是工程项目承包中的一项十分重要的工作。

1. 工程价款的结算方式

按照现行规定，我国建设工程价款结算可以根据不同情况采取多种方式，如按月结算、竣工后一次性结算、分阶段结算以及按合同双方约定的其他结算方式。

2. 工程预付款

施工企业承包工程一般都实行包工包料，这就需要一定数量的备料周转金。在工程承包合同条款中，一般要明确约定发包人在开工前拨付给承包人一定限额的工程预付款。此预付款是施工企业为该工程项目储备主要材料、结构件所需的流动资金。按照《建设工程施工合同（示范文本）》有关预付款做出的约定，预付时间应不迟于约定的开工日期前7天。如果发包人不按约定预付，承包人应在预付时间7天后向发包人发出要求预付的通知，发包人收到通知后如果仍不能按要求预付，承包人可在发出通知7天后停止施工，发包人应从约定应付之日起向承包人支付应付款的利息，并承担违约责任。工程预付款仅用于承包人支付施工开始时与本工程有关的动员费用。如果承包人滥用此款，发包人有权立即收回。

1）工程预付款的数额

包工包料工程的预付款按合同约定拨付，原则上预付比例不低于合同金额的10%，不高于合同金额的30%，对于设备及材料投资比例较高的，预付款比例可按不高于合同金额的60%支付。对于包工不包料的工程项目，工程预付款按通信线路工程、通信设备安装工程、通信管道工程分别为合同金额的30%、20%和40%。对重大工程项目，按年度施工计划逐年预付。对于计划执行《建设工程工程量清单计价规范》（GB 50500—2003）的工程，实体性消耗和非实体性消耗部分应在合同中分别约定预付款比例。对于只包工不包料（一切材料由发包人提供）的工程项目，则可以不预付备料款。

2）工程预付款的扣回

预付的工程款必须在合同中约定抵扣方式，并在工程进度款中进行抵扣。扣款方式有两种。第一种是由发包人和承包人通过洽商，用合同的形式予以确定，采用等比率或等额扣款的方式。原建设部《招标文件范本》中规定，在承包人完成金额累计达到合同总价的10%后，由承包人开始向发包人还款，发包人从每次应付给承包人的金额中扣回工程预付款，发包人至少在合同规定的完工期前3个月将工程预付款数额的总计金额按工程预付款的总计金额逐次分摊的办法扣回。第二种是从未施工工程尚需的主要材料及构件的价值相当于工程预付款数额时起扣，从每次结算工程价款中，按材料比例扣抵工程价款，竣工前全部扣清。

计算公式为

$$T = P - \frac{M}{N}$$

式中：T 为起扣点，即工程预付款开始扣回时的累计完成工作量金额；P 为承包工程价款总额；M 为工程预付款限额；N 为主要材料所占比例。

3. 工程进度款

按照《建设工程施工合同（示范文本）》关于工程款支付做出的约定，在确认计量结果后14天内发包人应向承包人支付工程款（进度款）。如果发包人超过约定的支付时间不支付工程款（进度款），承包人可向发包人发出要求付款的通知，发包人在收到承包人通知后如果仍不能按要求支付，可与发包人协商签订延期付款协议，经承包人同意后可延期支付。协议应明确延期支付的时间和从计量结果确认后第15天起计算应付款的贷款利息。

工程进度款的支付，一般按当月实际完成工程量进行结算，工程竣工后办理竣工结算。以按月结算为例，工程进度款支付步骤如图6-4-2所示。

工程进度款支付步骤 → 工程量测量与统计 → 提交已完成工程量报告 → 发包人核实并确认 → 提出支付工程款申请 → 发包人支付工程进度款

图6-4-2 工程进度款支付步骤

4. 竣工结算

工程竣工结算是指施工企业按照合同规定的内容全部完成所承包的工程，经验收质量合格，并符合合同要求之后，向发包单位进行的最终工程价款结算。

竣工结算由承包人编制，发包人审查；实行总承包的工程，由具体承包人编制，在总承包人审查的基础上，发包人审查。发包人可直接进行审查，也可委托监理单位或具有相应资质的工程造价咨询机构进行审查。

（1）工程竣工结算的审查一般有以下几方面。

① 核对合同条款；

② 检查隐蔽验收记录；

③ 落实设计变更签证；

④ 按图核实工程数量；

⑤ 认真核实单价；

⑥ 注意各项费用计取；

⑦ 防止各种计算误差。

（2）竣工结算审查期限。

《通信建设工程价款结算暂行办法》（信部规〔2005〕1418号）规定了工程竣工结算审

查期限，发包人应按规定的时限进行核对、审查，并提出审查意见。

（3）工程竣工价款结算过程。

工程初验3个月后，双方应该按照约定的工程合同价款、合同价款调整内容以及索赔事项，进行工程竣工结算。对施工原因造成不能竣工验收的工程，施工结算同样适用。工程竣工结算审查金额及时间见表6-4-3。

表6-4-3 工程竣工结算审查金额及时间表

序号	工程竣工结算报告金额	审查时间
1	500万元以下	从接到竣工结算报告和完整的竣工计算资料之日起20天
2	500万~2 000万元	从接到竣工结算报告和完整的竣工计算资料之日起30天
3	2 000万~5 000万元	从接到竣工结算报告和完整的竣工计算资料之日起45天
4	5 000万元以上	从接到竣工结算报告和完整的竣工计算资料之日起60天

（4）工程竣工价款结算金额计算公式。

竣工结算工程价款=合同价款+施工过程中合同价款调整数额-预付及结算工程价款数额-保证金

（5）工程价款的动态结算。

① 按实际价格结算法；

② 按材料计算差价；

③ 主料按抽料计算差价；

④ 竣工调价系数法；

⑤ 保证金。

（七）偏差分析

为了有效地进行造价控制，监理工程师必须定期进行投资计划值与实际值的比较，当实际值偏离计划值时，分析产生偏差的原因，采取适当的纠偏措施，确保造价控制目标的实现。

投资偏差计算公式为

投资偏差=已完工程实际投资-已完成计划投资

其中，投资偏差为正时表示投资超支；投资偏差为负时表示投资节约。然而，进度偏差对投资偏差分析有着重要的影响，为了区分进度超前和物价上涨等其他原因的投资偏差，引入进度偏差的概念。

进度偏差计算公式为

进度偏差=已完工程计划时间-已完工程实际时间

其中，当进度偏差为负值时，表示进度滞后；当进度偏差等于零时，表示实际与计划相符。当进度偏差为正值时，表示进度提前。

（八）竣工决算

竣工决算是以实物数量和货币指标为计量单位，综合反映竣工项目从筹建开始到项目竣工交付使用为止的全部建设费用、建设成果和财务情况的总结性文件，是竣工验收报告的重要组成部分。竣工决算是正确核定新增固定资产价值、考核分析投资效果、建立健全经济责任制的依据,是反映建设项目实际造价和投资效果的文件。

1. 竣工决算与竣工结算的区别

竣工结算是承包方将所承包的工程按照合同规定全部完工交付之后,向发包单位进行的最终工程结算,由承包方负责编制。工程竣工结算与竣工决算的区别见表6-4-4。

表6-4-4 工程竣工结算与竣工决算的区别

序号	区别项目	工程竣工结算	工程竣工决算
1	编制单位及部门	承包方的预算部门	项目业主的财务部门
2	内容	承包方承包施工的建筑安装工程的全部费用,它最终反映承包方完成的施工产值	建设工程从筹建开始到竣工交付使用为止的全部建设费用,它最终反映承包方完成的施工产值、工程的投资效益
3	性质和作用	① 承包方与业主办理工程价款最终结算的依据。 ② 双方签订的建筑安装工程承包合同终结的依据。 ③ 业主编制竣工决算的主要资料	① 业主办理交付、验收、动用新增各类资产的依据。 ② 竣工验收报告的重要组成部分

2. 竣工决算的编制依据

(1) 经批准的可行性研究报告及其投资估算。
(2) 经批准的初步设计或扩大初步设计及其概算或修正概算。
(3) 经批准的施工图设计及其施工图预算。
(4) 设计交底或图纸会审纪要。
(5) 招投标的标底、承包合同、工程结算资料。
(6) 施工记录或施工签证单,以及其他施工中发生的费用记录。
(7) 竣工图及各种竣工验收资料。
(8) 历年基建资料、历年财务决算及批复文件。
(9) 设备、材料调价文件和调价记录。
(10) 有关财务核算制度、办法和其他相关资料、文件等。

3. 竣工决算的内容

建设工程竣工决算应包括从筹集到竣工投产全过程的全部实际费用,即包括建筑安装工程费、设备工器具购置费和其他费用等。竣工决算由竣工财务决算报表、竣工财务决算说明书、竣工工程平面示意图、工程造价比较分析4部分组成。前两部分又称为建设项目竣工财务决算,是竣工决算的核心内容。

1) 竣工决算的编制步骤

(1) 收集、整理、分析原始材料。
(2) 对照、核实工程变动情况,重新核实各单位工程、单项工程造价。
(3) 将审定后待摊投资、设备工器具投资、建筑安装工程投资、工程建设其他投资严格划分和核定后,分别计入相应的建设成本栏目内。
(4) 编制竣工财务决算说明书。
(5) 填报竣工财务决算表。

(6) 做好工程造价对比分析。
(7) 整理、装订好竣工图。
(8) 按国家规定上报、审批、存档。

2) 竣工决算的审查

竣工决算的审查分两个方面：一方面是建设单位组织有关人员或有关部门进行初审；另一方面是在建设单位自审的基础上，上级主管部门及有关部门进行审查。

审查的内容一般包括：

① 根据设计概算和基建计划，审查有无计划工程、工程变更手续是否齐全；
② 根据财政制度审查各项支出的合规性；
③ 审查结余资金是否真实；
④ 审查文字说明的内容是否符合实际；
⑤ 审查基建拨款支出是否与金融机构账目数额相符，应收、应付款是否全部结清等。

小博士

> 进度偏差是已完成工作预算费用和计划工作预算费用之间的差值。以显示的是当前时间表/进度与基线时间表/进度（以时间进度为单位）相比较的结果。可表现为数字差别，其中正值代表当前实际进展时间表/进度提前于基线时间表/进度，负值表示工作进度落后于基线时间表/进度。

任务小结

本任务主要介绍通信建设工程施工阶段造价控制相关内容，具体包括：

(1) 施工招标阶段造价控制，包括承包合同价格方式选择、标底编制。

(2) 施工阶段造价控制，包括施工阶段造价控制的任务和措施、施工阶段造价控制的主要工作内容、工程计量、施工阶段变更价款确定、施工阶段索赔控制、偏差分析、工程结算和竣工结算。

任务五　通信建设工程概（预）算

一、预算费用的组成

通信建设单项工程总费用的组成如图 6-5-1 所示。

二、通信预算文件的组成

预算是设计文件的重要组成部分，它是根据各个不同设计阶段的深度和项目内容，按

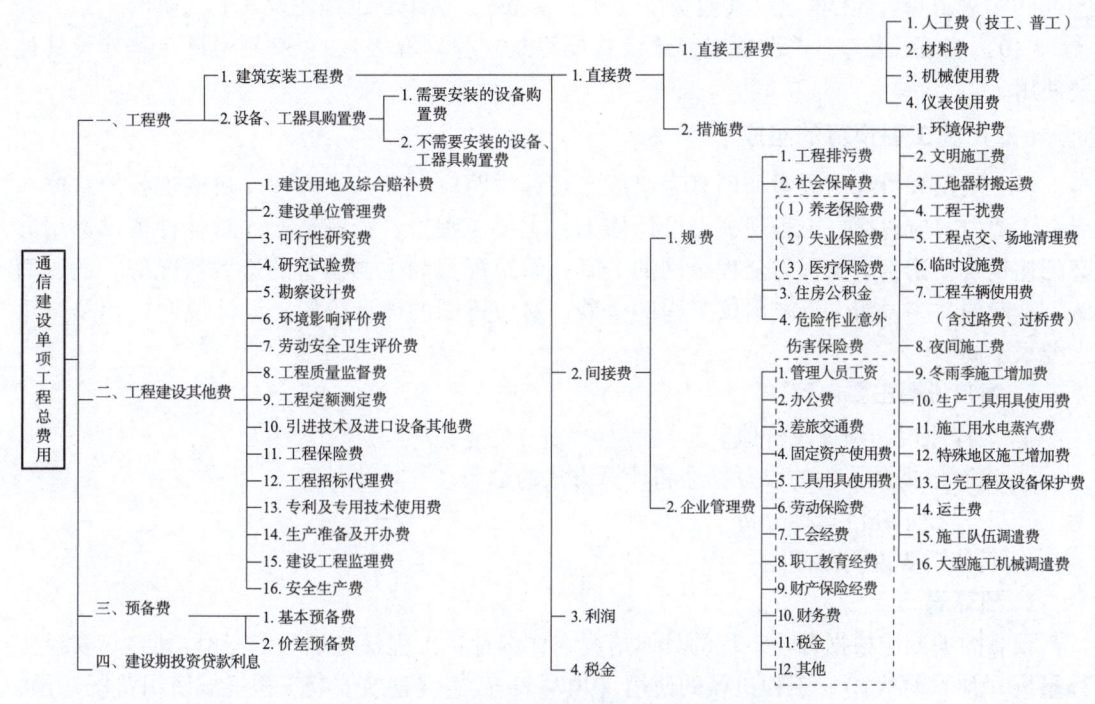

图 6-5-1 通信建设单项工程总费用的组成

照国家主管部门颁发的概（预）算定额、编制办法、费用定额、机械（仪表）台班定额等有关规定，对建设项目或单项工程按实物工程量法预计算和确定工程全部造价费用的文件。

（一）设计预算的组成

设计预算由编制说明和预算表组成。

1. 编制说明主要内容

（1）工程概况、概算总价值。

（2）编制依据及采用的取费标准和计算方法的说明。

（3）工程技术经济指标分析：主要分析各项投资的比例和费用构成，分析投资情况，说明设计的经济合理性及编制中存在的问题。

（4）其他需要说明的问题。

2. 预算表

（1）汇总表：建设项目总概（预）算表，用于汇总各个单项工程的总费用。

（2）表一：《工程概（预）算总表》，供编制建设项目总费用使用。

（3）表二：《建筑安装工程费用概（预）算表》，供编制建安费使用。

（4）表三甲：《建筑安装工程量概（预）算表》，供编制建安工程量使用。

（5）表三乙：《建筑安装工程机械使用费概（预）算表》，供编制建安机械台班费使用。

（6）表三丙：《建筑安装工程仪器仪表使用费概（预）算表》，供编制建安仪器仪表台班费使用。

（7）表四甲：《国内器材概（预）算表》，供编制设备费、器材费使用。

（8）表四乙：《引进器材概（预）算表》，供编制引进设备费、器材费使用。

（9）表五甲：《工程建设其他费概（预）算表》，供编制工程建设其他费使用。

（10）表五乙：《引进设备工程建设其他费概（预）算表》，供编制引进工程建设其他费使用。

（二）施工图预算的组成

施工图预算由编制说明和预算表组成。设计说明应全面、准确地反映该工程的总体概况，主要内容应包括：工程规模；设计依据；主要工程量；投资情况；对各种可供选用方案的比较及结论；本工程与全程全网的关系；系统配置和主要设备的选型情况等。通过简练、准确的文字说明，反映出该工程的全貌。对应不同的设计阶段，设计说明内容及侧重点要求不同。

1. 编制说明主要内容

① 工程概况、预算总价值。
② 编制依据及采用的取费标准和计算方法的说明。
③ 工程技术经济指标分析。
④ 其他需要说明的问题。

2. 预算表

预算的编制应根据各项工程的具体情况，详细计算工程量（填写表三甲：《建筑安装工程量概（预）算表》）、工程机械的使用（填写表三乙：《建筑安装工程机械使用费概（预）算表》）以及主要材料使用（填写表四甲：《国内器材概（预）算表》）情况，根据工程类别和施工单位资质确定相关单价、费率及费用，进而给出工程费（填写表二：《建筑安装工程费用概（预）算表》）和其他费（填写表五甲：《工程建设其他费概（预）算表》），最终给出整个工程项目的预算（填写表一：《工程概（预）算总表》）。

（三）设计文件的编排顺序

设计文件除了上述主要内容外，还应有封面、扉页、设计单位资质证明、设计文件分发表、目录等内容。

（1）封面：写明项目名称、设计编号、建设单位、设计单位（公章）、编制年月。

（2）扉页：写明编制单位法定代表人、设计总负责人、单项设计负责人的姓名，概（预）算编制人、审核人的姓名及证书号，并经上述人员签署或授权盖章。

（3）承担该设计任务的设计单位资质证明。

（4）设计文件分发表。

（5）设计文件目录。

（6）设计说明书。

（7）预算书（可另单独成册）。

（8）设计图纸（可另单独成册）。

另外，对于规模较大、设计文件较多的项目，设计说明书和设计图纸可按专业成册。

小博士

无论做什么事情都要首先了解预算，做到心中有数、量入而出、收支基本平衡且略有结余。不因无计划的盲目开支而导致经济困难。

任务小结

本任务重点介绍了通信建设工程概（预）算的相关内容，主要包括概（预）算费用的组成、通信概（预）算文件的组成和通信概（预）算的审核方法。

※ 思考与练习

一、简答题

（1）简述工程造价由哪几部分组成。
（2）简述现行的计价方法有哪几种。
（3）简述施工图预算的审查依据、内容、方法。
（4）简述施工阶段造价控制的主要任务和措施。
（5）简述工程变更价款的确定方法。
（6）简述工程竣工结算与竣工决算有哪些区别。
（7）简述竣工结算的审查一般应从哪几方面入手。
（8）简述定额的概念、特点及其分类。

二、判断题

（1）（　　）设计预算的组成包括工程概况、预算总价值。
（2）（　　）预算表的编制应根据各项工程的具体情况拟定。
（3）（　　）工程造价的概念区别于工程费用，工程费用是由设备工具购置费和建筑安装工程费组成的，它只是工程造价的一部分。
（4）（　　）采用适当方法审查设计概算，确保审查质量、提高审查效率是关键。较常用的方法有对比分析法、查询核实法、联合会审法。
（5）（　　）施工图预算是施工图设计预算的简称，又叫设计图预算。
（6）（　　）施工图预算有单位工程预算、单项工程预算和建设项目总预算之分。
（7）（　　）工程计量是投资支出的关键环节，是约束承包商履行合同义务的手段。
（8）（　　）工程结算是指施工企业按照承包合同和已完成工程量向建设单位办理工程价清算的政策文件。

三、选择题

（1）设计预算的组成有（　　）。

A. 编制说明和预算表　　　　　　　　B. 工程概况和预算总价值
C. 设计说明书和预算表　　　　　　　D. 设计图表和设计文件目录

（2）常用的几种动态结算办法有（　　）。

A. 按实际价格结算法　　　　　　　　B. 按主材计算差价
C. 主料按抽料计算差价　　　　　　　D. 竣工调价系数法
E. 保修金

（3）审查的内容一般包括（　　）。

A．审查有无计划、工程变更手续是否齐全

B．根据财政制度审查各项支出的合规性

C．审查结余资金是否真实

D．审查文字说明的内容是否符合实际

（4）施工图预算由编制说明和预算表组成，主要内容应包括（　　）。

A．工程规模　　　　　B．设计依据　　　　　C．主要工程量　　　　　D．投资情况

项目七

进度控制

项目描述

通信建设进度控制的项目就是要在通信建设的各个阶段、各个环节，督促各个相关单位根据不同的工作内容实现相应的进度，确保通信建设总体目标的实现。进度计划在实际工作中会受到各种因素的影响。因此，要对进度计划执行情况进行跟踪、检查，并对计划执行情况的信息及时进行反馈。通过把实际进度与进度计划进行比较，从中找出项目实际执行情况与进度计划的偏差，需要时对进度计划进行必要的调整和补充。

项目目标

（1）识记：通信项目进度的基本理论，网络计划技术的基本概念，通信进度计划实时监测方法。
（2）领会：通信监理的控制措施，横道图、香蕉图、S 曲线。
（3）应用：施工阶段监理的要点和方法，学会横道图、香蕉图、S 曲线的使用和绘画。
（4）能够：有规划意识，提高时间管理、工作安排的能力。

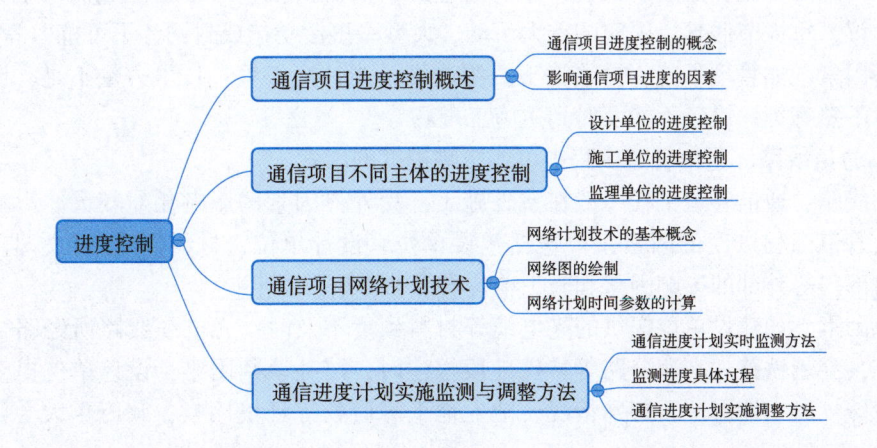

知识体系

进度控制
- 通信项目进度控制概述
  - 通信项目进度控制的概念
  - 影响通信项目进度的因素
- 通信项目不同主体的进度控制
  - 设计单位的进度控制
  - 施工单位的进度控制
  - 监理单位的进度控制
- 通信项目网络计划技术
  - 网络计划技术的基本概念
  - 网络图的绘制
  - 网络计划时间参数的计算
- 通信进度计划实施监测与调整方法
  - 通信进度计划实时监测方法
  - 监测进度具体过程
  - 通信进度计划实施调整方法

任务一　通信项目进度控制概述

一、通信项目进度控制的概念

通信项目的进度控制是工程项目建设的重点控制目标之一，是保证工程项目按期完成，合理安排资源供应、节约工程成本、及时发挥项目的投资效益和社会效益的重要措施。

建设进度控制是指根据进度目标实行资源优化配置的原则，对项目建设各个阶段的工作内容、工作程序、持续时间和衔接关系编制方案并付诸实施，然后对进度计划的实施过程进行经常性检查，将实际进度与计划进度相比较，分析出现的偏差，采取补救措施或调整、修改原计划后再付诸实施，如此循环，直到竣工验收交付使用。

二、影响通信项目进度的因素

通信工程建设的进度受到多种因素的影响，要有效地控制工程建设进度，就必须对影响进度的各种因素进行全面、有效的分析和预测，以期利用有利因素保证工程建设进度，面对不利因素事先进行预测，制定相应的防范措施和对策，缩小实际进度与计划进度之间的偏差，实现对通信建设进度因素的动态控制。

通信项目影响施工进度的因素较多，如人为因素、技术因素、材料设备因素、资金因素、地质因素、气象因素、环境因素及其他难以预料的因素等。由于各通信的施工条件不同，具体影响它们进度的因素也不尽相同，主要包括以下几个方面的因素。

（1）通信设备安装工程中可能影响进度的因素。

通信设备安装工程一般在室内施工，受外界因素的影响相对较小。影响设备安装进度的因素主要包括建设单位、设计单位、设备材料供应单位、监理单位、政府部门等相关单位的外部因素以及施工单位内部等方面的因素。

外部因素，如配套线路未建好，电路不通；配套机房、基站未建好；设计不合理，设计变更，增加工程量；监理不到位，未及时签证；测试阶段，跨单位区域协调不到位；政府重大会议、重大节假日、国家的重大活动、大型军事活动造成封网；不可抗力等因素。

内部因素，如管理不善，导致施工资源调配不当、窝工等；技术力量不足，设备监测人员技术不熟练等；设备不能及时到达施工现场等。

（2）通信线路、通信管道工程中可能影响进度的因素。

通信线路、通信管道工程一般在室外施工，受外界因素的影响相对较大。影响通信线路、通信管道工程进度的因素主要包括建设单位、设计单位、材料供应单位、监理单位、当地政府部门等外部的影响因素和施工单位内部的影响因素。

外部因素，如建设单位提供的光电缆等材料到货不及时；光电缆线路所经路径上青苗赔偿困难，穿越铁路、高速公路等特殊地段报建时，赔补谈判困难；设计单位提供图纸不及时；特殊气候、地形地质特殊情况、地上地下障碍物等环境因素；政府重大会议、重大节假日、国家的重大活动、大型军事活动而封网；不可抗力等因素。

内部因素，如管理不到位，导致施工资料调配不当有窝工等；为工程配备的机具、仪器仪表等相关设备不足等；技术力量不能满足工程需要，如光缆接续人员技术不熟练、操作失误等；协调不当，导致光电线路由所经地居民阻止施工；施工过程中发生安全事故，处理安全事故导致影响进度等。

按责任的归属综合各种因素，可分为两类。第一类，由承包商自身的原因造成工期的延长，称为工程延误。其造成的一切损失由承包商承担，包括承包商在监理工程师同意下所采取的加快工程进度的任何措施所增加的各种费用，同时，承包商还要向业主支付误期损失赔偿金。第二类，由承包商以外的原因造成工期的延长，称为工程延期。这种延期的责任承包商不承担，而且可要求对工期进行适当补偿。经监理工程师批准的工程延期，所延长的时间属于同工期的一部分，即工程竣工的时间等于标书规定的时间加上监理工程师批准的工程延期的时间。

案例 7-1-1　影响进度因素

1. 背景

某通信公司在南方山区承揽架空光缆线路工程，线路全长 100 km，由某监理公司负责监理，合同规定工期为 5 月 20 日至当年 7 月 31 日，施工合同规定"乙方承担除光缆、接头盒及尾纤以外的所有材料"。对此，施工单位按照进度计划订购了电杆、钢绞线及相应的其他工程材料。同时，为节约成本，施工单位与材料供应商合同约定由本公司负责材料的运输。

施工单位 5 月 5 日组织现场摸底，发现路由上有一栋房屋且路由穿过几片农田；5 月 19 日接到货运单位通知，由于车辆紧张不能按时提供车辆；5 月 25 日，项目经理部发现部分钢绞线存在锈蚀问题；6 月 5 日生产电杆的水泥制品厂提出涨价要求；6 月 25 日质检员发现个别终端杆反倾；6 月 28 日由于农田问题没有妥善解决，部分村民阻挠施工；7 月 15 日大雨导致停工并冲毁部分已架设线路；7 月 30 日 ODF 架仍未到货；8 月 3 日进行中继段总衰耗测试时发现衰耗过大。施工单位最终于 8 月 15 日向建设单位提交了完工报告。

2. 问题

（1）施工准备阶段影响本工程进度的因素可能有哪些？

（2）哪些因素影响了实际工程进度？

3. 分析

（1）施工准备阶段影响本工程进度的因素主要有：建设单位不能及时完成路由报建；监理单位未能及时批复变更；设计存在的问题未能及时变更；材料运输不能及时到位；建设单位及施工单位材料可能存在质量问题；施工资源（如人、机械设备、仪器仪表等）配备不足，调配不合理；施工单位得不到预付款，导致资金紧张；安全事故；施工组织不合理；不可抗力等。

（2）本案例中影响实际工程进度的因素。

根据上述条件，经具体分析，影响实际工程进度主要有以下几个因素。

① 现场摸底发现路由上有一栋房屋且路由穿过几片农田，属于前期勘察设计没有发现或有疏漏，属于设计问题。

② 车辆紧张不能按时提供车辆，属于货运问题。

③ 项目经理部发现部分钢绞线存在锈蚀问题，属于材料质量问题。
④ 生产电杆的水泥制品厂提出涨价要求，属于订货合同执行问题。
⑤ 质检员发现个别终端杆反倾，属于施工人员水平问题。
⑥ 农田问题没有妥善解决，部分村民阻挠施工，属于赔补问题。
⑦ 大雨导致停工并冲毁部分已架设线路，属于环境问题，为不可抗力。
⑧ ODF 架仍未到货，属于建设单位供货问题。
⑨ 中继段总衰耗测试时发现衰耗过大，可能是施工人员水平问题，也可能是仪器仪表问题，还可能是光缆质量问题，现场需进一步确认。

小博士

> 不可抗力因素：《民法典》所称的"不可抗力"，是指不能预见、不能避免且不能克服的客观情况。
> 主要包括这几种情形：①自然灾害，如台风、洪水、冰雹；②政府行为，如征收、征用；③社会异常事件，如罢工、骚乱。

任务小结

本任务主要介绍了通信工程项目进度控制的概念以及影响项目进度的因素。

任务二　通信项目不同主体的进度控制

一、设计单位的进度控制

在通信建设项目实施过程中，必须先有设计图纸才能指导施工。在实际工作中，设计进度缓慢以及设计的变更，往往会导致施工进度受到影响。另外，通信建设所需的设备、材料等都由设计文件提出，只有设计文件给出设备和材料的清单，建设单位才能按清单进行订货加工。由于设备的招标采购、运输、验收等需要一定的时间，因此设计与施工这两个阶段之间应该有足够的时间间隔，以便完成设备的招标采购、运输、验收等工作，为施工做好充分的准备。

设计工作涉及众多因素，而设计工作本身又是多专业协作的产物，它必须满足使用要求，同时要考虑项目的经济效益和社会效益，也要考虑施工作业的可行性。

设计单位应该采取各种措施按时、按质、按量提交相应的设计文件。为此，设计单位应做好工作计划，具体包括设计总进度计划、阶段性设计进度计划和设计作业进度计划。

（一）设计总进度计划

设计总进度计划主要用于安排自设计准备开始至完成施工图设计文件所需的时间，包括各阶段工作的开始时间和完成时间，主要包括设计准备、方案设计、初步设计、技术设计、施工图设计等阶段。制订设计总进度计划时，应根据通信建设进度总目标对设计周期提出要求，设计周期定额。

（二）阶段性设计进度计划

阶段性设计进度计划包括设计准备工作进度计划、初步设计工作进度计划、技术设计工作进度计划和施工图设计工作进度计划。这些计划用于控制各阶段设计工作进度，从而实现阶段性设计进度目标。在编制阶段性设计进度计划时，必须考虑设计总进度计划对各个设计阶段的时间要求。

1. 设计准备阶段工作进度计划

设计准备阶段的主要工作内容是确定规划设计条件、提供设计基础资料及设计委托等，它们都应有明确的时间目标，设计工作能否顺利进行及按时完成，与设计准备工作时间目标的实现有着很大的关系。规划设计条件是指在通信项目建设中由主管部门根据有关部门的相关规定，从通信网全程全网规划的角度出发，对拟建项目在规划设计阶段所提出的要求。

设计基础资料是设计单位进行工程设计的主要依据，建设单位必须向设计单位提供全面、完整、准确的设计基础资料，如经批准的可行性研究报告、本期工程覆盖区域的网络资源现状、现有用户类型数量及其分布等。

设计委托是指在建设单位通过招标方式选定设计单位后，甲、乙双方就设计费用及设计委托合同中的一些细节问题进行协商、谈判，并在取得一致意见后签订工程设计合同。

2. 初步设计阶段工作进度计划

初步设计应根据建设单位提供的设计基础资料进行编制，初步设计及总概算一经批准便可作为确定该项目建设投资额、编制固定资产投资计划、签订总承包合同、签订贷款合同、组织设备订货、进行施工准备、编制技术设计或施工图设计的依据。

技术设计应根据初步设计文件进行编制，技术设计及修正总概算一经批准，即成为建设工程拨款和编制施工图设计文件的依据。

制订初步设计工作进度计划要考虑方案设计、初步设计、技术设计、设计的分析评审、概算的编制、修正概算的编制以及设计文件审批等工作时间的安排，初步设计（技术设计）工作进度计划一般按单项工程编制。

3. 施工图设计阶段工作进度计划

根据批准的初步设计文件或技术设计文件及主要设备的订货情况，可编制施工图。施工图设计是通信设计的最后一个阶段，其工作进度将直接影响到通信建设的进度，这就必须合理确定施工图设计的交付时间。

制订施工图设计工作进度计划时要考虑各单项工程、各专业及协同单位的设计进度及衔接关系，为了控制各专业的设计进度，应根施工图设计进度计划、单位工程设计工日定额及所投入的设计人员数量综合考虑。

二、施工单位的进度控制

通信的施工阶段是把抽象的图纸转化形成工程实体的阶段，因此对施工进度的控制是通信建设进度控制的重点。通信建设施工阶段的进度控制由施工单位编制施工进度计划并加以实施，施工进度计划包括施工准备工作计划、施工总进度计划、单位工程施工进度计划等部分。

施工进度控制的最终目标是保证通信建设项目能按期交付使用，为控制施工进度，应将施工进度总目标进行细化分解，落实到各单位工程、分部工程的施工承包单位，施工承包单位则应制订不同计划期的施工进度计划，以此共同构成工程施工进度控制目标体系。

（一）施工准备工作计划

施工准备工作主要是合理安排施工所需的人力和物力，统筹安排施工现场，为通信建设的施工创造必要的物质和技术条件。施工准备工作的主要内容为技术准备、物资准备、劳动组织准备、施工现场准备、施工场外准备等。为全面落实准备工作，加强对施工准备工作的监督和管理，应根据各项工作的内容、时间和人员情况，制订施工准备工作计划。

（二）施工总进度计划

通信建设的施工总进度计划应根据工程建设方案和项目开展程序，对所有单位工程做出时间上的统一安排。编制施工总进度计划的目的在于确定各单位工程的施工期限和开竣工日期，从而为工程项目制定施工技术力量，为施工用原材料、设备、施工机械、测量仪表的数量和调配计划提供依据，同时为确定施工现场临时设施的数量、施工及生活用水电供应量，以及交通、能源的需求状况做好相应的准备，以保证项目建设能按期竣工交付使用，最大限度地降低工程建设成本。

（三）单位工程施工进度计划

单位工程施工进度计划是在已制订的施工总进度计划的基础上，根据规定的施工工期和材料、设备的供应条件，遵循施工程序，对单位工程、分部工程的施工过程做出时间和空间上的安排，并以此为依据，确定施工作业所需的技术力量、工（器）具和材料的供应计划，因此，合理安排单位工程施工进度是按时完成符合质量要求的施工任务的根本，也可为编制各种资源配置计划和施工准备计划提供可靠的依据。

单位工程施工进度计划的编制，主要步骤如下。

1. 划分工作项目

工作项目包括一定工作内容的施工过程，它是施工进度计划的基本组成单元，工作项目划分的粗细应根据计划的需要来确定。对于控制性施工进度计划，可以分得粗一些，一般只划分到分部工程即可，如果是编制实施性施工进度计划，则应分得详细一些，可具体到分项工程，以满足对施工的指导和进度的控制要求。此外，有些分项工程在施工顺序和施工时间上是穿插进行的或者是由同一个专业施工队承担的，为了简化进度计划的内容，应尽量将这些项目合并，以突出重点。

2. 确定施工顺序

确定分部工程或分项工程的施工顺序是为了按照施工技术要求，合理地组织施工，解决好各工作项目之间时间上的先后顺序和衔接关系，从而达到保证质量、安全施工、有效缩短施工时间、合理安排工期的目的。

不同工程项目的施工顺序不可能相同，即便是相同类型的工程项目，其施工顺序也不一定完全相同，因此在确定施工顺序时必须根据工程特点、技术组织要求及施工方案等实际情况合理安排。

3. 统计工程量

通信建设中工程量的计算，应根据施工图设计文件及现行的工程量计算规则（如通信建设工程预算定额），分别对所划分的每个工作项目进行统计，当施工图设计文件中已有工程预算且工作项目的划分与施工进度计划基本一致时，可以直接套用预算中的工程量而不必重新计算。统计工程量时，工程量的单位应与定额手册中的单位相一致，便于在计算用工、用料和机械时直接套用定额。

4. 统计施工用工和机械台班数量

当某项工作项目是由多个分项工程合并而成时，应先计算各分项工程的施工用工和机械台班数量，再统计综合施工用工和机械台班数量。

5. 确定工作项目的持续时间

根据工作项目的综合施工用工和机械台班数量，以及平均每天安排在该项工作项目上的施工人数和机械台班数，计算出完成该工作项目所需的持续时间。

6. 绘制单位工程施工进度计划图表

根据填写的单位工程施工进度计划表（表7-2-1），绘制图形。

表7-2-1 单位工程施工进度计划

序号	工作项目	主要工作内容	施工持续时间	施工进度计划/天					
				2	4	6	8	10	12
1									
2									
3									
4									

7. 单位工程施工进度计划的检查与调整

当单位工程施工进度计划初步方案编制好后，需要对其进行检查和调整，以使进度计划更加合理，检查的内容主要包括各工作项目的施工顺序是否合理、工期是否满足合同要求、技术力量的配备是否能满足施工要求、主要材料设备的供应使用是否能满足施工要求，如果发现问题应进行调整，只有当施工顺序合理、工期能满足合同要求时，再对施工力量的配备等进行优化，从而使施工进度计划更加完善。

三、监理单位的进度控制

监理单位的进度控制就是要求通信建设监理工程师按照国家、通信行业相关法规、规定及合同文件中赋予监理单位的权利，运用各种监理手段、方法，督促承包单位采用先进合理的施工方案和组织形式，制订进度计划、管理措施，并在实施过程中检查实际进度与计划进度是否相符，若不相符则需分析产生偏差的原因，根据原因采取相应补救措施，必要时调整、修改原计划，在保证工程质量、成本的前提下，实现项目进度计划。

（一）通信建设工程监理进度控制关键点

（1）设计或施工的前提资料或施工场地的交付工作条件与时间。

（2）工程项目建设资源投入（包括人力、资金、信息等）及其数量、质量和时间。

（3）进度计划的横道图和时标网络图中所有可能的关键线路上的各种操作、工序及其部位。

（4）设计、施工中的薄弱环节，难度大、困难多或不成熟的工艺，可能会导致较大的工程延误。

（5）设计、施工中各种风险的发生。

（6）采用的新技术、新工艺、新材料、新方法、新人员、新机械等。

（7）进度计划的编制、调整与审批程序。

（二）通信建设工程监理的进度控制措施

通信建设工程监理进度控制的措施包括组织措施、技术措施、合同措施和经济措施。这些措施，尤其是经济措施，必须要有建设单位的支持，否则是无法实现的。

（三）监理单位在施工阶段的进度控制

目前，监理单位主要是在施工阶段进行监理，其控制任务主要是审核相关的进度计划，包括施工总进度计划、单位工程施工进度计划、工程年/季/月实施计划，同时要对计划的执行进行有效控制。

施工阶段是工程实体的形成阶段，对其进度进行控制是整个工程项目建设的重点，分为事前控制、事中控制、事后控制。

1. 施工阶段进度事前控制的要点和具体方法

1）事前控制的要点

通信建设工程施工阶段进度事前控制的要点主要是审核承包单位的施工进度计划。即监督审核承包单位做好施工进度计划，使之与工程项目总目标保持一致，并跟踪检查施工进度计划的执行情况，在必要时指令承包单位对施工进度计划进行调整。监理工程师在事前控制中的任务就是在满足工程项目建设总进度目标要求的基础上，根据工程特点确定进度目标，明确各阶段进度控制任务。

为保证工程项目能按期完成工程进度预期目标，需要对施工进度总目标从不同角度层层分解，形成施工进度控制目标体系，从而作为实施进度控制的依据。主要包括以下内容。

（1）按项目组成分解，确定各单项工程开工和完工日期。

（2）按承包单位分解，明确分工条件和承包责任。

（3）按施工阶段分解，划定进度控制分界点。

（4）按计划期分解，组织综合施工。

2）事前控制的方法

（1）编制施工阶段进度控制监理工作细则。

施工阶段进度控制监理工作细则是指在工程项目监理规划的指导下，由工程项目监理机构中负责进度控制的监理工程师依据被批准的施工进度计划，负责编制的具有实施性和可操作性的监理业务文件，是该工程监理细则的重要组成部分。

（2）审核施工进度计划。

为了使工程能按期完成，项目监理机构应在总监理工程师主持下对承包单位提交的施工进度计划进行认真审核。

监理工程师在审核施工进度计划时发现问题，应及时与承包商联系，提出建议，并协助其修改进度计划，对其中重大问题应向建设单位报告。

监理工程师应在施工过程中督促各承包单位按总进度计划的要求编制出分解进度计划，如年、月、旬进度计划，各专业进度计划等，并对之进行审核，审核其是否符合总进度计划的目标、与其他承包单位进度之间是否有冲突、施工工序是否合理、是否能协调一致等。

(3) 下达工程开工令。

总监理工程师应根据承包单位和建设单位双方对于工程开工的准备情况，选择合适时机发布工程开工令。工程开工令的发布要尽可能及时，因为工程开工令中所指定的开工之日加上合同工期即为工程竣工日期，如果开工令发布拖延，就等于推迟了竣工时间，如果是建设单位原因导致，可能会引起承包单位的索赔。

在一般情况下，项目监理机构可在建设单位组织并主持召开的第一次工程协调会上，由项目总监理工程师对各方面的准备情况进行检查。

2. 施工阶段进度事中控制的要点和具体方法

1) 事中控制的要点

通信建设工程施工阶段进度事中控制的要点是监督实施、检查进度、分析偏差、提出处理措施，具体如下。

(1) 监督实施。根据监理工程师批准的进度计划，监督承包单位组织实施。

(2) 检查进度。承包单位在进度计划执行过程中，监理工程师随时按照进度计划检查实际工程进展情况。

(3) 分析偏差。监理工程师将实际进度与原有进度计划进行比较，分析实际进度与计划进度两者出现偏离的原因。

(4) 处理措施。监理工程师针对分析出的原因，研究纠偏的对策和措施，并督促承包单位实施。

2) 事中控制的方法

(1) 协助承建单位实施进度计划。

监理工程师在工程中要随时了解施工进度计划执行情况，以及在执行中存在的问题，及时找出原因并帮助解决。尤其是在管道、线路施工涉及的因素比较多时，要帮助施工队进行协调，积极主动控制，这将有利于施工进度计划的执行。

(2) 跟踪进度计划实施过程。

监理工程师不仅要及时检查承包单位报送的施工进度报表和分析资料，同时应随时了解施工进度计划执行的情况，进行必要的现场实地检查，及时检查承包单位报送的施工进度报表并进行施工现场对照检查，核实完成时间和完成工作量，并应将实际进度与计划进度进行对比，检查是否有偏差，如果发现偏差，应进一步分析发生偏差的原因，研究对策，提出处理方法，必要时应要求承包单位调整后期进度计划。

(3) 对进度偏差调整。

在对工程实际进度资料进行整理的基础上，监理工程师应将其与计划进度相比较，以判断实际进度是否出现偏差。如果出现进度偏差，监理工程师应进一步分析此偏差对进度控制目标的影响程度及其产生的原因，以便研究对策，提出纠偏措施。必要时还应对后期工程进度计划做适当的调整。

当工程实际进度与原定计划出现较大偏差时,应进行分析,找出影响因素及起关键作用的因素,以便制订对策和调整。

监理工程师应定期检查施工进度报表,并进行分析,同时还要在现场进行检查核实,以确保进度的真实性,要用实际进度情况与计划进度进行对照,找出偏差,分析偏差及其原因,研究对策,提出纠偏的措施,对下一步的计划进行适当调整,以弥补以前的偏差。

(4) 及时召开现场协调会。

监理工程师应定期组织召开不同层次的现场协调会,解决施工过程中出现的各种问题,会上组织各方人员在一起制定出纠正措施,并落到实处,同时在协调会上检查上一次协调会上的结果落实情况,如果未落实,要分析不能落实的原因,进一步制定落实对策。

对于某些突发性的问题,监理工程师也可以在与业主协商后,发布紧急协调令,督促各施工单位采取应急措施,维护正常的施工。

(5) 签发工程进度支付款凭证。

根据合同要求,监理工程师应对承包单位申报的已完工程量进行核实,并在质量合格的情况下,签发工程进度支付款凭证。

(6) 定期向业主报告施工进度情况。

监理工程师应随时整理工程进展情况、质量情况的资料,做好工程记录,定期(一般为每周)向业主提交工程进度报告。

(7) 审批工程拖延。

对工程延误,监理工程师应分析原因,要求承包单位采取有效措施,加快施工进度,赶上月、季施工目标,如果经过一段时期没有改观,仍然落后于施工进度计划,而且有可能影响工程总目标的实现,监理工程师可以允许承包单位修改原来的施工进度目标,修改后的进度目标,需要得到业主的认可,但不能解除承包单位应负的责任,尤其是延误损失的赔偿。

对不属于承包单位自身原因引起的工程拖延,承包单位有权提出工期延长申请,此时监理工程师可根据合同规定和业主意见,审批工程延期。批准的延期时间与原合同工期相加,作为新的合同工期。但承包单位可以根据合同的规定提出索赔要求,因此处理这类工程延期,一定要与业主协商,并按合同规定公正处理。

3. 施工阶段进度事后控制的要点和具体方法

1) 事后控制的要点

事后控制是指出现进度偏差后进行的进度控制工作,其控制要点是根据实际施工进度,及时修改和调整监理工作计划,以保证下一阶段工作的顺利开展。

在工程阶段性任务结束后,如果发现进度滞后,应就确保下一阶段按计划进度完成,或者保证实际总工期不超过计划总工期,采取有效的改进和控制措施。

2) 事后控制的方法

当实际进度滞后于计划进度时,监理人员应书面通知施工单位,在分析原因的基础上采取纠偏措施,并监督实施,具体方法如下。

(1) 制定保证总工期不突破的对策措施,如增加施工人员、增加施工机械设备等。

(2) 制定总工期突破后的补救措施。

(3) 调整相应的施工计划、材料设备、资金供应计划等,在新的条件下组织新的协调和平衡。

需要注意的是，在这一阶段，监理工程师应当将工程进度资料收集、归类、编目和建档，为以后的工作积累经验教训。

小博士

> 从影响工程进度的程度看，建设单位和承包商（分包商）对通信工程进度起着最主要的作用，设计单位和材料供应商次之。因此，建设单位作为建设项目的组织和管理者要有效地进行进度控制，就必须对影响进度的各种因素进行全面的分析和评估。这可促进对有利因素的充分利用和对不利因素的妥善预防及克服，使进度目标制定得更科学合理、更符合实际、更具有操作性，既积极进取又稳妥可靠。

任务小结

本任务主要介绍了通信工程的进度控制中关于设计单位、施工单位、监理单位的进度控制。

任务三　通信项目网络计划技术

一、网络计划技术的基本概念

网络图是用箭线和节点将某项工作的流程表示出来的图形。根据绘图表达方法的不同，分为双代号表示法（以箭线表示工作）和单代号表示法（以节点表示工作）；根据计划目标的多少，可以分为单目标网络模型和多目标网络模型。

在进度控制中，以网络形式来表示计划中各工序、持续时间、相互逻辑关系等的计划图表，具有逻辑严密、思维层次清晰、主要矛盾突出等优点，有利于计划的优化、控制和调整，有利于电子计算机在计划管理中的应用。因此，网络计划技术在各种计划管理中都得到广泛的应用。实践经验证明，在通信建设工程的施工项目计划管理中，采用网络计划技术，其经济效果更为显著。网络计划技术适用于编制具有实施性和控制性的进度计划。

网络计划编好以后，在执行过程中要对其实行动态控制，就是当发现施工进度滞后于计划时，要充分考虑工期压缩可能性和赶工成本，对网络计划时差进行不断分析、调整，合理利用时差，对网络图进行优化，有计划地逐次压缩工费最低的重要工作和工序，以控制进度，达到预期目标工期，最终达到既赶上工期又控制费用的目的，保证工程的顺利进行。

（一）网络图的表示方法

双代号网络图是应用较为普遍的一种网络计划形式，它是以箭线及其两端节点的编号 (i,j) 表示工作的网络图，具体组成元素包括箭线、节点和线路，如图7-3-1所示。

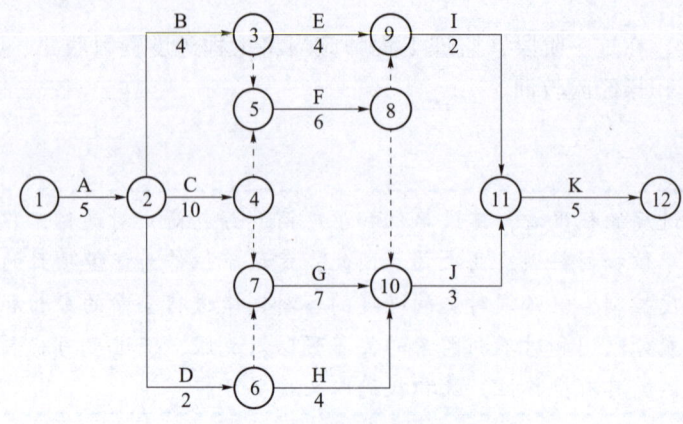

图 7-3-1 双代号网络示意图

1. 箭线

在双代号网络图中,箭线表示工作(需要消耗人力、物力和时间的具体活动过程,既可以是一个建设项目、一个单项工程,也可以是一个分项工程乃至一个工序)及其走向,箭尾 i 表示工作开始,箭头 j 表示工作结束,工作名称写在箭线的上方,该工作消耗的时间则在箭线的下方,箭线方向代表工作前进的方向。

有些工作既不消耗资源也不占用时间,称为虚工作,用虚线表示。在网络图中设立虚工作主要用于正确表达工作之间的逻辑关系。

除去虚箭线外,任意一条箭线(工作)都需要占用时间、消耗资源,其消耗的时间必须标明,如图 7-3-1 所示。

2. 节点

节点是指某项工作的开始或结束,它不消耗任何资源和时间,在网络图中用"○"表示(或其他形状的封密图形),表示的是前后工作的交接点。网络图中的所有节点都必须是编号,代号必须标注在节点内,严禁重复且应保证任意一条箭线(包括虚箭线)的箭头编号比箭尾编号大。

节点包括以下 3 类。

(1) 起始节点,即第一个节点,它只有向外箭线(即箭头远离节点),在单目标网络图中,只有一个起始节点,如图 7-3-1 中的 1 所示。

(2) 终点节点,即最后一个节点,它只有向内箭线(即箭头指向节点),在单目标网络图中,只有一个终点节点,如图 7-3-1 中的 12 所示。

(3) 中间节点,既有向内箭线又有向外箭线的节点,如图 7-3-1 中的除去起始节点和终点节点以外的其他节点。

3. 线路

线路是指网络图中从起始节点开始,沿箭头方向通过一系列箭线与节点,最后达到终点节点的通路。

一个网络图中一般有多条线路,线路可以用节点的代号来表示,一条线路上各项工作的时间之和是该线路的总长度(路长)。在图 7-3-1 中,1-2-6-10-11-12 为一条线路,线路的长度为 19(即 5+2+4+3+5=19)。

在所有线路中，必然存在总时间最长的线路，称为关键线路，一般用双线或粗线标注，网络图中至少有一条关键线路，关键线路上的节点叫作关键节点，关键线路上的工作叫作关键工作，关键线路上工作的时间必须保证，否则会出现工期的延误。

除关键线路外的其他线路统称为非关键线路。

（二）相关概念

1. 紧前工作和先行工作

在网络图中，相对于某工作而言，紧排在该工作之前的工作称为该工作的紧前工作。双代号网络图中，工作与其紧前工作之间可能有虚工作存在。紧前工作不结束，则该工作不能开始。在图 7-3-1 中，G、H 是 J 工作的紧前工作。

相对于某工作而言，从网络图中的第一个节点（起始节点）开始，沿箭头方向经过一系列箭线与节点到达该工作为止的各条通路上的所有工作，都称为该工作的先行工作。在图 7-3-1 中，A、C、F、G、D、H 都是 J 工作的先行工作。

紧前工作必是先行工作，先行工作不一定是紧前工作。

2. 紧后工作和后续工作

在网络图中，相对于某工作而言，紧接在该工作之后的工作称为该工作的紧后工作。双代号网络图中，工作与其紧后工作之间也可能有虚工作存在。该工作不结束，则紧后工作不能开始。在图 7-3-1 中，E、F 是 B 工作的紧后工作。

相对于某工作而言，从该工作之后开始，沿箭头方向经过一系列箭线与节点到达网络图最后一个节点（终点节点）的各条通路上的所有工作，都称为该工作的后续工作。在图 7-3-1 中，E、F、I、J、K 都是 B 工作的后续工作。

紧后工作必是后续工作，后续工作不一定是紧后工作。

3. 平行工作

在网络图中，相对于某工作而言，可以与该工作同时进行的工作即为该工作的平行工作。在图 7-3-1 中，B、C、D 为平行工作。

二、网络图的绘制

（一）绘图规则

网络图要能正确表达出整个工程项目的施工工艺流程和各工作展开的先后顺序，以及它们之间相互制约、相互依赖的约束关系。因此，在绘制网络图时必须遵循一定的基本规则和要求。具体如下。

（1）网络图必须按照已定的逻辑关系绘制。

（2）在网络图中除起始节点和终点节点外，不允许出现其他没有向内箭线或没有向外箭线的工作节点。

（3）网络图中严禁出现从一个节点出发，沿箭线方向回到原出发点的循环回路，否则将使组成回路的工序永远不能结束，工程永远不能完工，即会造成逻辑关系混乱。图 7-3-2 中就存在 BCD 循环，导致分不清几个工作谁先谁后，逻辑关系混乱，形成死循环。

（4）网络图中箭线（包括虚箭线）应保持自左向右的方向，避免出现循环回路。

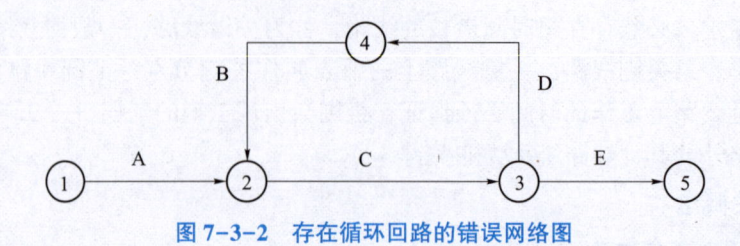

图 7-3-2　存在循环回路的错误网络图

（5）网络图中不能出现错画、漏画情况，如果出现没有箭头、没有节点的活动，或者双箭头的箭杆等，会导致工作行进方向不明确，不能达到网络图有方向的要求，如图 7-3-3 所示。

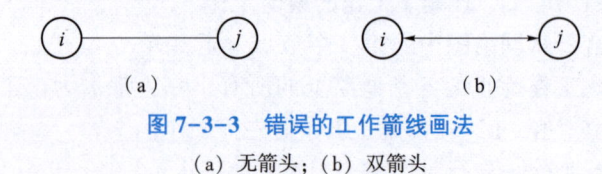

图 7-3-3　错误的工作箭线画法
（a）无箭头；（b）双箭头

（6）网络图中严禁在箭线上引入或引出箭线，图 7-3-4 即为错误画法。

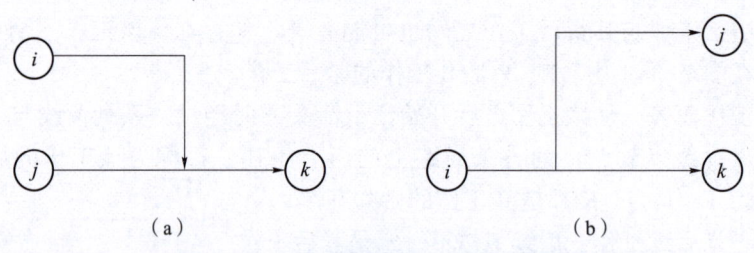

图 7-3-4　错误的箭线引入或引出画法
（a）箭线上引入箭线；（b）箭线上引出箭线

（7）网络图的起始节点有多条向外箭线，或终点节点有多条向内箭线时，采用母线法，即使用一条公用母线从起始节点引出，或使用一条公用母线引入终点节点，母线可采用特殊箭线，如粗箭线、双箭线等，如图 7-3-5 所示。

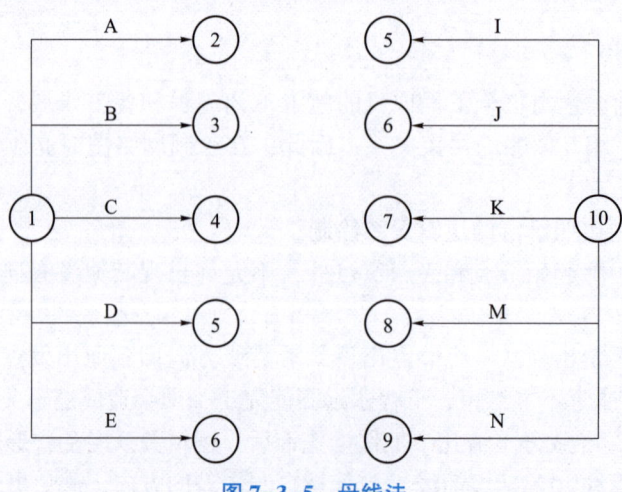

图 7-3-5　母线法

（8）绘制网络图，应尽量避免工作箭线的交叉。若有交叉，应采用过桥法或指向法，如图7-3-6所示。

（9）本书只涉及单目标网络计划，网络图只允许有一个起始节点、一个终点节点。

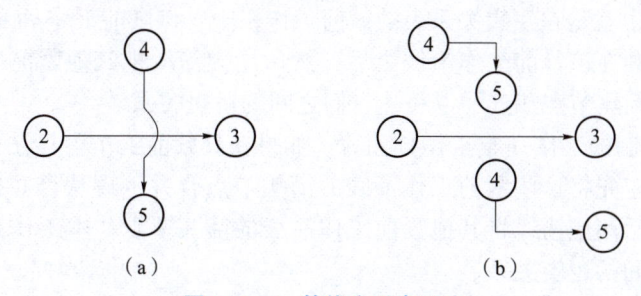

图7-3-6 箭线交叉表示法
(a) 过桥法；(b) 指向法

（二）绘图方法

首先要分析各项工作之间的逻辑关系，然后才能进行网络图的绘制，现有逻辑关系如表7-3-1所示，下面以表7-3-1所示关系为例说明双代号网络图的绘制。

表7-3-1 各项工作之间逻辑关系表

工作	A	B	C	D	E	F	G	H	I	J
紧前工作	—	—	—	A、B	A、B、C	D、E	A	F	G	F、G
持续时间	3	2	3	5	4	4	6	3	4	3

分析清楚各项工作的逻辑关系后，可按以下步骤绘制双代号网络图。

（1）首先绘制没有紧前工作的工作，使它们具有相同的开始节点，以保证网络只有一个起始节点。

由表7-3-1可知，工作A、B、C没有紧前工作，首先绘制几个工作，使其开始于同一节点，如图7-3-7所示。

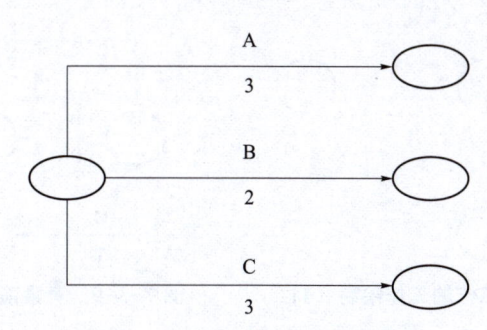

图7-3-7 无紧前工作的工作绘制

（2）依次再绘制其他各项工作。这些工作的绘制条件是其所有紧前工作都已绘制出来。绘制这些工作箭线时，分为以下两种情况进行。

① 第一种情况，当所要绘制的工作只有一项紧前工作时，只需把该工作直接画在其紧

前工作之后即可。

② 第二种情况，当所要绘制的工作有多项紧前工作时，应按以下具体情况绘制。

a. 对于所要绘制的工作（本工作）而言，如果在其紧前工作中有一项只是作为本工作的紧前工作存在（也就是在逻辑关系表的紧前工作栏中，该紧前工作只出现了一次），则应将本工作箭线直接画在该紧前工作箭线之后，然后用虚箭线把其他紧前工作箭线的箭头节点与本工作箭线的箭尾节点相连，以表达它们之间的逻辑关系。

b. 对于所要绘制的工作（本工作）而言，如果在其紧前工作中存在多项只作为本工作紧前工作的工作，应先将这些紧前工作箭线的箭头节点合并，再从合并后的节点开始，画出本工作箭线，最后用虚箭线将其他紧前工作箭线的箭头节点与本工作箭线的箭尾节点相连，以表达它们之间的逻辑关系。

c. 对于所要绘制的工作（本工作）而言，如果不存在情况 a 和情况 b，应判断本工作的所有紧前工作是否都同时作为其他工作的紧前工作（即在紧前工作栏中，这几项紧前工作是否均同时出现若干次）。若上述条件成立，应先将这些紧前工作箭线的箭头节点合并后，再从合并后的节点开始画出本工作箭线。

d. 对于所要绘制的工作（本工作）而言，如果情况 a、b、c 都不存在，则应将本工作箭线单独画在其紧前工作箭线之后的中部，然后用虚箭线将其各紧前工作箭线的箭头节点与本工作箭线的箭尾节点分别相连，以表达它们之间的逻辑关系。

下面根据上述原则继续绘制表 7-3-1 中的其他工作，工作 D 有两个紧前工作 A、B 且在紧前工作栏中同时出现 2 次，可根据情况 c 绘制，即先将这些紧前工作箭线的箭头节点合并，再从合并后的节点开始画出本工作箭线，如图 7-3-8 所示。

工作 E 有 3 个紧前工作 A、B、C，但 C 在紧前工作栏中只出现 1 次，可根据情况 a 绘制，即将 E 箭线直接画在该紧前工作 C 箭线之后，然后用虚箭线把其他紧前工作即 A、B 箭线的箭头节点与本工作箭线的箭尾节点相连，如图 7-3-9 所示。

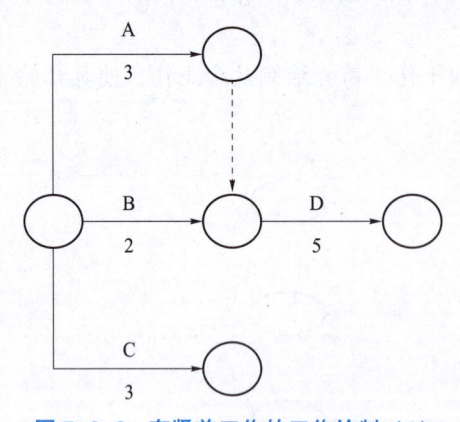

图 7-3-8　有紧前工作的工作绘制（1） 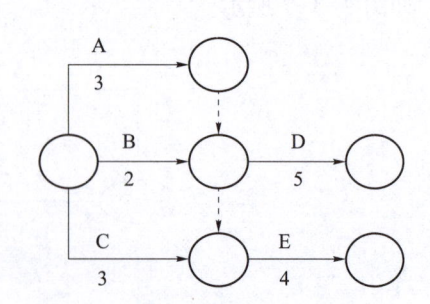　　图 7-3-9　有紧前工作的工作绘制（2）

工作 F 有 2 个紧前工作 D、E，且 D、E 只是 F 的紧前工作，可根据情况 b 绘制，即先将紧前工作 D、E 箭线的箭头节点合并，再从合并后的节点开始，画出本工作 F 的箭线，如图 7-3-10 所示。

工作 G 只有一个紧前工作 A，可直接画在紧前工作后，如图 7-3-11（a）所示；工作

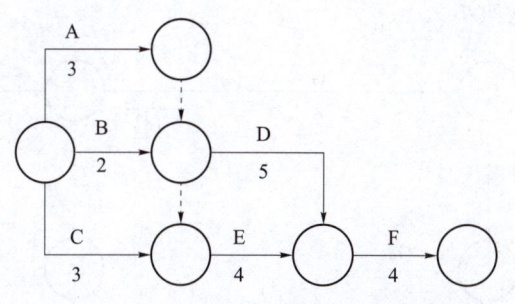

图 7-3-10 有紧前工作的工作绘制（3）

H、I 也只有 1 个紧前工作，同样直接画在紧前工作后，如图 7-3-11（b）所示。

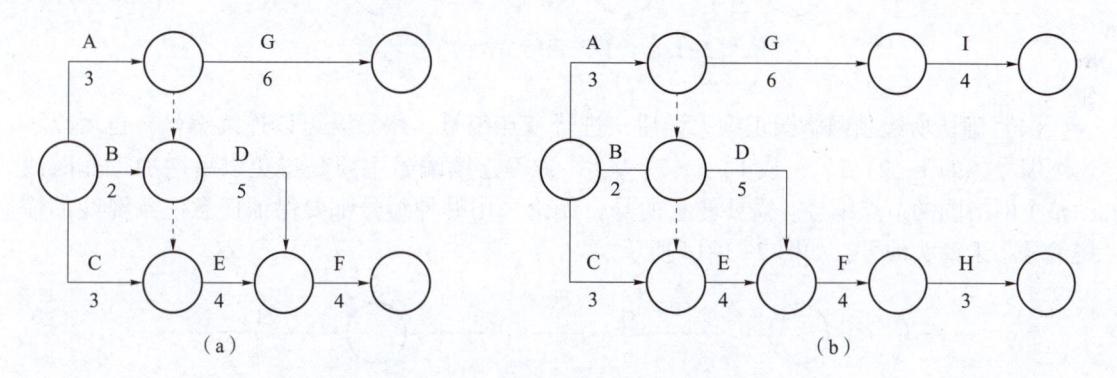

(a)

(b)

图 7-3-11 有紧前工作的工作绘制（4）

工作 J 有 2 个紧前工作 F、G，根据情况 d 绘制，先将本工作 J 箭线单独画在其紧前工作箭线之后的中部，然后用虚箭线将其各紧前工作即 F、G 箭线的箭头节点与本工作箭线的箭尾分别相连，如图 7-3-12 所示。

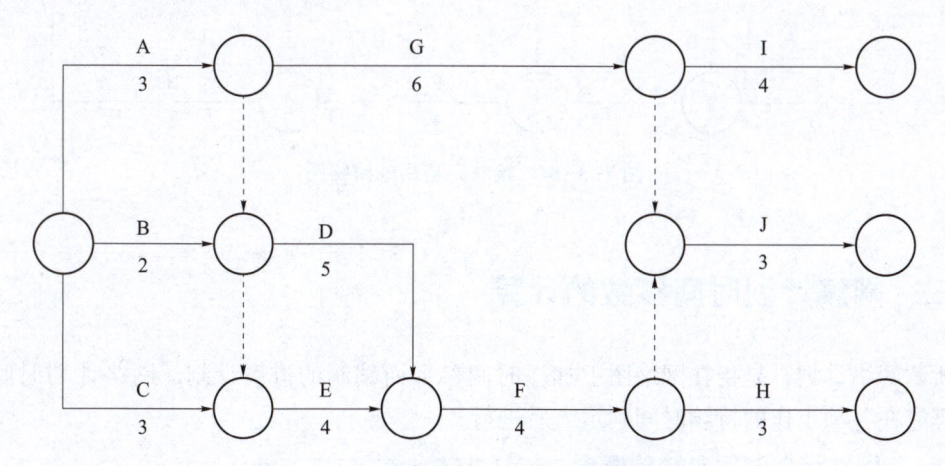

图 7-3-12 有紧前的工作的工作绘制（5）

（3）各项工作都绘制完毕后合并那些无紧后工作的箭头节点，以保证网络图只有一个

163

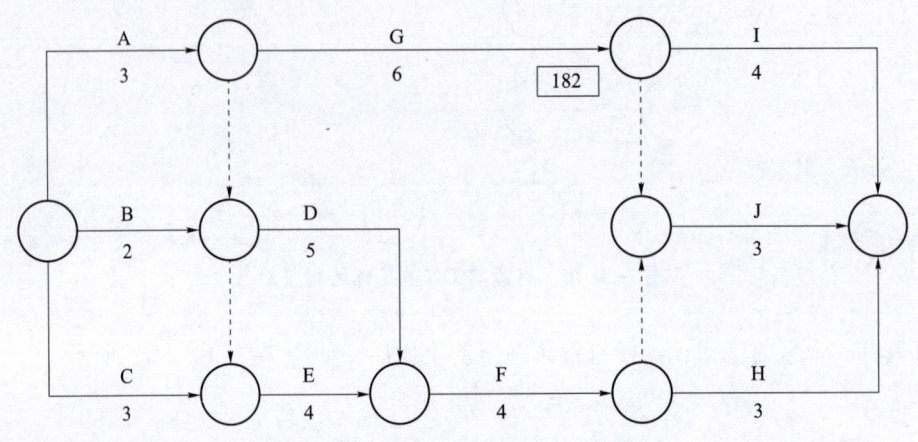

终点节点，如图 7-3-13 所示。

图 7-3-13 合并无紧后工作的工作绘制

（4）确认所绘制网络图正确无误后，进行节点编号，编号既可以连续编号，也可以不连续编号，如 1、2、3、…或 1、5、7、9、…，不连续编号主要是避免以后增加工作时改动整个网络图的节点编号。需要注意的是，无论采用哪种编号都要保证任意一条箭线的箭尾编号小于箭头编号，如图 7-3-14 所示。

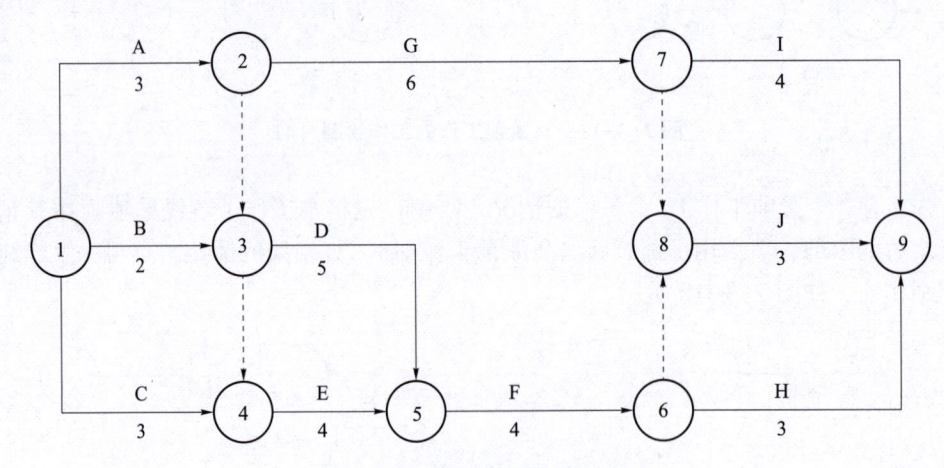

图 7-3-14 绘制完整后的网络图

三、网络计划时间参数的计算

所谓网络计划，是指在网络图上加注时间参数而编制的进度计划。网络计划时间参数的计算应在各项工作的持续时间确定之后进行。

（一）网络计划时间参数的概念

时间参数是指网络计划、工作及节点所具有的各种时间值。

1. 工作持续时间

工作持续时间是指一项工作从开始到结束的时间，图 7-3-1 中所标注的时间即为工作持续时间。此时间值既可以通过计算获得，也可以通过实践经验估算出来，双代号网络图计划中，工作 $i—j$ 的持续时间一般用 D_{i-j} 表示。

2. 工期

工期一般指完成一项任务所需要的时间。在网络计划中，工期包括 3 种。
① 计算工期，是指根据网络计划时间参数计算得到的工期，用 T_c 表示。
② 要求工期，是指任务委托人所提出的指令性工期，用 T_r 表示。
③ 计划工期，是指根据计算工期和要求工期所确定的作为实施目标的工期，用 T_p 表示。

需要注意以下两点：
① 当已规定了要求工期时，计划工期不应超过要求工期，即

$$T_p \leq T_r \tag{7-3-1}$$

② 当未规定要求工期时，可令计划工期等于计算工期，即

$$T_p = T_c \tag{7-3-2}$$

3. 工作的时间参数

网络计划中工作的时间参数包括最早开始时间、最早完成时间、最迟完成时间、最迟开始时间、总时差、自由时差、节点的最早时间、节点的最迟时间。

4. 相邻两项工作之间的时间间隔

相邻两项工作之间的时间间隔是指本工作的最早完成时间与其紧后工作最早开始时间之间可能存在的差值。

（二）按工作计算网络计划时间参数

按工作计算法就是以网络计划中的工作为对象，直接计算各项工作的时间参数。这些时间参数包括工作的最早开始时间和最早完成时间、工作的最迟开始时间和最迟完成时间、工作的总时差和自由时差。一般采用六时标注法，其形式如图 7-3-15 所示。此外，还应计算网络计划的计算工期。

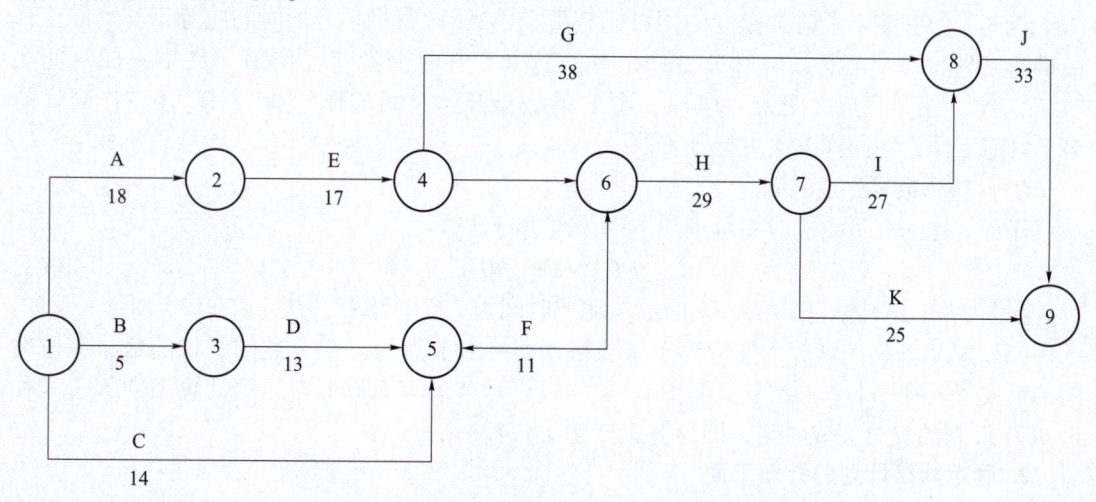

图 7-3-15 双代号网络计划（六时标注法形式）

下面以图 7-3-16 所示网络图为例，说明按工作计算时间参数的过程。

1. 计算工作的最早开始时间和最早完成时间

工作最早开始时间和最早完成时间的计算应从网络计划的起始节点开始，沿着箭线方向自左向右依次进行。其计算步骤如下：

（1）首先计算最早开始时间，分 3 种情况。

以起始节点为开始节点的工作，当未规定其最早开始时间时，其最早开始时间为零。如图 7-3-16 中，工作 A、B、C（可表示为工作 i—j，其他同理）都以起始节点①为开始节点，则其最早开始时间均为"0"。

若本工作只有一个紧前工作（中间可能有虚工作），则其最早开始时间等于其紧前工作的最早完成时间。在图 7-3-16 中，工作 E 只有一个紧前工作 A，则工作 E 的最早开始时间等于工作 A 的最早完成时间"18"，同理，D、G、I、K 均只有一个紧前工作，则其最早开始时间均等于其紧前工作的最早完成时间。

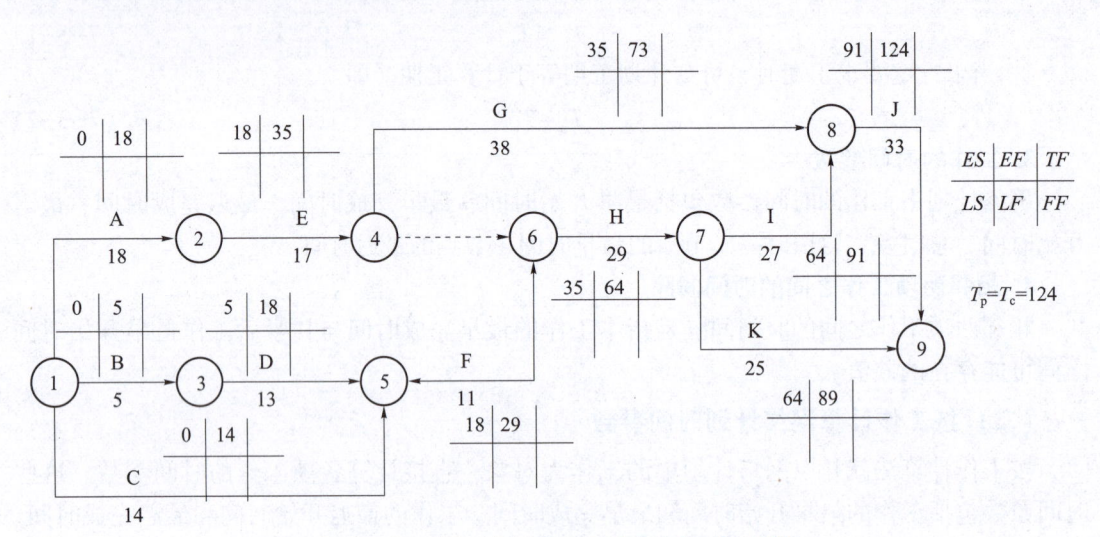

图 7-3-16　最早开始时间和最早完成时间计算

若本工作有多个紧前工作（中间可能有虚工作），则其最早开始时间应等于其紧前工作最早完成时间的最大值。在图 7-3-16 中，工作 F 有两个紧前工作 D（最早完成时间为"18"）、C（最早完成时间为"14"），则 F 的最早开始时间选择"18"，H、J 工作同样有多个紧前工作，用同样方法进行计算。

（2）计算最早完成时间。

任意工作的最早完成时间可利用下列公式进行计算：

$$EF_{i-j} = ES_{i-j} + D_{i-j} \qquad (7\text{-}3\text{-}3)$$

在图 7-3-16 中，工作③—⑤的最早完成时间为 $EF_{3-5} = ES_{3-5} + D_{3-5} = 5 + 13 = 18$。

（3）网络计划的计算工期应等于以网络计划终点节点为完成节点的工作的最早完成时间的最大值。在图 7-3-16 中，工作 J、K 均以终点节点为完成节点，则计算工期等于工作 J、K 中最大的最早完成时间，即计算工期 $T_c = 124$。

2. 确定网络计划的计划工期

网络计划的计划工期应根据式（7-3-1）和式（7-3-2）确定，本例假设未规定要求

工期，则其计划工期就等于计算工期，即

$$T_p = T_c = 124$$

计划工期一般标注在网络图终点节点的右上方，如图 7-3-16 所示。

3. 计算工作的最迟完成时间和最迟开始时间

工作最迟完成时间和最迟开始时间的计算应从网络计划的终点节点开始，逆着箭线方向依次进行。

（1）首先计算最迟完成时间，分以下 3 种情况。

① 以终点节点为完成节点的工作，其最迟完成时间等于网络计划的计划工期。在图 7-3-17 中，工作 J、K 都以终点节点⑨为完成节点，则其最迟完成时间均为计划工期"124"。

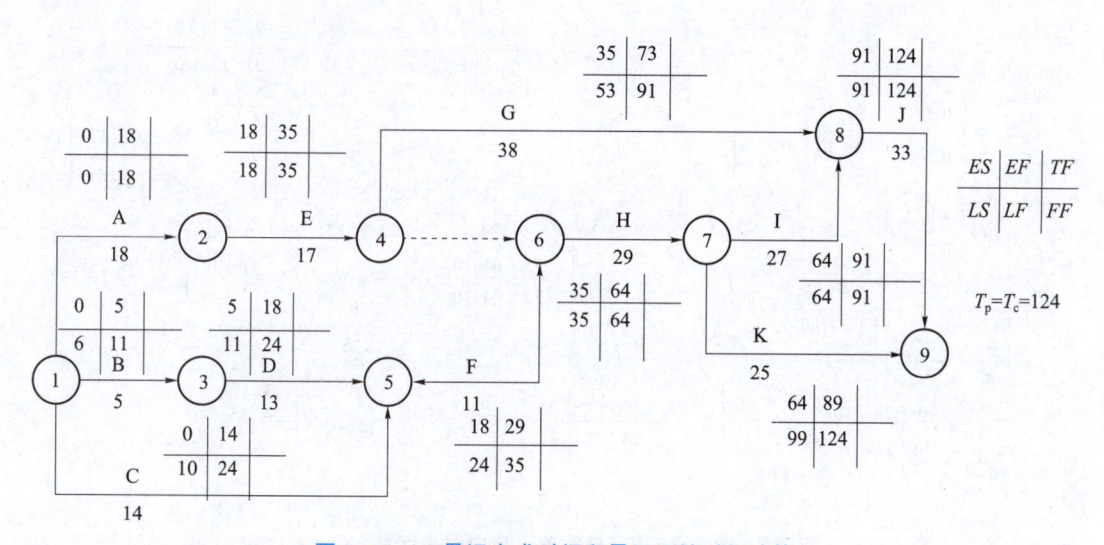

图 7-3-17 最迟完成时间和最迟开始时间计算

② 若本工作只有一个紧后工作（中间可能有虚工作），则本工作最迟完成时间等于其紧后工作的最迟开始时间。在图 7-3-17 中，工作 I 只有一个紧后工作 J，则工作 I 的最迟完成时间等于工作 J 的最迟开始时间"91"，同理，A、B、C、D、G、I 均只有一个紧后工作，则其最迟完成时间均等于其紧后工作的最迟开始时间。

③ 若本工作有多个紧后工作（中间可能有虚工作），则其最迟完成时间应等于其所有紧后工作的最迟开始时间的最小值。在图 7-3-17 中，工作 E 有两个紧后工作 G（最迟开始时间为"53"）、H（最迟开始时间为"35"），工作 H 同样也有多个紧后工作，因此可用同样方法进行计算。

（2）计算最迟开始时间。

任意工作的最迟开始时间可利用下列公式进行计算，即

$$LS_{i-j} = LF_{i-j} - D_{i-j} \tag{7-3-4}$$

在图 7-3-17 中，工作⑦—⑧（即工作 I）的最迟开始时间为 $LS_{7-8} = LF_{7-8} - D_{7-8} = 91 - 27 = 64$。

4. 计算工作的总时差

工作的总时差等于该工作最迟完成时间与最早完成时间之差，或该工作最迟开始时间

与最早开始时间之差，如图 7-3-18 所示。

5. 计算工作的自由时差

工作自由时差的计算应按以下两种情况分别考虑。

（1）对于无紧后工作的工作，也就是以网络计划终点节点为完成节点的工作，其自由时差与总时差相等。在图 7-3-18 中，工作 J、K 的自由时差等于总时差。

（2）对于有紧后工作的工作，其自由时差等于本工作的紧后工作最小的最早开始时间减本工作最早完成时间所得的差。在图 7-3-18 中，工作 C 的紧后工作 F（最早开始时间为"18"），则工作 C 的自由时差等于紧后工作 F 的最早开始时间"18"减去工作 C 本身的最早完成时间"14"，即工作 C 的自由时差为"4"。

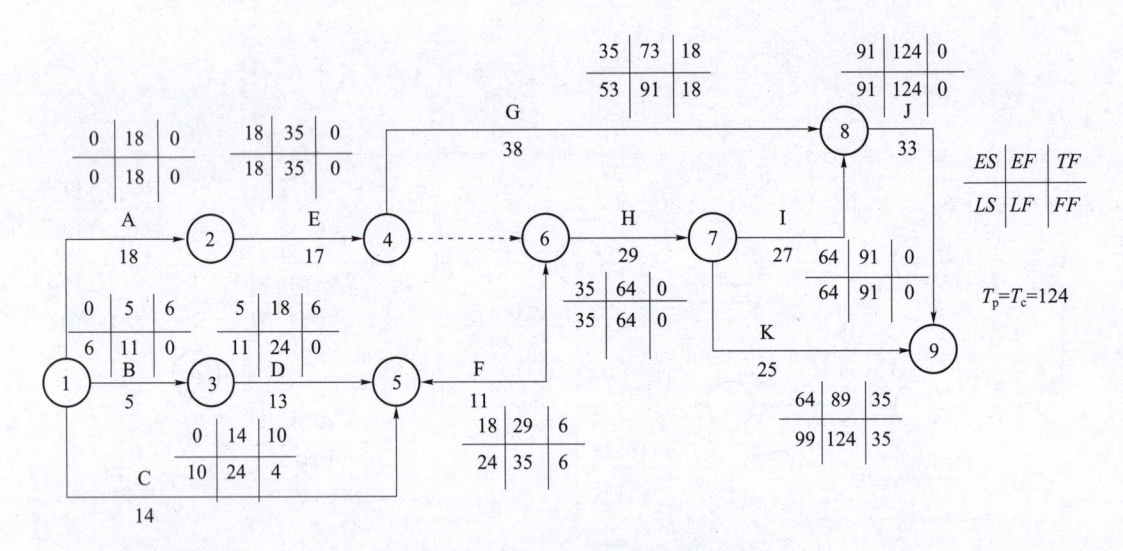

图 7-3-18 总时差、自由时差计算

需要指出的是，由于工作的自由时差是其总时差的构成部分，所以，当工作的总时差为零时，其自由时差必然为零，可不必进行专门计算。

6. 确定关键工作和关键线路

在网络计划中，总时差最小的工作为关键工作。特别地，当网络计划的计划工期等于计算工期时，总时差为零的工作就是关键工作。找出关键工作之后，将这些关键工作首尾相连，便构成从起始节点到终点节点的通路，位于该通路上各项工作的持续时间总和最大，这条通路就是关键线路。在关键线路上可能有虚工作存在。

关键线路一般用粗箭线或双线箭线标出，也可用彩色箭线标出。关键线路上各项工作的持续时间总和应等于网络计划的计算工期，这一特点也是判别关键线路是否正确的准则。

在图 7-3-19 中，总时差为零的工作包括 A、E、H、I、J，这些工作即为关键工作，将这些工作首尾相连即可构成一条从起始节点到终点节点的通路，即为关键线路（①→②→④→⑥→⑦→⑧→⑨），中间包括了虚工作，把各项关键工作的持续时间求和可得 18+17+29+27+33＝124，恰好等于计算工期。

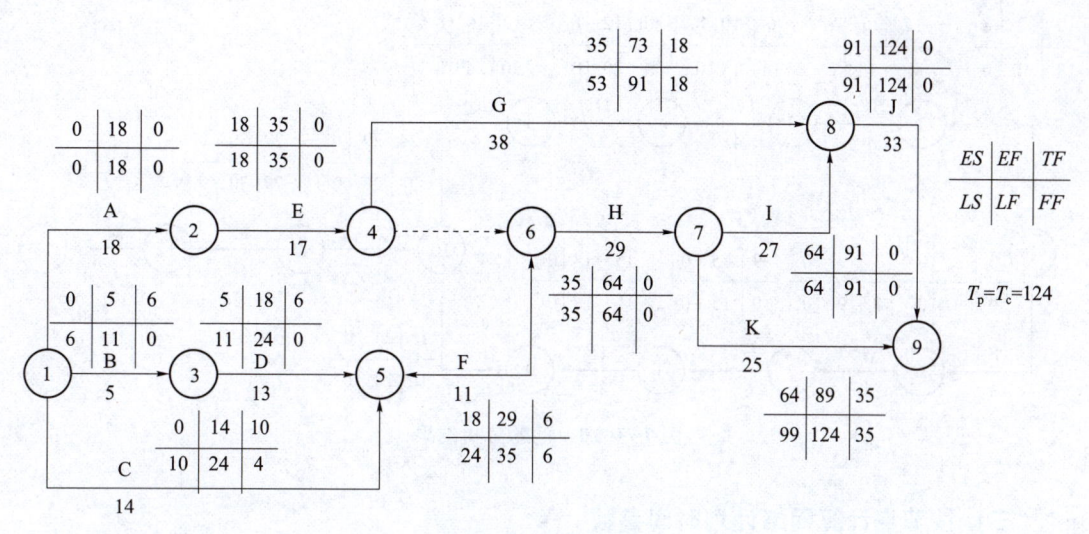

图 7-3-19 关键线路

> **重点掌握：**
> ① 熟练掌握双代号网络图中 6 个时间参数的计算；
> ② 熟练掌握关键线路确定的方法，理解关键线路的意义。

案例 7-3-1 双代号网络技术

1. 背景

某架空光缆线路工程的路由复测、立杆、制装拉线、架设吊线、敷设光缆由两组施工人员施工，各工作之间的关系依据施工工序确定；光缆接头、制作光缆成端、测试工作由一组人员在两组都敷设光缆后顺序完成；各组任务及持续时间见表 7-3-2，计划工期等于计算工期。

表 7-3-2 各组任务及持续时间表

工作代号	工作	持续时间	工作代号	工作	持续时间	工作代号	工作	持续时间
A	第1组路由复测	2	F	第2组路由复测	3	K	光缆接头	5
B	第1组立杆	4	G	第2组立杆	6	L	光缆成端	1
C	第1组制装拉线	4	H	第2组制装拉线	6	M	中继段测试	1
D	第1组架设吊线	2	I	第2组架设吊线	3			
E	第1组敷设光缆	4	J	第2组敷设光缆	6			

2. 问题

编辑双代号网络计划，计算各个工作的 6 个时间参数，确定计算工期，确定关键线路。

3. 分析

问题分析结果如图 7-3-20 所示，图中出现加重线条表示关键路线。

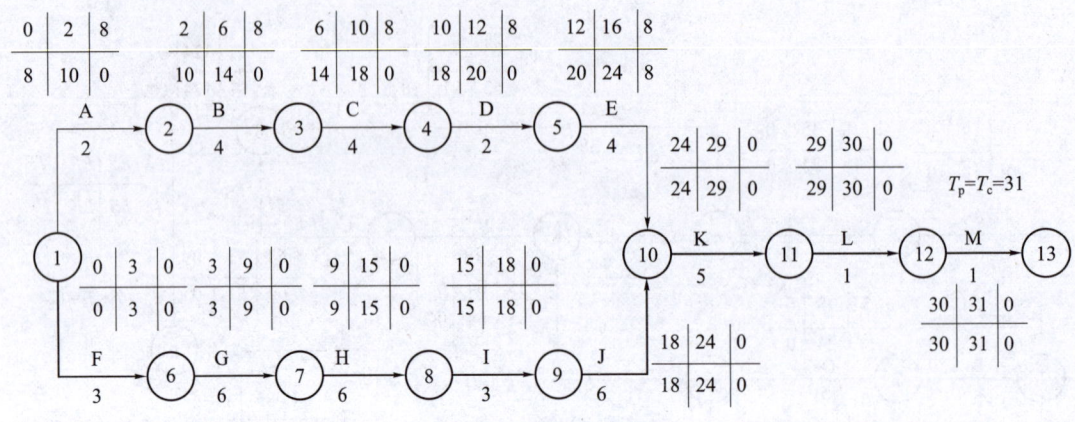

图 7-3-20　问题分析结果

（三）按节点计算网络计划时间参数

按节点计算就是先计算网络计划中各个节点的最早时间和最迟时间，然后再据此计算各项工作的时间参数和网络计划的计算工期。一般采用二时标注法，如图 7-3-21 所示。

$ET\ |\ LT$

图 7-3-21　二时标注法

下面仍以图 7-3-15 所示的网络图为例，说明按节点计算时间参数的过程。

1. 计算节点的最早时间和最迟时间

1) 计算节点的最早时间

节点最早时间的计算应从网络计划的起始节点开始，沿着箭线方向依次进行。其计算步骤为：网络计划起始节点如未规定最早时间时，其值等于零。在图 7-3-22 中，节点①的最早时间为"0"，即 $ET_i = 0$。

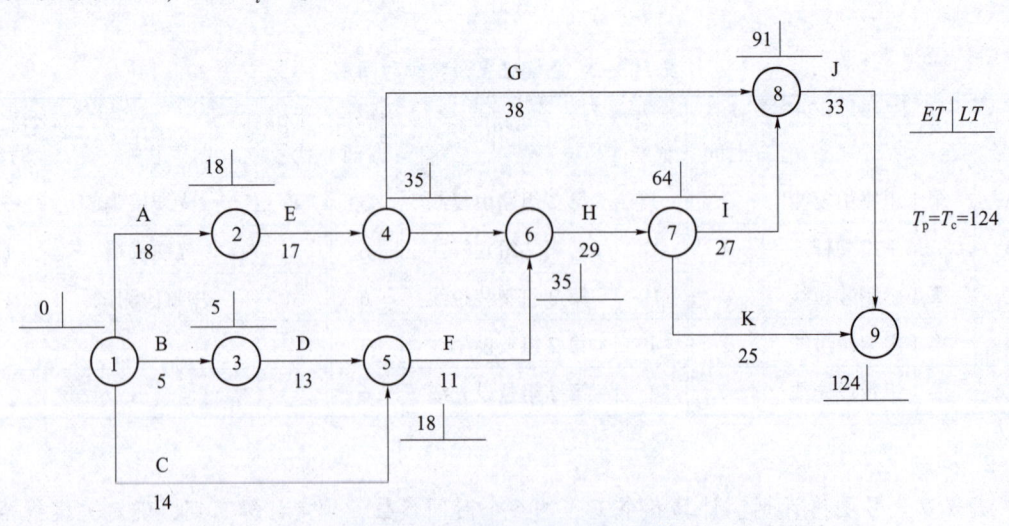

图 7-3-22　节点最早时间的计算

其他节点的最早时间应按式（7-3-5）进行计算，即
$$ET_j = \max\{ET_i + D_{i-j}\} \tag{7-3-5}$$
在图 7-3-22 中，节点④的最早时间为
$$ET_4 = ET_2 + D_{2-4} = 18 + 17 = 35$$
节点⑧的最早时间为
$$ET_8 = \max\{ET_4 + D_{4-8}, ET_7 + D_{7-8}\} = \max\{35+38, 64+27\} = 91$$
网络计划的计算工期等于网络计划终点节点的最早时间，即
$$T_c = ET_n$$
在图 7-3-22 中，网络计划的计算工期等于终点节点⑨的最早时间，即为"124"。

2）确定网络计划的计划工期

网络计划的计划工期应根据式（7-3-1）和式（7-3-2）确定，本例假设未规定要求工期，则其计划工期就等于计算工期，即
$$T_p = T_c = 124 \tag{7-3-6}$$
计划工期一般标注在网络图终点节点的右上方，如图 7-3-22 所示。

3）计算节点的最迟时间

节点最迟时间的计算应从网络计划的终点节点开始，逆着箭线方向依次进行。其计算步骤如下：

网络计划终点节点的最迟时间等于网络计划的计划工期，即
$$LT_n = T_p \tag{7-3-7}$$
在图 7-3-23 中，终点节点⑨的最迟时间等于网络计划的计划工期，即等于"124"。

其他节点的最迟时间应按式（7-3-8）进行计算，即
$$LT_i = \min\{LT_j - D_{i-j}\} \tag{7-3-8}$$

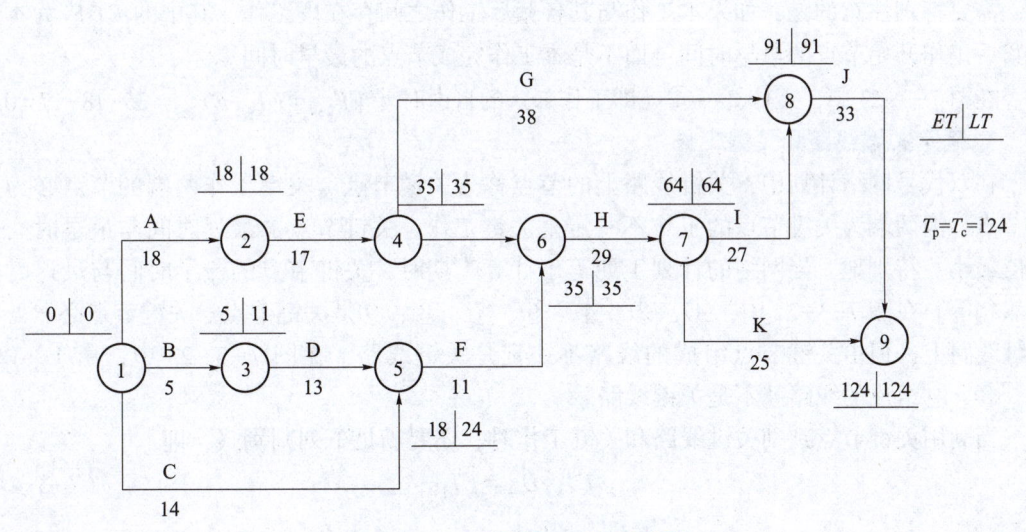

图 7-3-23 节点最迟时间的计算

2. 根据节点的最早时间和最迟时间判定工作的 6 个时间参数

（1）工作的最早开始时间等于该工作开始节点的最早时间，即

$$ES_{i-j}=ET_i \qquad (7-3-9)$$

在图 7-3-23 中，工作⑤—⑥（即工作 F）的最早开始时间等于该工作开始节点⑤的最早时间，即有

$$ES_{5-6}=ET_5+D_{5-6}=18+11+29$$

（2）工作的最迟完成时间等于该工作完成节点的最迟时间，即

$$LF_{i-j}=LT_j \qquad (7-3-10)$$

在图 7-3-23 中，工作④—⑧（即工作 G）的最迟完成时间等于该工作完成节点⑧的最迟时间，即有 $LF_{4-8}=LT_8=91$。

（3）工作的最迟开始时间等于该工作完成节点的最迟时间与其持续时间之差，即

$$LS_{i-j}=LT_j-D_{i-j} \qquad (7-3-11)$$

在图 7-3-23 中，工作④—⑧（即工作 G）的最迟开始时间等于该工作完成节点⑧的最迟时间与其持续时间之差，即有 $LS_{4-8}=LT_8-D_{4-8}=91-38=53$。

（4）工作的总时差等于该工作完成节点的最迟时间减去该工作开始节点的最早时间所得差值再减去其持续时间，即

$$TF_{i-j}=LT_j-ET_i-D_{i-j} \qquad (7-3-12)$$

在图 7-3-23 中，工作⑤—⑥（即工作 F）的总时差等于该工作完成节点⑥的最迟时间减去该工作开始节点⑤的最早时间及工作 F 的持续时间，即有

$$TF_{5-6}=LF_6-ET_5-D_{5-6}=35-18-11=6$$

（5）工作的自由时差等于该工作完成节点的最早时间减去该工作开始节点的最早时间所得差值再减去其持续时间，即

$$FF_{i-j}=ET_j-ET_i-D_{i-j} \qquad (7-3-13)$$

需要特别注意的是，如果本工作与其各紧后工作之间存在虚工作，其中的 ET 应为本工作紧后工作开始节点的最早时间，而不是本工作完成节点的最早时间。

在图 7-3-23 中，工作②—④（即工作 E）的自由时差 $FF_{2-4}=ET_4-ET_{2-4}=35-18-17=0$。

3. 确定关键线路和关键工作

在双代号网络计划中，关键线路上的节点称为关键节点。关键工作两端的节点必为关键节点，但两端为关键节点的工作不一定是关键工作。关键节点的最迟时间与最早时间的差值最小。特别地，当网络的计划工期等于计算工期时，关键节点的最早时间与最迟时间必然相等。在图 7-3-22 中，①、②、④、⑥、⑦、⑧、⑨是关键节点。关键节点必然处在关键线路上，但由关键节点组成的线路不一定是关键线路，在图 7-3-23 中，由①、②、④、⑧、⑨组成的线路就不是关键线路。

当利用关键节点判别关键线路和关键工作时，还要满足下列判别式，即

$$ET_i+D_{i-j}=ET_j \qquad (7-3-14)$$

或

$$LT_i+D_{i-j}=LT_j \qquad (7-3-15)$$

如果两个关键节点之间的工作符合上述判别式，则该工作必然为关键工作，它应该在关键线路上；否则，该工作就不是关键工作，关键线路也就不会从此处通过。在图 7-3-23 中，工作①—②、工作②—④、虚工作④—⑥、工作⑥—⑦、工作⑦—⑧、工作⑧—⑨均

符合上述判别式，故线路①→②→④→⑥→⑦→⑧→⑨为关键线路。

小博士

> 时间是没有办法存储的，但是一分钟却可以做许多事情。合理规划时间是通信工程顺利完成的秘诀之一。有人认为，每天忙忙碌碌就是善于利用时间，但实际上许多忙得焦头烂额的人正是缺乏时间管理能力的人。
>
> 一个办事拖拉的人与一个高效的人在工作效率上相差可达10倍以上，所以人们需要掌握时间管理的方法和理念，并从现在开始掌控自己的时间。

任务小结

本任务主要介绍了网络技术计划的基本概念、网络图的绘制、网络计划时间参数的计算。

任务四　通信进度计划实施监测与调整方法

一、通信进度计划实时监测方法

常用的通信建设进度的控制方法有横道图、S曲线、香蕉图等。

1. 横道图

横道图又称甘特图，最早为甘特提出并开始使用，它以图示方式通过活动列表和时间控制形象地表示出任意特定项目的活动顺序与持续时间。一般用横坐标表示时间，纵坐标表示工程项目进度工序，进度线为水平线条。由于其形象直观、易于编制和理解，因此长期以来被广泛运用于工程建设进度控制中。横道图适用于编制总体性控制计划、年度计划、月度计划等，也可以用来对进度计划的实施进行监测。

2. S曲线

S曲线是指按照对应时间点给出累计的成本、工时或其他数值的图形。该名称来自曲线的形状，如英文符号S（起点和终点处平缓，中间陡峭），项目开始时极慢，中期加快，收尾平缓的情况会造成这种曲线，S曲线一般用来表示项目的进度或成本随时间的变化。此类项目一般具有在初期投入的资源逐渐增多，到了中期投入最多，而在后期投入的资源又在逐渐减少的特点，导致项目进度或成本随时间变化的曲线呈S形状。

3. 香蕉图

绘制香蕉图是工程项目施工进度控制的方法之一，香蕉曲线是由两条以同一开始时间、同一结束时间的S形曲线组合而成的。其中，一条S形曲线是工作按最早开始时间安排进度所绘制的S形曲线，简称ES曲线；而另一条S形曲线是工作按最迟开始时间安排进度所绘制的S形曲线，简称LS曲线。除了项目的开始和结束点外，ES曲线在LS曲线的上方，同一时刻两条曲线所对应完成的工作量是不同的。

二、监测进度具体过程

1. S 曲线监测进度的具体过程

根据项目需要画出纵、横坐标，根据计划完成的工程数量或投资额画出 S 曲线 A；根据实际完成的工程数量或投资额画出 S 曲线 B；将实际曲线值 B 与计划曲线值 A 进行比较，若两曲线接近，说明实际值 x 在控制范围内；若出现较大偏差，则要分析原因，采取措施进行调整。

2. 香蕉曲线监测进度的具体过程

根据项目需要画出纵、横坐标；编制网络图，计算工序（工作）网络时间参数；画出最早开始时间曲线 ES、最迟开始时间曲线 LS，形成香蕉圆形；画出实际进度曲线 C。若曲线 C 处在香蕉曲线圆形之内，则投资或进度在控制范围内；若曲线 C 处在香蕉曲线之外，则要分析情况，采取措施进行调整，使其满足要求。

三、通信进度计划实施调整方法

任务描述

不管计划如何周密，毕竟只是人们的主观设想，在计划实施过程中各种事先不曾预料到的新情况会不断出现，各种干扰因素和风险因素也在不断地发生变化，这些都会使工程技术人员难以完全按照事先的计划来实施，这就要求管理人员必须掌握动态控制原理，在计划实施过程中不断地检查工程建设的实际进展情况，将实际状况与计划安排进行对比，从中得到偏离计划的有关信息，然后在分析形成偏差原因的基础上，通过采取组织、技术、经济等措施对实际进度进行调整，使之能按原计划正常实施，或者根据实际情况调整修改原计划，使其更符合实际情况，并按调整后的新计划继续实施。在进度计划执行过程中不断地检查、调整、修正，以保证工程建设进度得到有效控制。

1. 改变某些工作间的逻辑关系

若检查到实际施工进度产生的偏差影响了总工期，在工作之间的逻辑关系允许改变的条件下，可改变关键线路和超过计划工期的非关键线路上的有关工作之间的逻辑关系，以达到缩短工期的目的。用这种方法调整的效果是显著的，如可以把依次进行的有关工作改变成平行的或互相搭接的，或者分成几个施工段进行流水施工等，都可以达到缩短工期的目的。

2. 缩短某些工作的持续时间

这种方法并不改变工作之间的逻辑关系，而是通过缩短某些工作的持续时间，使施工进度加快，从而保证实现计划工期。被压缩持续时间的工作应是位于由于实际施工进度的拖延而引起总工期增长的关键线路和某些非关键线路上的工作。同时,这些工作又应当是可压缩持续时间的工作。

小博士

> 亨利·L·甘特（Henry Laurence Gantt, 1861—1919），人际关系理论的先驱者之一，科学管理运动的先驱者之一，甘特图（Gantt Chart）即生产计划进度图的发明者。从甘特图表所提供的信息中可看出哪一项工程或产品落后于预定的计划，然后采取行动加以纠正，以便使工程赶上计划的安排。

任务小结

通信进度计划实施监测与调整方法，主要包括监测方法和调整方法。监测方法包括横道图、S曲线和香蕉图；调整方法主要是改变某些工作间的逻辑关系和缩短某些工作的持续时间。

本任务主要介绍了有关工程进度计划实施监测方法，具体包括横道图、S曲线和香蕉图的具体使用与应用。

※思考与练习

一、简答题

(1) 简述横道图的特点。
(2) 简述单位工程施工进度计划。
(3) 简述通信建设工程监理进度的关键点。
(4) 简述影响通信工程项目进度的因素。
(5) 简述通信工程施工阶段进度计划的编制方法。
(6) 简述监理单位进度控制的关键点、施工阶段进度事中控制的要点和具体方法。
(7) 简述网络图的绘制规则。
(8) 根据下表所示逻辑关系绘制相应双代号网络图、计算相应时间参数并确定关键线路。

逻辑关系表

工作	A	B	C	D	E	F	G	H	I
紧前工作	—	—	—	—	B	B、C、D	D	E	F、G
持续时间	9	3	4	2	4	5	6	3	5

二、判断题

(1)（　　）S 曲线一般用来表示项目的进度或成本随时间的变化。

(2)（　　）横道图又称甘特图。

(3)（　　）设计单位应采取各种措施按时、按质、按量提交相应设计文件。

(4)（　　）通信建设工程施工阶段进度事前控制的主要点是审核承包单位的施工进度计划。

(5)（　　）在工作之间的逻辑关系允许改变的条件下可改变关键线路和超过计划工期的非关键线路上的有关工作之间的逻辑关系以达到缩短工期的目的。

(6)（　　）网络图要能正确表达出整个工程项目的施工工艺流程和各工作开展的先后顺序，以及它们之间相互制约、相互依赖的约束关系。

项目八

质量控制

📀 项目描述

通信项目实施阶段占用了整个项目的大部分资源，对质量影响的因素较多，在施工过程中若有疏忽就极易引起质量问题。为此，必须采取有效措施，对常见的质量问题事先加以预防，对出现的质量事故应及时进行分析和处理。

📀 项目目标

(1) 识记：通信项目的质量管理与控制。
(2) 领会：通信项目具体有哪些质量问题。
(3) 应用：如何解决通信项目存在的问题。
(4) 能够：有社会责任感，养成严谨、细致的良好工作习惯。

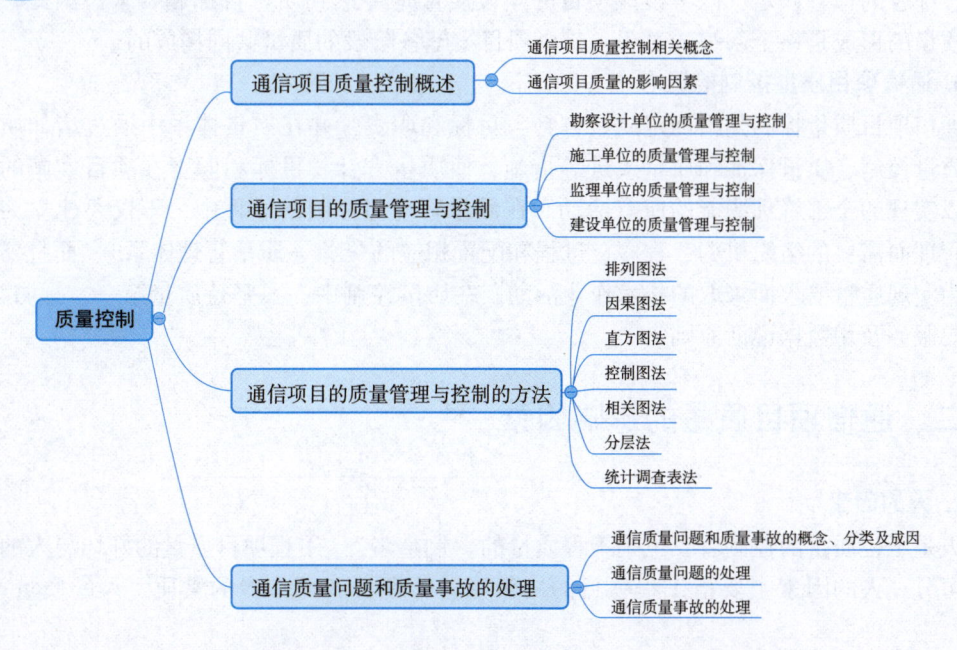

📀 知识体系

- 质量控制
  - 通信项目质量控制概述
    - 通信项目质量控制相关概念
    - 通信项目质量的影响因素
  - 通信项目的质量管理与控制
    - 勘察设计单位的质量管理与控制
    - 施工单位的质量管理与控制
    - 监理单位的质量管理与控制
    - 建设单位的质量管理与控制
  - 通信项目的质量管理与控制的方法
    - 排列图法
    - 因果图法
    - 直方图法
    - 控制图法
    - 相关图法
    - 分层法
    - 统计调查表法
  - 通信质量问题和质量事故的处理
    - 通信质量问题和质量事故的概念、分类及成因
    - 通信质量问题的处理
    - 通信质量事故的处理

任务一　通信项目质量控制概述

一、通信项目质量控制相关概念

1. 通信工程项目质量控制相关概念

通信项目的质量是指工程满足建设单位需要的符合国家及行业技术规范标准、符合设计文件及合同规定的特性综合，如性能、寿命、可靠性、安全性、环境、经济性等。

2. 通信项目质量的形成过程

在通信建设的过程中，不同阶段对项目建设质量的影响是不尽相同的。在项目规划阶段，首先通过可行性研究和项目建议书从技术经济角度选择出最佳方案，为项目的决策、设计提供充分的依据，此阶段项目建设的质量要求和标准主要关注能否满足业主的意图及需求，并与投资规模、项目的整体布局相协调，为项目今后的使用创造良好的运行条件和环境。在项目设计阶段，方案所采用的技术是否恰当、工艺是否先进、投资是否合理、功能是否实用和运行是否可靠等，都将影响项目建成后的使用价值，项目设计因而成为影响工程建设项目质量的重要环节。没有高质量的设计，就没有高质量的工程。在项目实施的准备阶段，建设单位和施工单位对工程建设实施条件、材料人员和设备的配重、实施计划、施工工艺等分别进行准备，准备工作的充分与否将直接影响项目的质量。在项目的实施阶段，施工单位根据设计图纸的要求，通过施工把设计思想和设计意图转变成实物形态的产品提供给建设单位。在此过程中，每个环节、因素都可能对质量产生影响，如施工工艺、技术的合理性和先进与否等因素。项目实施因而是实行质量管理与控制的重要环节。在项目竣工验收阶段，质量监察部门将会同建设单位、施工单位、设计单位对项目的质量进行全面、综合的检查评定，以考核该项目的建设质量是否达到质量目标和要求。因此，通信建设质量的形成是一个系统的过程，是由项目实施各阶段的质量共同构成的。

3. 通信项目质量控制的概念

通信项目质量控制是指确定质量方针、目标和职责，并在质量体系中通过诸如质量策划、质量控制、质量保证和质量改进等措施，使质量方针、目标和职责在项目实施的过程中得以实现的全部管理职能的所有活动。在质量管理与控制的过程中，不仅要建立为实施质量管理而需要的组织机构、程序、过程和配置相应的资源（质量管理体系），而且要全面开展为实现质量要求而采取的技术作业活动。在质量控制中，要坚持质量第一、预防为主、为用户服务及用数据说话原则。

二、通信项目质量的影响因素

1. 人的因素

人是工程质量的控制者，也是工程质量的"制造者"。工程项目质量的好坏与人的因素密不可分。人的因素主要指工程项目的决策者、管理者和操作者的素质。人的质量意识、质量责任感、技术水平以及职业道德等，都会直接或间接影响工程项目的质量。工程质量的形成受到所有参加工程项目施工的工程技术干部、操作人员、服务人员共同作用，他们是形成工程质量的主要因素。首先，应提高他们的质量意识。各岗位人员应当树立五大观念，即质量第一的观念、预控为主的观念、为用户服务的观念、用数据说话的观念及社会效益、企业效益（质量、成本、工期相结合）综合观念。其次，是人的素质。领导层、技术人员素质高，决策能力就强，就有较强的质量规划、目标管理、施工组织和技术指导、质量检查的能力；管理制度完善，技术措施得力，工程质量就高。操作人员应有精湛的技术技能、一丝不苟的工作作风、严格执行质量标准和操作规程的法制观念；服务人员应做好技术和生活服务，以出色的工作质量，间接地保证工程质量。提高人的素质，可以靠质量教育、精神和物质激励的有机结合，也可以靠培训和优选，进行岗位技术练兵。为了达到通过对人员的管理与控制实现对工程建设质量管理与控制的目的，要加强对工程建设参与者的政治思想教育、劳动纪律教育、专业技术知识培训，健全岗位责任制，改善生产劳动条件并制定公平合理的奖惩制度，而且应根据项目的特点，以确保质量为根本目的，做到人尽其才，扬长避短地来管理和使用人员，让具有不同技能和特长的人员分别担任不同岗位的负责人、操作者，让心理素质较高的人员承担重岗位的工作，避免因技术技能、生理因素或心理因素的缺陷而造成对工程建设质量的不良影响。

2. 设备、材料因素

设备、材料（包括原材料、成品、半成品、构配件）不仅是通信建设的物质条件，而且其质量也是保证工程建设质量的基础，因此加强对设备、材料和配（构）件质量的管理与控制，既是提高施工质量的重要保证，也是实现投资目标控制和进度目标控制的前提。通信工程建设所需的设备、材料和配（构）件一般由建设单位通过招标统一采购，因而它们的质量也主要由建设单位和设备、材料及配（构）件供应者控制和保证，但施工企业和项目管理机构也应积极配合，协助建设单位和供应商共同做好对设备、材料和配（构）件的质量管理与控制。

3. 工艺方法因素

工艺方法是指施工现场采用的技术方案和组织方案，它是保证施工质量的另一个重要方面。通信的施工工艺和作业方法并不是固定不变的，随着科学技术的进步，新技术、新设备、新材料在通信建设中不断得到应用，从而要求和促进了施工工艺持续更新和发展。工程实施过程中组织方案的合理与否，将直接影响工程质量控制能否顺利实现，关系到工程项目的成败。许多工程往往由于施工方案考虑不周而被拖延进度，影响了质量，致使投资一再增加。为此，制订和审核施工方案时，必须结合工程实际，从技术、管理、工艺、组织、操作、经济等方面进行全面分析、综合考虑，力求方案技术可行、经济合理、工艺先进、措施得力、操作方便，以利于提高质量、加快进度、降低成本。

4. 机械设备、仪器仪表因素

施工机械是工程建设不可缺少的物质基础，工程项目建设的进度快慢和施工质量都与施工机械有密切关系。在施工阶段必须综合考虑施工现场条件、建筑结构形式、施工工艺和方法、建筑技术经济指标等，合理选择机械的类型和性能参数，合理使用机械设备，并正确地操作。操作人员必须认真执行各项规章制度，严格遵守操作规程，并加强对施工机械的维修、保养、管理。仪器、仪表和工（器）具是通信施工中不可缺少的设备，由于通信的特殊性，施工中使用的仪器、仪表和工（器）具除了一部分是通用的外，还有相当一部分是专用的仪器、仪表和工（器）具，它们的先进性、功能、精度、工作状态和操作使用方法都将对工程建设质量产生不同程度的影响。通过对仪器、仪表和工（器）具的控制，可以保证施工质量监测的准确性和权威性，为工程的竣工验收和项目的营运提供可靠、翔实的依据。

5. 环境因素

通信施工现场的环境和条件是影响工程施工质量的外在因素。通信建设涉及面广，特别是通信线路工程建设，其施工周期长、施工范围广，受自然和非自然因素影响的可能性较大。施工现场的环境和条件是项目建设中不可忽视的因素，它不仅对施工质量产生影响，也将成为影响施工进度、投资规模控制目标实现的重要因素。在拟定对施工条件和环境因素的控制方案和制定措施时，同样必须全面综合考虑，只有这样才能达到有效控制的目的。在通信实施的过程中，影响通信质量的因素本身也在不断变化，它们因偶然因素而产生的微小变化具有随机性，是不可避免和难以确切控制的，而对偶然因素产生的微小变化所形成的质量问题加以控制是不经济的。但如果是系统性因素形成的变化，则会对工程质量产生较为严重的影响，因此使用的仪器、仪表在项目实施过程中应定期对可能出现影响质量的因素进行检查和处理，保证工程建设质量和工程建设过程的顺利进行。

小博士

通信行业现成为发展最快的行业之一，同时也随着5G牌照全面业务运行的临近，可以肯定的是在今后若干年内，通信网络仍将继续保持高速发展势头，在发展过程中仍将面临大规模的网络建设工程。目前，通信正面临着成本和时间方面越来越大的压力。在通信中，采取各种办法在保证质量和安全的前提下降低成本，压缩建设周期，快速响应市场需求，是提高通信企业竞争力的根本保证。

任务小结

通信工程项目质量控制概述，包括通信工程项目质量相关概念、通信工程项目质量控制概念及形成、通信工程项目质量的影响因素（人、机、料、法、环）。

任务二　通信项目的质量管理与控制

一、勘察设计单位的质量管理与控制

（一）勘察质量的管理与控制

通信建设工程的勘察工作，根据建设项目划分为通信管道及光（电）缆线路工程勘察，电源设备、有线通信设备及无线通信设备安装工程勘察等；根据项目建设的阶段则

划分为一阶段勘察、二阶段勘察。各阶段勘察工作的主要内容为收集资料、调查情况、选定路由、现场测量、疑点勘探、测量定位、土壤 pH 值及大地电阻率分析、高程测量、站址选择、干扰调查、划线定位等。勘察所获得的资料、技术数据应翔实、准确，能真实反映该项目建设的环境、条件。为了保证勘察质量，勘察单位应保证参与现场勘察工作的人员具有相应的专业知识，按照事先拟定的勘察工作方案及操作规程开展工作，对于需要定点、定位的部位，应在现场做出标记并详细记录，原始资料的获取要正当合理，测量中使用的仪器、仪表精度要符合要求，操作使用正确，从而使勘察工作的质量自始至终得到保证。

（二）设计质量的管理与控制

通信设计工作的质量要求主要体现在以下几个方面。

1. 方案合理

方案的合理性就在于在充分实现业主的要求和功能的前提下使投资效益最大化，为此，通信的设计要以现有技术和设备为依托，以国家和行业技术标准、规范为依据，结合项目建设的环境和条件，采用技术成熟、经济性好、运行可靠、工作安全、便于施工和维护的方案。为保证方案的合理性，设计单位应对多种可行的方案进行比较，择优选用。

2. 格式规范

通信设计文件的设计图纸按照国家有关规定，对图纸的幅面及格式、图形的比例、图纸中使用的字体、图形中图线的使用、图向都有统一的要求。此外，图例的使用也应符合行业标准，设计文件中的设计说明和概（预）算表格的格式应满足建设单位的要求，正式出版的设计文件应装订整齐、格式规范、版面整洁、图纸准确清晰，便于建设单位、施工单位的使用和管理。

3. 数据准确

通信设计文件中的数据主要有 3 个方面：一是在设计说明中为了描述工程概况、叙述设计方案、说明建设规模和投资规模而编制的综合数据；二是图纸中标注设计要求、统计本图主要工作量的数据；三是概（预）算表格中反映工程建设人工、材料、机械消耗量，安装工程工作量，统计工程建设所需各项费用情况的统计数据。图纸、表格、说明中的相关数据应完全准确一致。为保证设计质量，在通信设计工作中，设计单位的项目负责人、技术负责人应对设计方案、设计工艺进行严格把关，各专业技术人员应持证上岗，全面实行内部审核制度，规范设计质量管理体系，充分保障设计质量。建设单位应会同施工单位、设计单位对设计文件进行会审。

二、施工单位的质量管理与控制

（一）事前控制阶段

1. 参加设计会审及设计交底

施工单位参加设计会审及设计交底，可以充分了解、熟悉设计意图，全面、准确地理解设计思想，解决施工中可能出现的技术难点，掌握施工中的重点、难点，确保施工质量。

2. 施工组织方案的设计

施工单位编制施工组织方案，是为了实现施工总体部署和施工的需要，达到提高施工效率和经济效益的目的。施工组织方案包括：保证质量的技术组织措施（质量控制的设计、质量检查的落实、质量优劣的奖惩、技术规范标准的执行等）；安全防护技术组织措施（应重视施工安全体系的建立、安全隐患的预测与预防措施、施工现场的安全教育和制度措施）；控制施工进度和保证工期的措施（文明施工措施，如环境保护、材料管理、设备维护、消防保卫、职工生活设施搭建和野外作业卫生保健等）；降低工程造价的措施（如通信材料的节约、减少流动资金的占用、人工费用的降低等）。制定主要由项目经理部负责。

3. 施工生产要素配置的审查

通信建设所使用的材料、器材种类繁多，而功能和使用场合又不尽相同，采购过程中应根据项目的实际需要对其质量提出严格的要求，对于进场的材料、器材均应要求有进网许可证、产品合格证和技术说明书，并按有关规定对它们进行必要的抽查、检验，对于主要设备，应分别开箱检查，并按订货合同和所附的技术说明书进行验收。凡是没有进网许可证、产品合格证和技术说明书及抽检不合格的材料、器材，不得在工程中使用。

（二）事中控制阶段

事中质量管理与控制是指在项目施工中进行的质量管理与控制。除了通信局（所）专用房舍建设为建筑工程以外，常见的通信工程主要为设备（传输、交换、移动、电源、空调）安装工程和管线工程，在各单项工程的施工中，施工承包单位要完善工序控制，把影响工程质量的因素都纳入管理程序，对隐蔽工程、关键部位或薄弱环节等建立质量控制点，对其可能产生质量问题的原因进行分析，制定相应的应对措施，实行预控制，一旦出现质量问题要能及时处理。在施工过程中，一线施工人员的操作对施工质量有直接的影响，如设备安装、软件安装、制作数据、设备调测、光缆接续等作业对施工人员的要求较高，施工组织者应分配具有相应技术水平的人员负责关键部位的施工安装工作。通信建设施工中使用的材料规格种类繁多，且有些材料有限定的使用范围，如热缩套管、光缆接续盒、设备板卡、各种设备间的连接线缆等，因此在材料的发放、使用上要严格把关，防止出现差错。在工程中应用新技术、新材料、新工艺时，要有可靠的技术保障，对操作使用人员要组织培训，防止因施工经验不足而产生质量问题。应做好施工工序间的衔接与配合，避免因工序脱节或混乱造成返工、返修、窝工等现象，加快施工进度，确保施工质量。通信建设的施工过程应全面引入工程监理制度，通过现场监理，促使施工企业加强对施工质量的管理，完善质量管理体系。

（三）事后控制阶段

事后控制阶段也即工程质量的验收与交付使用阶段。在竣工验收阶段，应按照相应程序，对项目的相关资料及竣工图等进行全面审核，如审核材料/设备的质量合格证明材料，验证其真实性、准确性、权威性；检查新材料、新工艺试验/检验的可靠性。只有承包单位的施工质量通过竣工验收，才能办理交接手续，应将成套技术资料进行分类整理、编目建档，完成后移交给建设单位。

小博士

> 通信施工是使通信设计文件的意图最终实现并形成项目工程实体的阶段,也是形成最终产品质量和使用价值的阶段。通信施工阶段的质量控制是项目质量控制的重点,也是实施工程监理的重要内容。最终项目质量形成是一个系统的过程,即工程实施阶段的质量控制。

三、监理单位的质量管理与控制

就目前实际情况来说,监理的质量控制主要集中在施工和验收阶段,其流程框图如图 8-2-1 所示。

(一)协助建设单位选择施工单位

协助建设单位选择施工单位的工作内容包括以下 4 项。

(1)协助建设单位编制施工招标文件,拟定招标邀请函或招标公告,审查投标申请书、投标单位资质和投标标书,参加开标和评标。

(2)审核施工单位资质等级,对于资质等级范围不符合条件的,应向建设单位提出书面意见。

(3)协助建设单位与中标单位签订施工承包合同。根据相关建设法规规定,主要工程量必须由施工承包单位完成;施工承包单位对工程实行分包必须符合投标文件的说明和施工合同的规定,未经建设单位同意不得分包。监理单位发现施工单位存在转包、肢解分包或层层分包等情况,应签发监理工程师通知单予以制止,并报建设单位。

(4)审查分包单位资格。

① 承包单位应填写《分包单位资质报审表》,附上经其自审认可的分包单位的有关资料,报项目监理机构审核。

② 项目监理认为必要时,可会同承包单位对分包单位进行实地考察,以验证分包单位有关资料的真实性。

③ 项目监理机构对分包单位资格和技术水平的审核应在所分包的专业单项、单位工程开工前完成。

④ 分包单位的资格应符合有关规定并满足工程需要,并由总监理工程师签发《分包单位资格报审表》予以确认。未经总监理工程师的批准,分包单位不得进入施工现场。

⑤ 总监对分包单位资格的确认不解除总包单位应负的责任。在工程的实施过程中分包单位的行为均被视为承包单位的行为。

⑥ 分包合同签订后,承包单位应填写《分包合同报验申报表》,并附上分包合同副本或复印件一份报送项目监理机构备案。

(二)审查施工图设计

监理单位应审查施工图设计文件,参加设计会审。设计文件是施工阶段监理工作的直接依据,非常重要,监理工程师应该认真参加由建设单位主持的设计会审工作。设计会审前,总监理工程师应组织监理工程师审查设计文件,并形成书面意见,同时,要督促承包

```
接受任务，组建监理机构          进场设备器材检验
        ↓                              ↓
编制施工阶段监理规划          隐蔽作业和工序作业自检合格报验
        ↓                              ↓
协助业主选择施工单位                监理工程师检验
        ↓                              ↓
    确定施工单位                      单项工程报验
        ↓                              ↓
  审查施工图设计文件         监理工程师审核竣工文件、组织预检
        ↓                              ↓
  审批施工组织设计方案                 工程初验
        ↓                              ↓
   检查现场施工条件                   工程试运行
        ↓                              ↓
查验进场施工机具、仪表、设备           工程终验
        ↓                              ↓
 审核开工报告、签发开工令          办理工程移交手续
        ↓                              ↓
                                 施工阶段监理总结
```

图 8-2-1 施工阶段监理质量控制流程框图

单位认真做好现场及图纸核对工作，对发现的问题以书面形式汇总提出。对有关各方提出的问题，设计单位应以书面形式进行解释或确认。

（三）审批施工组织设计

（1）施工单位应于开工前一周，填写《施工组织设计（方案）报审表》，报送监理单位；总监理工程师应及时组织监理工程师审查施工组织设计中的施工进度计划、技术保证措施、质量保证措施、采用的施工方法以及环保、文明施工、安全措施和应急预案等内容，

并提出意见，由总监理工程师审查后报送建设单位批准。如需修改，则应退回施工单位限期重新修改和报批。

（2）《施工组织设计》审查重点：应符合当前国家基本建设的方针和政策，突出"质量第一、安全第一"的原则；工期、质量目标应与设计文件、施工合同相一致；施工方案、工艺应满足设计文件要求；施工人员、物资安排应满足进度计划要求；施工机具、仪表、车辆应满足施工任务的需要；质量管理和技术管理体系健全，质量保证措施切实可行且有针对性；安全、环保、消防和文明施工措施切实可行并符合有关规定。项目监理机构应要求承包单位严格按照批准的《施工组织设计》方案组织施工。施工过程中，由于情况发生变化，承包单位可能会对已批准的施工组织设计进行调整、补充或变动，对此项目监理机构应要求承包单位报送调整（补充或变动）后的施工方案，并重新予以审查、签认并报建设单位。

（四）检查现场施工条件

1. 通信管线施工条件检查

（1）通信管线路由的审批手续是否已办理，如市政、城建、土地、环保、消防等审批。

（2）与相关单位施工协议是否已签订，如公路、铁路、水利、电力、煤气、供热等协议。

（3）承包单位的施工许可证、道路通行证是否已办妥。

（4）通信器材、设备集屯点是否已选定，条件是否满足要求。

（5）障碍物检查。

2. 机房条件检查

（1）机房建筑应符合工程设计要求。相关建筑工程应已完工并验收合格。

（2）机房地面、墙壁、顶棚的预留孔洞位置尺寸，预埋件的规格、数量等均应符合工程设计的要求。

（3）当机房需做地槽时，地槽的走向路由、规格应符合工程设计要求，地槽盖板应坚固严密，地槽内不得渗水。

（4）机房的通风、取暖、空调等设施应已安装完毕，并能使用。室内湿度、温度应符合工程设计要求。

（5）机房建筑的接地电阻值必须符合工程设计的要求，防雷保护接地系统验收合格。

（6）在铺设活动地板的机房内应检查地板板块铺设是否稳固平整，水平误差（每平方米）不大于 2 mm，板块支柱接地良好，接地电阻和防静电设施应符合工程设计（或设备技术说明书）的要求。

（7）机房建筑必须符合有关防火规定，机房内及其附近严禁存放易燃易爆危险品。

（8）市电已按要求引入机房，机房照明系统已能正常使用。

（五）检验进场施工机具、仪表和设备

对进入现场的施工机具、仪表和设备，施工单位应填写《施工设备和仪表报验申请表》，并附有关计量部门的计量合格证书和有效期，报监理审核。监理工程师应根据《施工设备和仪表报验申请表》检查进场施工机具、仪表和设备的技术状况，审查合格后予以签认。在施工过程中，监理人员还应督促施工人员经常检查，保证施工机具、仪表和设备保

持正常的技术状况，对出现的损伤应及时修理或更换部件。

（六）审核开工报告、签发开工令

开工前，施工单位应填写《开工申请报告》报送监理单位审查和建设单位批准，《开工申请报告》中应注明开工准备情况和存在问题，以及提前或延期开工的原因。

（1）开工申请报告审查要点。

① 工程设计文件是否已通过会审。
② 工程合同是否已签订。
③ 建设资金是否已到位。
④ 设备、材料是否满足开工需要。
⑤ 开工相关证件或协议是否已办妥。
⑥ 施工环境是否具备开工条件。
⑦ 施工人员、机具、仪表、车辆是否已按要求进场。

（2）如开工条件已基本具备，总监理工程师在征得建设单位同意后可签发开工令，如某项条件还不具备，则应协调相关单位，促使尽快开工。

（七）检验进场设备、材料

（1）承包单位应对拟进场的工程材料、构配件和设备（包括建设单位采购的工程材料、构配件和设备）填写《工程材料/构配件/设备报验申请表》并附上相应的入网使用证明、出厂质量证明等有关资料报项目监理机构审核、签认。对新材料、新产品，承包单位还应报送经有关部门鉴定、确认的证明文件。

（2）监理机构收到《工程材料/构配件/设备报验申请表》后，应及时派人会同建设、供货、施工等单位相关人员依据设备、材料清单对设备、材料进行清点检测，设备、材料应符合设计及订货合同要求。

（3）对进口材料、构配件和设备，供货单位应报送进口商检证明文件，建设、施工、供货、监理方进行联合检查。

（4）对检验不合格的设备、材料，监理工程师应要求相关人员分开存放，责令限期退出现场，不准在工程中使用。同时，监理工程师应及时签发《监理工程师通知单》，并报建设单位和通知供货商到现场复验确认。

（5）当器材型号不符合工程设计要求时，监理工程师应通知建设单位，在未得到明确处理意见前不得用于工程。

（6）对建设单位委托承包单位外加工的构件应检查其数量、规格、质量，保证符合相关要求。

（八）工序作业和隐蔽作业自检合格报验

1. 工序作业的检查验收

工序是指作业活动中一种必要的技术停顿、作业方式的转换及作业活动效果的中间确认。上道工序应满足下道工序的施工条件和要求，对相关专业工序之间也是如此。通过工序间的交接验收，各工序间和相关专业工程之间形成有机整体。因此，施工中监理工程师应进行检查，工序完工后，承包单位填报《报验申请表》，监理工程师应予以检验并签认。

2. 隐蔽工序的检查验收

隐蔽工序是指将被其后工程施工所隐蔽的工序，如果隐蔽前未对其进行检查验收，则将给后续工作（如检查、整改）带来诸多麻烦，因此，在隐蔽之前就要对这些工序进行检查验收，这也往往是最后一道检查，所以非常重要，是控制质量的关键过程，也称为随工验收。其工作程序如下。

① 隐蔽工序完毕，承包单位按照有关技术规程、规范、施工图纸先进行自检，自检合格后，填写《报验申请表》，附上相应的隐蔽工程检查记录及有关材料证明、试验报告、复试报告等，报送项目监理工程师。

② 监理工程师收到报验申请后要对质量证明资料进行审查，并在合同规定时间内到现场检查（检测或核查），承包单位的专职质检员及相关施工人员应随同一起到现场。

③ 经现场检查，如符合质量要求，监理工程师在《报验申请表》及工程检查证（或隐蔽工程检查记录）上签字确认，准予承包单位隐蔽、覆盖，进入下道工序施工。

④ 如经现场检查发现不合格，监理工程师签发《不合格项目通知》，指令承包单位整改，整改后自检合格再报监理工程师复查。

3. 作业活动结果检验程序

按一定的程序对作业活动结果进行检验，其根本目的是要体现作业者应对作业活动结果负责，同时也是加强质量管理的需要。作业活动结束后，应由承包单位的作业人员按照规定进行自检，自检合格后与下道工序的人员互检，如果满足要求再由承包单位的专职质检人员进行检查，以上自检、互检、质检均符合要求后则由承包单位向监理工程师提交《报验申请表》，监理工程师收到通知后，应在合同规定的时间内及时对其质量进行检查，确认质量合格后予以签认验收。作业活动结果的质量检查验收主要是对质量性能的特征指标进行检查，即采取一定的检测手段进行检验，根据检验的结果分析判断该作业的质量。

检验程序如下。

① 实测，采用必要检测手段，对实体进行测量、测试，获得其质量特性指标。

② 分析，对检测所得的数据进行整理、分析。

③ 判断，根据对数据的分析结果，对比相关的国标、规范，判断该作业效果是否达到规定的质量标准。如果未达到，应找出原因。

④ 纠正或认可，如果发现作业质量不符合规定的标准规定，应采取措施纠正；若质量符合要求则予以确认。

⑤ 重要的工程部位、工序或专业工程，或监理工程师对承包单位的施工质量状况不能确信的，还须由监理人员进行现场验收试验或技术复核。

4. 通信施工项目常用质量控制点

在工序作业中，质量控制点是指质量活动过程中需要进行重点控制的对象或实体。质量控制点的设置是保证施工过程质量的有力措施，也是进行质量控制的重要手段。

（九）工程验收阶段质量控制

通信工程验收一般分为4个步骤，即随工检查、工程初验、工程试运行和工程终验。

1. 随工检查

随工检查即监理人员对通信管线的沟槽开挖、通信管道建筑、光（电）缆布放、杆路架设、设备安装、铁塔基础及其隐蔽工程部分进行施工现场检验，对布放合格的予以签认。随工检查已签认的工程质量，在工程初验时一般不再进行检验，仅对可疑部分予以抽检。

2. 工程初验

（1）工程设计和合同约定完成后，承包单位应在工程自检合格的基础上填写《工程竣工报验单》和编制竣工文件，报送项目监理机构，申请竣工验收。

（2）监理机构收到《工程竣工报验单》后，总监理工程师应组织专业监理工程师和承包单位相关人员对工程进行检查和预验。在检查中发现的问题应由监理机构通知承包单位整改，整改后监理机构应派专人确认是否合格。通过预验检查后，监理机构应对工程编写工程质量评价报告，并由总监理工程师签发由承包单位提交的《工程竣工报验单》，报建设单位，申请工程验收。

（3）建设单位接到由总监理工程师确认的《工程竣工报验单》和工程质量评价报告后，应根据有关文件精神组织验收小组对工程进行初验。监理单位、施工单位、供货单位应相互配合。

（4）在初验过程中发现不合格的项目，应由责任单位及时整治或返修，直至合格，再进行补验。

（5）承包单位应根据设备附件清单和设计图纸规定，将设备、附件、材料如数清点、移交，如错坏、丢失应补齐。

（6）验收小组应根据初验情况写出初验报告和工程结论，抄送相关单位。

3. 工程试运行

在试运行期间，设备的主要技术性能和指标均应达到要求。如果主要指标达不到要求，监理工程师应责成相关单位进行整治，合格后重新试运行3个月。试运行结束后，由运行维护单位编制试运行测试和试运行情况的报告。

4. 工程终验

当试运行结束后，建设单位在收到维护单位编写的试运行报告和承包单位编写的初验遗留问题整改、返修报告及项目监理机构编写的关于工程质量评定意见和监理资料后，应及时组织验收工作，并书面通知相关单位。如不能及时组织终验，应说明原因及推迟的时间等。

（1）终验由上级工程主管部门或建设单位组织和主持，施工、监理、设计、器材供应、质检、审计、财务、管理、维护、档案等相关单位人员参加。终验方案由终验小组确定。

（2）工程终验应对工程质量、安全、档案、结算等做出书面综合评价；终验通过后应签发验收证书。

（3）竣工验收报告由建设单位编制，报上级主管部门审批。

5. 竣工资料

1）竣工文件内容

竣工文件中的资料和工程图纸应齐全，数据准确，计量单位应符合国家标准，图文标记详细，文字清楚，竣工资料装订整齐，规格形式一致，符合归档要求。竣工文件一般由竣工技术文件、测试资料、竣工图纸3部分组成。

2）竣工技术文件审查要求

竣工技术文件表格中的每张表格都要附上，表格每栏都要填写，不得空缺，没有发生的事项应填写"无"。对于竣工图来讲，不同工程的竣工图有不同的审核要点，下面分别进行介绍。

（1）管道建筑工程竣工图审核要点：人（手）孔规格、型号、编号、数量，管孔断面，管道段长，管道平面图，管道纵剖面（高程）图，基础浇筑配筋和截面图，人（手）孔建筑结构和铁件安装图，现场浇注时的人孔上附配筋图等。要求标注清楚，图与实际相符，图与图衔接；与其他管道、构筑物的间距及管道周边参照物等。

（2）通信线路工程竣工图审核要点：路由图，排雷线布放图，接头位置和安装图，架空杆路位置和电杆配置图，路由参照物、特殊地段图（江、河、路、桥、轨、电力线等），要求标注清楚，图与实际相符，图与图衔接。

（3）通信设备安装工程竣工图审核要点：通路组织图，走线架（槽道）安装图，设备平面布置图，设备安装加固工艺，布线系统路由图，电源线、接地线布放路由图，设备面板布置图，设备端子接线图，配线架接线和跳线图；安装无载设备时，还应有无线安装位置、加固方式和天线方位图，馈线布放路由图等；安装位置图，油机控制屏安装位置和布线图，油衡、水箱和管路安装位置图，太阳电池和风力发电机。

（4）通信电源安装工程竣工图审核要点：变换设备安装位置图，蓄电池安装位置图，发电机和油机安装图以及铜（汇流）排安装路由图，室外电力线敷设路由图，室内电源线、告警线布线图，接地装置图等。

（5）通信铁塔基础工程竣工图审核要点：基础位置图，基础钢筋骨架结构图，接地装置结构和安装位置图，塔体安装结构图等。其中，基础位置图的图纸必须标明长、宽、深、根开、基桩标高、水平度，地脚螺栓露出高度、位置及水泥、混凝土标号等；基础钢筋骨架结构图必须标明钢筋型号、规格和钢筋笼结构的尺寸及接头焊接、搭接要求；塔体安装结构图必须标明塔高、塔体结构和加固方式，平台位置、抱杆安装高度和方位角，塔梯、护笼、避雷设施以及警示标志安装位置等。

3）监理文件要求

监理文件是工程档案的一个重要组成部分，按工程档案的相关规定，工程结束后监理文件应交于建设单位。监理文件的内容主要包括监理合同、监理规划、监理指令、监理日志（包括工程中的图片等）、监理报表、会议纪要、监理在工程施工中审核签认的文件（包括承包单位报来的施工组织设计等各种文件和报表）、工程质量认证文件、工程款支付文件、工程验收记录、工程质量事故调查及处理报告、监理工作总结等。

4）竣工资料装订要求

竣工资料装订时应整齐，卷面清洁，不得用金属和塑料等材料制成的钉子装订。卷内的封面、目录、备考表用 70 g 以上的白色书写纸制作。资料装订后，应编写页码。单面书写的文件资料、图纸的页码编写位置在右上角。双面书写的文件资料则正面在右上角，背面在左上角。页码应用号码统一打印。设备随机说明书或技术资料已装订，并有利于长期保存的，可保持原样，不须重新装订。

四、建设单位的质量管理与控制

1. 对勘察设计单位的管理与控制

我国对从事工程勘察设计活动的单位实行资质管理制度，对从事通信勘察设计的专业技术人员实行执业资格注册管理制度，属于双重市场准入制度。

勘察设计企业资质和通信勘察设计单位专业技术从业人员的执业资格是企业进行通信勘察、设计的重要凭证，对企业资质和从业人员的执业资格管理是保证通信勘察设计质量的一个重要环节。

建设单位必须选择符合资质要求的勘察设计单位，同时，建设单位必须为勘察设计单位提供必要的资料，如通过评审的可行性研究报告等。

2. 对施工单位的管理与控制

对于施工单位，同样存在资质问题，建设单位必须选择符合资质要求的施工单位。

建设单位要对施工单位的生产要素配置进行审查，无论项目是实行总承包还是分承包，发包方都应对承包方的技术资源配置进行全面而严格的审查。对总承包单位技术资源配置的审查应在项目招标阶段进行，而对于由总承包单位通过招标选择的分包单位，工程监理机构应对其在招标中所提供的技术资源审查结果进行认真的审核，只有审查的结果真实有效，且施工企业具有能完成所承担项目的能力，拥有能确保施工质量的技术水平和管理水平，方可允许进入施工现场进行施工。

3. 对监理单位的管理与控制

对于监理单位，同样也存在资质问题，建设单位必须选择符合资质要求的监理单位，同时，建设单位必须为监理单位提供必要的资料，如施工图设计等。

4. 通信项目质量控制的方法

通过对质量数据的搜集、整理和统计分析，找出质量的变化规律和存在的质量问题，提出进行改进的措施，这种运用一定方法进行质量控制的方法是所有涉及质量管理的人员必须要掌握的，它可以使质量控制工作定量化和规范化。

小博士

通信工程质量控制，事前应做好图纸会审和交底、质量管理体系、施工组织设计和各类人员资格审查工作。事中主要做好每个工序的完成过程、顺序、结果的检查和控制，做好变更和不合格工序处理，完善各种资料的记录。事后做好工程验收把关工作。

任务小结

通信工程项目的质量管理与控制，包括勘察设计单位的质量管理与控制、施工单位的质量管理与控制、监理单位的质量管理与控制及建设单位的质量管理与控制。

任务三　通信项目的质量管理与控制的方法

一、排列图法

意大利经济学家帕累托提出"关键的少数和次要的多数间的关系"观点，后来美国质量专家朱兰把该原则引入质量管理中,形成了排列图法,又称为帕累托法、主次图法,通常用来寻找影响质量的主要因素。排列图法必须具有相当数量的准确且可靠的数据做基础,其具体步骤如下。

(1) 按影响质量因素,确定排列图的分类项目。

(2) 要明确所取数据的时间和范围。

(3) 做好各种影响因素的频数统计和计算。

(4) 作横、纵坐标。

① 其中一条横坐标:排列各影响项目或因素。

② 两条纵坐标:左边一条是频数或件数,右边一条是百分比累计频率。

(5) 将各影响因素发生的频数和累计频率标在相应坐标上,并连成一条折线,称为帕累托曲线。

(6) 对排列图进行分析。

① A 类因素,即主要因素:累计百分比为 80% 以下。

② B 类因素,即次要因素:累计百分比为 80%~90%。

③ C 类因素,即一般因素:累计百分比为 90%~100%。

A 类因素为影响质量的主要因素,为首选因素,一般有 1~3 个。A 类因素解决好后,才解决 B 类、C 类因素。

应用排列图可解决以下几类问题。

(1) 按不合格品的缺陷形式分类,可以分析出造成质量问题的薄弱环节。

(2) 按生产作业分类,可以找出生产不合格品最多的关键过程。

(3) 按生产班组或单位分类,可以分析比较各单位技术水平和质量管理水平。

(4) 将采取提高质量措施前后的排列图进行对比,可以分析采取的措施是否有效。

(5) 可以用于成本费用分析、安全问题分析等。

案例 8-3-1　排列图使用

1. 背景

某通信建设中,发现导致用户线缆测试不合格的原因有:端头制作不良 30 处,连接器件质量不良 3 处,插头插接不牢固 10 处,线序有误 50 处,线缆性能不良 3 处,设备接口性能不良 2 处,其他原因 2 处。

2. 问题

用排列图法进行分析,确定影响质量的主要因素。

3. 分析

(1) 首先制作用户线缆测试不合格质量问题调查表,如表 8-3-1 所示。

表 8-3-1　用户线缆测试不合格质量问题调查表

序号	不合格原因	频数	频率	累计频率
1	线序有误	50	50.00	50.00
2	断头制作不良	30	30.00	50.00+30.00=80.00

续表

序号	不合格原因	频数	频率	累计频率
3	插头插接不牢固	10	10.00	80.00+10.00=90.00
4	连接器件质量不良	3	3.00	90.00+3.00=93.00
5	线缆性能不良	3	3.00	93.00+3.00=96.00
6	设备接口性能不良	2	2.00	96.00+2.00=98.00
7	其他	2	2.00	98.00+2.00=100.00
合计		100	100.00	100.00

（2）根据表 8-3-1 所列数据，画出排列图如图 8-3-1 所示。

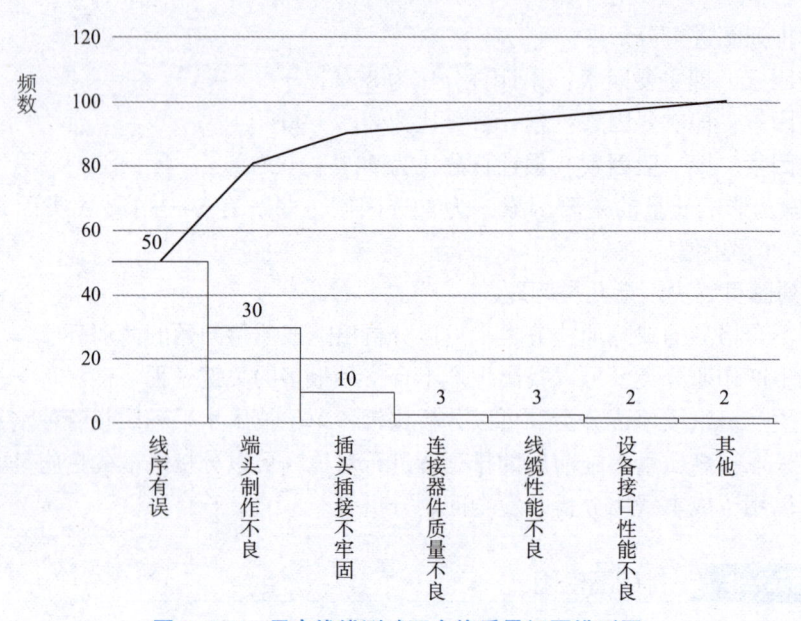

图 8-3-1 用户线缆测试不合格质量问题排列图

分析图 8-3-1 可得，累计百分比在 80% 以下的项目包括线序有误和端头制作不良两个，也就是说，这两个项目因素对线缆的质量影响最大，是 A 类因素，如果线缆质量有问题，应先从这两方面入手解决。其他因素类似分析。

二、因果图法

因果图是整理、分析质量问题（结果）与其产生原因之间关系的有效工具。因果图也称为特性要因图，又因其形状常被称为树枝图或鱼刺图。

1. 作图方法

首先明确质量特征的结果，即明确有什么质量问题，画出质量特征的主干线，即对质量影响大的因素。一般主干线有人员、机械设备、材料、方法、环境 5 个方面。图 8-3-2 所示为其示意图。

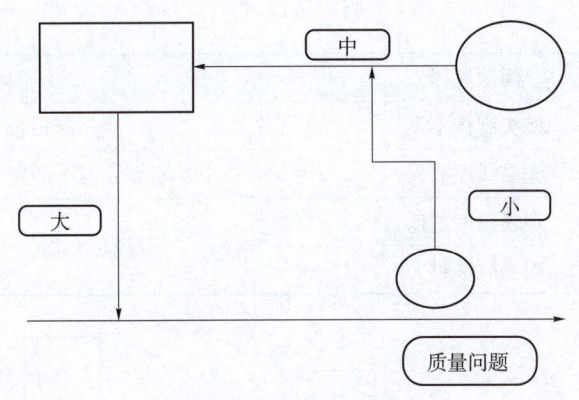

图 8-3-2 因果图示意

2. 因果图的绘制步骤

（1）明确质量问题的结果。画出质量特性的主干线，箭头指向右侧的一个矩形框，框内注明研究的问题，即结果。

（2）分析确定影响质量特性大的原因。一般从人、机、料、法、环5个方面分析。

（3）大原因进一步分解为中原因、小原因，直至可以采取具体措施加以解决为止。

（4）查图中所列原因是否齐全，做必要的补充及修改。

（5）选出影响较大的因素并做标记，以便重点采取措施，并落实实施人和时间，通过图的形式列出。

案例 8-3-2　因果图使用

1. 背景
工程施工中，对用户光缆进行测试，部分指标不合格。

2. 问题
试利用因果图进行分析。

3. 分析
（1）利用因果图进行分析，发现造成测试质量问题的原因如图 8-3-3 所示。

（2）可以根据分析结果确定改进措施，解决相应问题。光缆测试不合格对策计划表如表 8-3-2 所示。

表 8-3-2　光缆测试不合格对策计划表

项目	问题原因	对策
人	基础知识差	做好新人培训
	分工不明确	明晰责权
机	熔接机故障	及时修复或更换
	仪表故障	
料	光缆质量不良	加强进货检验
	连接器件质量不良	

续表

项目	问题原因	对策
法	接头制作不良	严格技术更换
	光缆线序有误	标识及时、明晰，多次检查对线
环	现场温度过低	现场加帐篷，并采取保暖措施
	现场风沙过大	

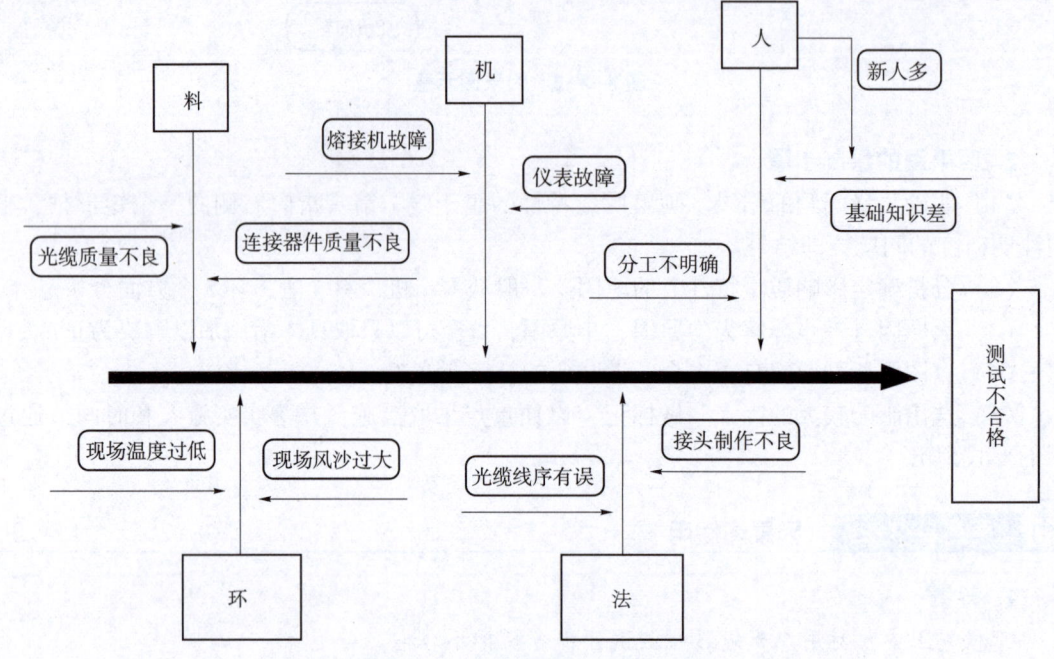

图 8-3-3 光缆测试不合格因果图

4. 绘制因果图的注意事项

（1）主干线箭头指向的结果（要解决的问题）只能是一个，即分析的问题只能是一个。

（2）因果图中的原因是可以归类的，类与类之间的原因不发生联系，要注意避免归类不当和因果倒置。

（3）在分析原因时，要设法找到主要原因，注意大原因不一定都是主要原因，为了找出主要原因，可做进一步调查取证。

（4）要广泛而充分地汇集各方面的意见，包括技术人员、生产人员、检验人员以及辅助人员的意见等，共同分析、确定主要原因。

三、直方图法

直方图又叫频数分布直方图。直方图法是将收集到的质量数据进行分组整理，绘制成频数分布直方图，用以描述质量分布状态的一种分析方法，所以又称其为质量分布图法。

以直方图的高度表示一定范围内数值所发生的频数,根据直方图的分布形状和与公共界段的距离来观察、探索质量分布规律,据此可掌握产品质量的波动情况,从而对质量情况加以控制。

作完直方图后,首先要认真观察直方图的形状,看其是否属于正常型直方图。直方图的形状经过实践总结出了它代表的问题,常见直方图形状如图 8-3-4 所示。

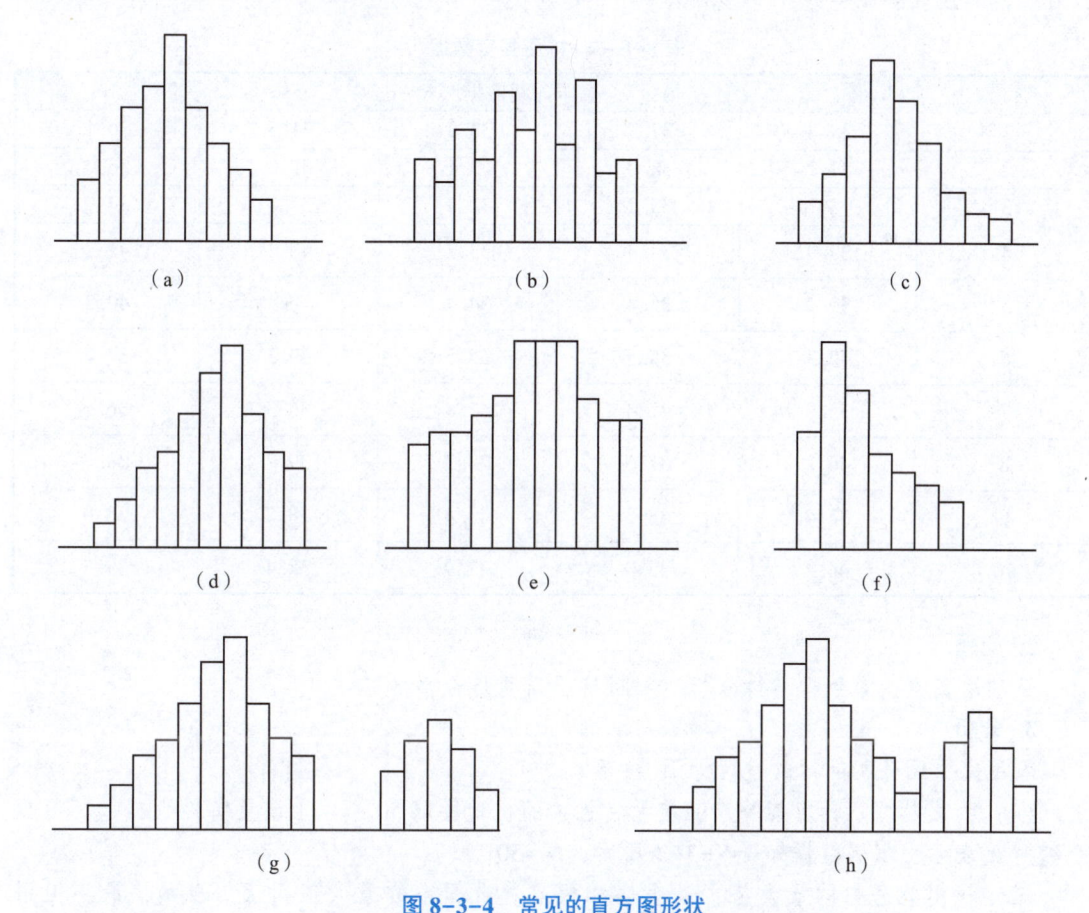

图 8-3-4 常见的直方图形状
(a) 对称型;(b) 锯齿形;(c) 右缓坡型;(d) 左缓坡型;
(e) 平顶型;(f) 陡壁型;(g) 孤岛型;(h) 双峰型

在图 8-3-4 中,(a) 图为对称型,基本呈正态分布。说明生产过程正常,质量比较稳定。(b) 图为锯齿型,一般是组距确定不当或数据有问题。(c) 图和 (d) 图为缓坡型,主要是在质量控制中对下限或上限控制太严格。(e) 图为平顶型,主要是生产过程中有缓慢变化的因素起主导作用,如设备的均匀磨损。(f) 图为陡壁型,也称为偏向型,主要是控制太严格,人为去掉了太多不合格因素。(g) 图为孤岛型,主要是由于材质发生变化或材料有问题造成,一般由低级工操作造成。(h) 图为双峰型,主要是由于把用两种不同工艺、设备或两组工人的数据混杂在一起造成的。

排列图法和直方图法都是静态的,不能反映质量的动态变化,并且这两种方法都需要一定数量的数据。

案例 8-3-3　直方图使用

1. 背景

某通信管道工程浇筑混凝土基础，为对其抗压强度进行分析，共收集了 50 份强度试验报告单，数据经整理如表 8-3-3 所示。

表 8-3-3　抗压强度数据

序号	抗压强度数据/($N \cdot mm^{-2}$)				
1	39.8	37.7	33.8	31.5	36.1
2	37.2	38.0	33.1	39.0	36.0
3	38	35.2	31.8	37.1	34.0
4	39.9	34.3	33.2	40.4	41.2
5	39.2	35.4	34.4	381	40.3
6	42.3	37.5	35.5	39.3	37.7
7	35.9	42.4	41.8	36.3	36.2
8	46.2	37.6	38.3	39.7	38.0
9	36.4	38.3	43.4	38.2	38.0
10	44.4	42.0	37.9	38.4	39.5

2. 问题

试利用直方图对数据进行分析，判断抗压强度是否合格。

3. 分析

利用直方图分析问题的过程如下。

（1）收集数据。针对某一产品质量特性，随机地抽取 50 个以上质量特性数据，其数据个数用 N 表示，本例数据如表 8-3-3 所示，N=50。

（2）找出数据中的最大值、最小值和极差。数据中的最大值用 X_{max} 表示，最小值用 X_{min} 表示，极差用 $R(R=X_{max}-X_{min})$ 表示。

本例中，X_{max}=46.2，X_{min}=31.5，R=46.2-31.5=14.7。区间[X_{min}，X_{max}]称为数据的散布范围，全体数据在此范围内变动。

（3）确定组数。组数常用符号 K 表示。常见的数据分组数如表 8-3-4 所示，本例中取 K=8。

表 8-3-4　常见的数据分组数

数据总数 N	分组数 X
50～100	6～10
100～250	7～12
250 以上	10～20

(4)求出组距 h。组距即组与组之间的间隔,等于极差除以组数,即 $h=(X_{max}-X_{min})/K=R/K$。本例中,$h=(46.2-31.5)/8=1.8\sim2$。

(5)确定组界。为了确定组界,通常从最小值开始,先把最小值放在第一组的中间位置上,组界为 $(X_{min}-h/2)\sim(X_{min}+h/2)$。

本例中,数据最小值 $X_{min}=31.5$,组距 $h=2$,故第一组的组界为 $30.5\sim32.5$,可以求出其他各组的组界为 $32.5\sim34.5$、$34.5\sim36.5$、$36.5\sim38.5$、……、$44.5\sim46.5$。

(6)统计各组频数,即统计落在各组中数据的个数,如表 8-3-5 所示。

表 8-3-5 频数统计表

组号	组界	频数统计	组号	组界	频数统计
1	30.5~32.5	2	5	38.5~40.5	9
2	32.5~34.5	6	6	40.5~42.5	5
3	34.5~36.5	10	7	42.5~44.5	2
4	36.6~38.5	15	8	44.5~46.5	1
合计					50

(7)画直方图。以分组号为横坐标,以频数为高度作为纵坐标,作成直方图,如图 8-3-5 所示。

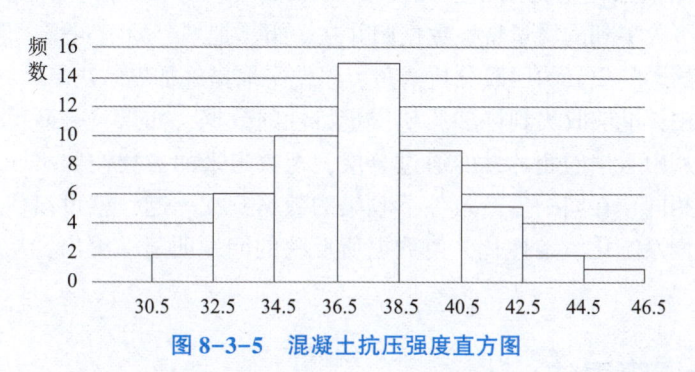

图 8-3-5 混凝土抗压强度直方图

由图 8-3-5 可知,直方图基本呈正态分布,抗压强度合格。

四、控制图法

项目是在动态的生产过程中形成的,因此,在质量管理中还必须有动态分析法。控制图又称管理图,是在直角坐标系内画有控制界限,描述生产过程中产品质量波动状态的图形,控制图法属于动态分析法。

横坐标为样本(子样)序号或抽样时间,纵坐标为被控制对象,即被控制量特性值。控制图上一般有 3 条线,即上控制界限(UCL)、下控制界限(LCL)和中心线(CL)。其基本形式如图 8-3-6 所示。

当控制图同时满足点子全部落在控制界限之内、控制界限内的点子应随机排列没有缺陷这两个条件时，可以认为生产过程基本上处于稳定状态；否则应判断生产过程为异常。

五、相关图法

在质量管理中，常常遇到两个变量之间存在着相互依存的关系，但这种关系又不是确定的定量关系，称为相关关系。相关图又称散布图，是用来显示两种质量数据之间相互关系的一种图形，相关图可将两种有关的数据成对地以点子形式描述在直角坐标图上，以观察与分析两种因素之间的关系，完成对工程项目质量的有效控制。

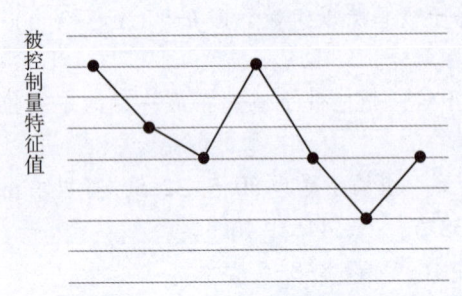

图 8-3-6 控制图基本形式

相关图的观察与分析主要是查看点的分布状态，判断变量 x 与 y 之间有无相关关系，若存在相关关系，再进一步分析是属于何种相关关系。

六、分层法

分层法也叫分类法或分组法，是分析影响质量（或其他问题）原因的一种方法。它把收集到的质量数据依照使用目的，按其性质、来源、影响因素等进行分类，把性质相同、在同一生产条件下收集到的质量特性数据归并在一组，把划分的组叫作"层"，通过数据分层，把错综复杂的影响质量的因素分析清楚，以便采取措施加以解决。

在实际工作中，能够收集到许多反映质量特性的数据，如果只是简单地把这些数据放在一起，是很难从中看出问题的，而通过分层，把收集来的数据按照不同的目的和要求加以分类，把性质相同、在同一生产条件下收集的数据归在一起，就可以使杂乱无章的数据和错综复杂的因素系统化、条理化，使数据所反映的问题明显、突出，从而便于抓住主要问题并找出对策。

七、统计调查表法

统计调查表，又叫检查表或分析表，是利用统计图表进行数据整理和粗略的原因分析的一种工具，在应用时，可根据调查项目和质量特性采用不同格式。

小博士

> 随着通信技术的快速发展，人们对信息传播平台设备的质量要求也越来越高，通信工程在社会的作用日益凸显，通信工程建设也越来越多，通信工程质量直接影响了信息传播水平。通信工程质量控制工作作为工程施工管理的关键内容，已经成为社会日益关注的焦点，通信企业要想在激烈残酷的市场竞争下占据一定的位置，就必须提高质量控制意识，加大工程质量控制力度，这也是企业实现健康可持续发展的必然选择。

任务小结

本任务主要介绍了通信工程项目质量控制的方法,包括排列图法、因果图法、直方图法、控制图法、相关图法、分层法等。

任务四　通信质量问题和质量事故的处理

一、通信质量问题和质量事故的概念、分类及成因

(一) 工程质量问题相关概念

工程质量不合格是指工程产品质量没有满足某项规定的要求。

凡是工程质量不合格,必须进行返修、加固或报废处理。由此造成直接经济损失低于 500 元的称为质量问题;直接经济损失在 5 000 元(含 5 000 元)以上的称为工程质量事故。

质量不合格、质量问题、质量事故几个概念既有区别又有联系,应学会区分。

由于影响通信质量的因素较多,在工程施工和使用过程中往往会出现各种各样不同程度的质量问题,甚至质量事故。

(二) 工程质量事故

对工程质量通常按造成损失的严重程度进行分类,其基本分类如表 8-4-1 所示。

表 8-4-1　工程质量事故分类

事故类别	具备条件	
一般质量事故	① 直接经济损失在 20 万元以下。 ② 小型项目由于发生工程质量问题,不能按期竣工投产	具备条件之一者即可认定
严重质量事故	① 由于工程质量低劣造成重伤 1~2 人。 ② 直接经济损失在 20 万~50 万元。 ③ 大中型项目由于发生工程质量问题不能按期竣工投产	
重大质量事故	① 工程质量低劣引起人身死亡或重伤 3 人以上(含 3 人)。 ② 直接经济损失在 50 万元以上	

(三) 工程质量问题和事故的成因

工程质量问题和事故发生的原因主要有以下 7 个方面。

(1) 违背建设程序。

建设程序是工程项目建设过程及其相应标准的反映,违背程序办事是导致工程质量问题的重要原因,如边设计边施工等。

(2) 违反法规行为。

违反相应法规,也会导致质量问题,如无证设计、无证施工、超常的低价中标等。

（3）地质勘察失误。

没有按照要求进行勘察，或者勘察不详细，导致后续相关工作产生问题，如数据设计产生错误或失误会导致质量问题。

（4）设计差错。

设计文件是后续施工的直接依据，由于设计出错或其他相关问题，如计算错误、光电缆选择错误等都会引发质量问题。

（5）施工与管理不到位。

不按照图纸施工或未经设计单位同意擅自更改设计，如擅自修改路由、开挖沟槽不按图施工等，可能导致质量问题。施工组织管理混乱，不熟悉图纸，盲目施工；施工方案考虑不周，施工顺序颠倒；图纸未经会审，仓促施工；技术交底不清，违章作业；疏于检查、验收等，均可能导致质量问题。

（6）使用不合格的原材料、制品和设备。

材料、设备是构成项目实体的基础，如果使用了不合格的材料、设备，自然会造成质量问题。

（7）自然环境因素。

天气温度、湿度、大风、供水供电等自然因素均可能造成质量问题。

二、通信质量问题的处理

工程施工中，由于各种主客观原因的影响，出现质量不合格或质量问题是难以避免的，因此，监理工程师必须掌握防止和处理施工中出现的不合格项或各种质量问题的方法，对已经发生的质量问题，还要掌握其处理程序。

1. 工程质量问题4处理方式

（1）当施工引起的质量问题在萌芽状态时就应及时制止，并要求施工单位立即更换不合格材料、设备或不称职人员，并要求施工单位立即改变不正确的施工方法和操作工艺。

（2）当因施工方面引起的质量问题已出现时，应立即向施工单位发出《监理通知》，要求其对质量问题进行补救处理，并在采取足以保证施工质量的有效措施后，填报《监理通知回复单》报监理单位。

（3）当某道工序或分项工程完工以后，出现不合格项时，监理工程师应填写《不合格项处置记录》，要求施工单位及时采取措施予以整改。监理工程师应对其补救方案进行确认，跟踪处理过程，对处理结果进行验收；否则不允许进行下道工序或分项的施工。

（4）在交工使用后的保修期内发现的施工质量问题，监理工程师应及时签发《监理通知》，指令施工单位进行修补、加固或返工处理。

2. 工程质量问题处理程序

当发现工程质量问题时，监理工程师应按照相应程序进行处理，处理程序如图8-4-1所示。

（1）当发生工程质量问题时，监理工程师首先应判断其严重程度。对可以通过返修或返工弥补的质量问题可签发《监理通知》，责成施工单位写出质量问题调查报告，提出处理方案，填写《监理通知回复单》报监理工程师，监理工程师审核后批复承包单位处理，必

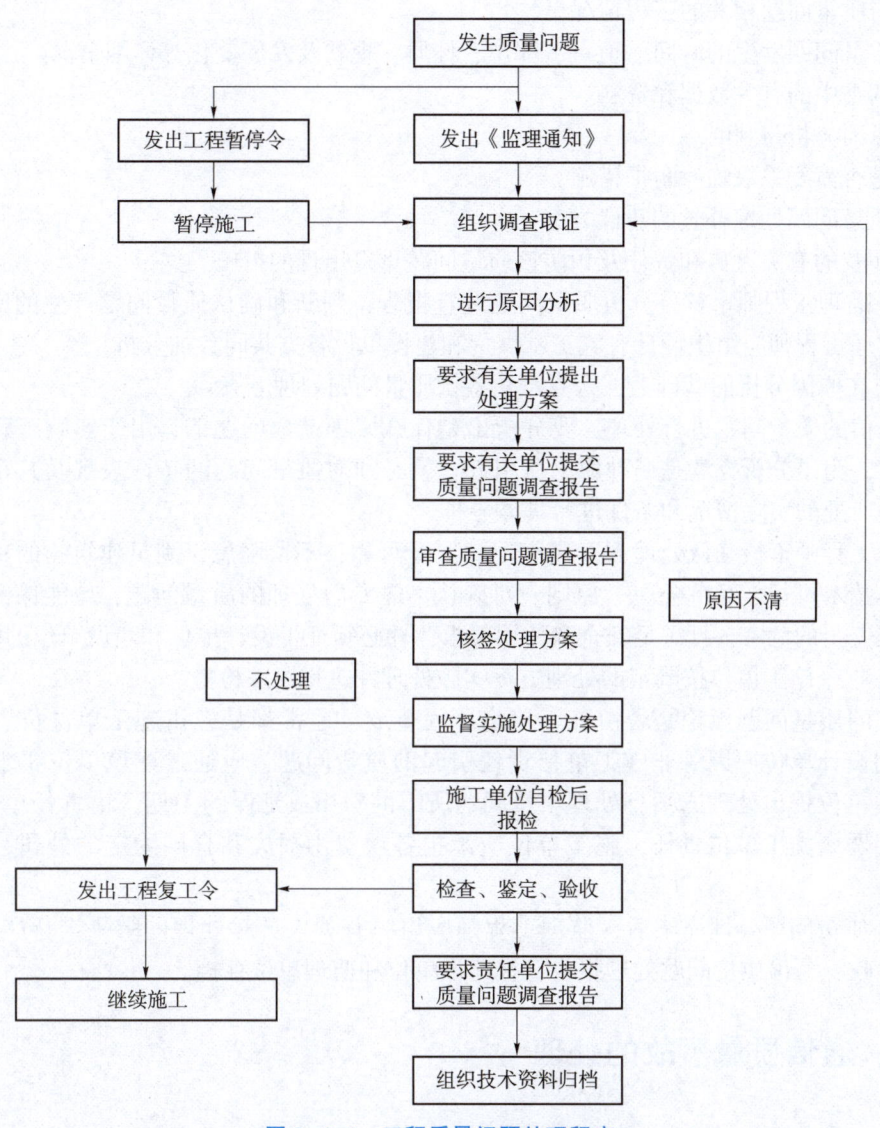

```
                    ┌──────────────┐
                    │ 发生质量问题 │
                    └──────┬───────┘
          ┌────────────────┴────────────────┐
          ▼                                 ▼
  ┌───────────────┐                 ┌───────────────┐
  │ 发出工程暂停令│                 │ 发出《监理通知》│
  └───────┬───────┘                 └───────┬───────┘
          ▼                                 │
  ┌───────────────┐                         │
  │   暂停施工    │────────┐                │
  └───────────────┘        ▼                ▼
                      ┌───────────────┐ ◀─────────┐
                      │ 组织调查取证  │           │
                      └───────┬───────┘           │
                              ▼                   │
                      ┌───────────────┐           │
                      │ 进行原因分析  │           │
                      └───────┬───────┘           │
                              ▼                   │
                      ┌───────────────┐           │
                      │要求有关单位提出│           │
                      │   处理方案    │           │
                      └───────┬───────┘           │
                              ▼                   │
                      ┌───────────────┐           │
                      │要求有关单位提交│           │
                      │质量问题调查报告│           │
                      └───────┬───────┘           │
                              ▼                   │
                      ┌───────────────┐           │
                      │审查质量问题调查报告│       │
                      └───────┬───────┘  ┌────────┴──┐
                              ▼          │ 原因不清  │
                      ┌───────────────┐──┴───────────┘
                      │  核签处理方案 │
                      └───────┬───────┘
        ┌───────────┐         │
        │  不处理   │         ▼
        └─────┬─────┘  ┌───────────────┐
              │        │监督实施处理方案│
              │        └───────┬───────┘
              │                ▼
              │        ┌───────────────┐
              │        │施工单位自检后 │
              │        │     报检      │
              │        └───────┬───────┘
              ▼                ▼
      ┌───────────────┐ ┌───────────────┐
      │ 发出工程复工令│◀│检查、鉴定、验收│
      └───────┬───────┘ └───────┬───────┘
              ▼                 ▼
      ┌───────────────┐ ┌───────────────┐
      │   继续施工    │ │要求责任单位提交│
      └───────────────┘ │质量问题调查报告│
                        └───────┬───────┘
                                ▼
                        ┌───────────────┐
                        │组织技术资料归档│
                        └───────────────┘
```

图 8-4-1　工程质量问题处理程序

要时应经建设单位和设计单位认可，对结果应重新进行验收。

（2）对需要加固补强的质量问题，或质量问题的存在影响下道工序和分项工程的质量时，应签发《工程暂停令》指令施工单位停止有质量问题和与其有关联部位及下道工序的施工。必要时，应要求采取防护措施。责成施工单位写出质量问题调查报告，经批准同意，批复承包单位处理。处理结果应重新进行验收。由设计单位提出处理方案，并征得建设单位同意。

（3）施工单位接到《监理通知》后，在监理工程师的组织参与下，尽快进行质量问题调查并完成报告编写。

调查的主要目的是明确质量问题的范围、程度、性质、影响和原因，为问题处理提供依据，调查应力求全面、详细、客观、准确。调查报告主要内容应包括以下方面。

① 与质量问题相关的工程情况。
② 质量问题发生的时间、地点、部位、性质、现状及发展变化等详细情况。
③ 调查中的有关数据和资料。
④ 原因分析与判断。
⑤ 是否需要采取临时防护措施。
⑥ 质量问题处理补救的建议方案。
⑦ 涉及的有关人员和责任及预防该质量问题重复出现的措施。

（4）监理工程师审核、分析质量问题调查报告，判断和确认质量问题产生的原因。必要时，监理工程师应组织设计、施工、供货和建设单位各方共同参加分析。

（5）在原因分析的基础上，认真审核签认质量问题处理方案。

对通信的质量问题进行处理，要分析出是什么原因造成问题的，由于影响工程质量的因素众多，为了分析究竟是哪种原因所引起，就必须对质量问题的特征表现及其在施工中和使用中所处的实际情况和条件进行具体分析。

监理工程师审核确认处理方案应牢记"安全可靠，不留隐患，满足建筑物的功能和使用要求，技术可行，经济合理"原则。对确认不需专门处理的质量问题，应能保证它不构成对工程安全的危害，且满足安全和使用要求，并必须征得设计单位和建设单位的同意。

（6）指令施工单位按既定的处理方案实施处理并进行跟踪检查。

发生的质量问题无论是否由施工单位原因造成，通常都是先由施工单位负责实施处理。对因设计单位原因等非施工单位责任引起的质量问题，应通过建设单位要求设计单位或责任单位提出处理方案，处理质量问题所需的费用或延误的工期，由责任单位承担；若质量问题属施工单位责任，施工单位应承担各项费用损失和合同约定的处罚，工期不予顺延。

（7）质量问题处理完毕后，监理工程师应组织有关人员对处理的结果进行严格检查、鉴定和验收，写出质量问题处理报告，报建设单位和监理单位存档。

三、通信质量事故的处理

（一）工程质量事故处理的依据

进行工程质量事故处理的主要依据有以下 4 个方面。

（1）质量事故的实况资料，主要包括施工单位的质量事故调查报告、监理单位调查研究所获得的第一手资料。

（2）具有法律效力，得到有关当事各方认可的工程承包合同、设计委托合同、材料或设备购销合同以及监理合同或分包合同等合同文件。

（3）有关的技术文件，包括有关的设计文件，如施工图纸和技术说明等；与施工有关的文件、档案和资料；施工组织设计或施工方案、施工计划、施工记录、施工日志等；有关建筑材料的质量证明资料；现场制备材料的质量证明资料；质量事故发生后对事故状况的观测记录、试验记录或试验报告等。各类技术资料对于分析质量事故原因、观察其发展变化趋势，以及事故影响及严重程度、考虑处理措施等都是不可缺少的，起着重要的作用。

（4）有关的建设法规，包括勘察、设计、施工、监理等单位资质管理方面的法规；从业者资格管理方面的法规；建筑市场方面的法规；建筑施工方面的法规；关于标准化管理方面的法规。

（二）工程质量事故处理的程序

监理工程师应熟悉各级政府建设行政主管部门处理工程质量事故的基本程序，特别是应把在质量事故处理过程中如何履行自己的职责放在首位。

工程质量事故发生后，监理工程师可按相应程序进行处理，如图8-4-2所示。

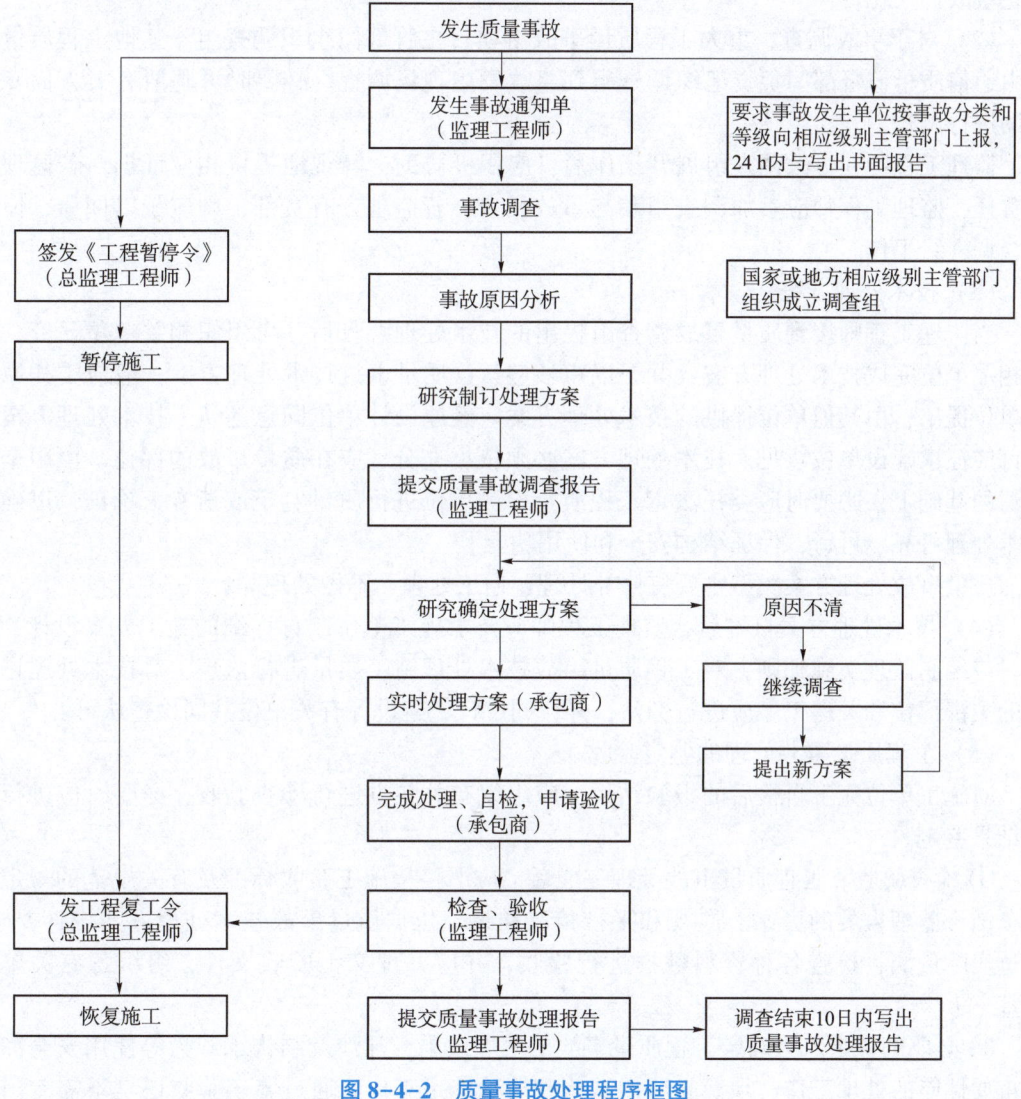

图 8-4-2 质量事故处理程序框图

（1）工程质量事故发生后，总监理工程师应签发《工程暂停令》，并要求停止进行质量缺陷部位和与其有关联部位及下道工序的施工，应要求施工单位采取必要的措施，防止事故扩大并保护好现场。同时要求质量事故发生单位迅速按类别和等级向相应的主管部门上报，并于24 h内写出书面报告。质量事故报告的主要内容包括以下几点。

① 事故发生的单位名称、工程（产品）名称、部位、时间、地点。

② 事故发生的简要经过、伤亡人数和初步估计的直接经济损失。
③ 事故发生原因的初步分析。
④ 事故发生后采取的措施。
⑤ 相关各种资料（有条件时）。
⑥ 事故报告单位。

事故发生后，事故发生单位必须严格保护事故现场，并采取有效措施抢救人员和财产，防止事故扩大化。

（2）对于事故调查，重大工程质量事故由项目主管部门组织调查组，其他工程质量事故由通信质量监督部门负责组织调查组到事故发生现场调查。必要时可聘请有关方面专家协助进行调查。

监理工程师在事故调查组展开工作后，应积极协助，客观地提供相应证据，若监理方无责任，监理工程师应参加调查组参与事故调查；若监理方有责任，则应予以回避，但应配合调查组工作。

（3）技术处理方案。

当监理工程师接到质量事故调查组提出的技术处理意见后，可组织相关单位研究，责成相关单位完成技术处理方案，并予以审核签认。质量事故技术处理方案一般应委托原设计单位提出，由其他单位提供的技术处理方案应经原设计单位同意签认。技术处理方案的制订应征求建设单位意见。技术处理方案必须依据充分，应在质量事故的部位、原因全部查清的基础上，必要时应委托法定工程质量检测单位进行质量鉴定或请专家论证，以确保技术处理可靠、可行，保证结构安全和使用功能。

质量事故处理方案类型主要有修补处理、返工处理、不做处理等。

（4）技术处理方案核签后，监理工程师应要求施工单位制订详细的施工方案设计，必要时应编制监理实施细则，对工程质量事故技术处理施工质量进行监理，对技术处理过程中的关键部位和关键工序应进行旁站，并会同设计、建设等有关单位共同检查认可。

（5）工程质量事故处理的鉴定验收。

对施工单位完工自检后的报验结果，应组织有关各方进行检查验收，必要时应进行处理结果鉴定。

① 检查验收。工程质量事故处理完成后，应严格按施工验收标准及有关规范的规定进行，结合监理人员的旁站、巡视和平行检验结果，依据质量事故技术处理方案设计要求，通过实际量测，检查各种资料数据进行验收，并应办理交工验收文件，组织各有关单位会签。

② 必要的鉴定。为确定工程质量事故的处理效果，凡涉及结构承载力等使用安全和其他重要性能的处理工作，须做必要的试验和检验鉴定工作。通过鉴定验收还是不需专门处理的，均应有明确的书面结论。若对后续工程施工有特定要求，或对建筑物使用有一定限制条件；应在结论中提出。验收结论通常有以下几种：

a. 事故已排除，可以继续施工。
b. 隐患已消除，结构安全有保证。
c. 经修补处理后，完全能够满足使用要求。
d. 基本上满足使用要求，但使用时有附加限制条件，如限制荷载等。

e. 对耐久性的结论。

f. 对短期内难以做出结论的，可提出进一步观测检验意见。

(6) 质量事故处理报告。

要求事故单位整理编写质量事故处理报告，并审核签认，组织将有关技术资料归档。工程质量事故处理报告主要内容如下：

① 工程质量事故情况、调查情况、原因分析（选自质量事故调查报告）。

② 质量事故处理的依据。

③ 质量事故技术处理方案。

④ 实施技术处理施工中有关问题和资料。

⑤ 对处理结果的检查鉴定和验收。

⑥ 质量事故处理结论。

案例 8-4-1　通信工程质量事故的处理

1. 背景

某施工单位通过招投标方式，以定额 5 折的费用承揽到通信综合楼电源设备安装工程，合同中规定：施工单位应按照设计施工，除经甲方同意，工程中发生设计以外的工作量，合同价款不予调整。

工程实施过程中，发生以下事件。

(1) 施工单位发现部分电源线的线径较细，提出改变电源线规格的变更申请，但建设单位认为工程是包工包料的承包方式，不予追加材料费用，施工单位因此仍然按照实际要求敷设各种电源线。

(2) 由于投标报价较低，为节约成本，施工单位将机架的保护接地端子连接到了工作地线上。

(3) 现场监理人员一直监督施工单位的施工工作，并在需要签字的技术文件上做了签认。

(4) 工程验收时，建设单位发现部分走线架上的线缆存在交叉现象，个别机架垂直度不符合要求，电源线端头漏铜较多等问题，因此，建设单位决定另选一家施工单位处理工程中的遗留问题。

(5) 工程试运行阶段，维护人员发现接地汇集线上的部分电源线温度过高，建设单位因此请现场的其他施工单位及时更换，事故的处理结果也未上报。

2. 问题

(1) 此工程中，监理单位在监理过程中存在哪些问题？

(2) 施工单位线缆交叉的问题应如何防范？

(3) 电源线温度过高的问题是什么造成的？哪些工程参与单位应承担责任？原因是什么？

(4) 建设单位在工程验收时将发现的问题交由其他施工单位的处理是否合适？为什么？

(5) 设备试运行阶段发生的问题，建设单位的处理是否正确？为什么？

(6) 施工单位在施工过程中存在什么问题？应如何避免？

3. 分析

（1）施工单位施工过程存在问题，但监理人员在相应技术文件上都给予了签认，说明监理单位派驻现场的监理人员不懂得监理要求，在业务水平、技术能力方面不能胜任工作。

（2）施工单位线缆交叉问题的防范措施：布放线缆前应该设计好线缆的截面；严格按照施工操作规程和工程验收规范要求放缆；做好线缆的整理工作。

（3）对于电源线温度过高问题，应具体分析，主要包括以下4个方面。

① 设计单位方面。设计单位在设计中未能正确计算电源线的线径，导致电源线在正常使用时发热，从而导致问题的发生，应承担设计责任。

② 建设单位方面。施工过程中，施工单位发现电源线温度过高问题，并向建设单位提出了变更要求，但建设单位不予支持，不给施工单位增加费用，也是导致这一问题的重要原因，应该承担相应责任。

③ 监理单位方面。监理单位在施工中未能及时发现问题，应承担相应监理责任。

④ 施工单位方面。施工单位本身按照设计施工，符合合同要求，并且已经把设计中存在的问题及时通知了建设单位，但由于费用得不到而无法进行变更，因此，不对此问题承担责任。

（4）建设单位在工程验收时将发现的问题交由其他施工单位的处理不符合要求。一般来说，对于在工程初步验收中发现的质量隐患，应由责任单位及时采取纠正措施，然后重新按照验收规范的有关规定检查验收。如果不能随时对质量隐患进行处理，应将其作为遗留问题在日后限期处理。

（5）对于设备试运行阶段发生的问题，建设单位的处理是否正确应具体分析，维护人员发现接地汇集线上的部分电源线温度过高，建设单位因此请现场的其他施工单位及时更换，这样做是正确的，符合要求。

但事故的处理结果未上报是不允许的，按照规定，建设单位必须在事故发生后的 24 h 内将事故向上级主管部门及相应的通信工程质量监督机构报告，并要立即按照管理权限组织事故调查，查明事故发生的原因、过程、财产损失情况和对后续工程的影响；组织专家进行技术鉴定，查明事故的责任单位和责任人应负的责任；提出工程处理和采取措施的建议；提交事故调查报告。

（6）施工单位在施工过程中存在的问题及其避免措施应具体分析。

施工单位为降低成本、节约费用，将机架的保护地线与工作地线混用，违反了《工程建设标准强制性条文》规定，应严格禁止。部分走线架上出现线缆交叉现象、个别机架垂直度不符合要求、电源线端头漏铜较多等问题也是施工单位的问题。

施工单位要避免工程中存在的问题，应采取的措施包括：在工程管理中做好施工前的策划、完善质量保证措施；对承担施工任务的人员要做好培训，使其具备相关知识以便胜任工作；项目经理部应加强教育，使相关人员具备质量意识及责任感，杜绝违章作业；项目经理部应给作业人员提供作业指导文件；现场材料管理人员应按照工程设计文件要求对设备及材料进行检验，不合格材料及设备禁止用在工程中；施工过程中严格检查施工人员的作业质量，以确保工程质量；项目经理部应尽可能给作业人员提供适宜的作业环境，以免环境问题影响工程质量。

任务小结

本任务主要介绍了通信工程质量问题和质量事故的处理，包括通信工程质量问题和质量事故的概念、分类及成因；通信工程质量问题的处理；通信工程质量事故的处理。

※思考与练习

一、简答题

(1) 简述通信工程项目质量的概念及其特点。

(2) 简述通信工程项目质量控制的原则。

(3) 简述通信工程项目质量的影响因素。

(4) 简述现场检查通信管线、机房施工条件的内容。

(5) 对某架空线路工程质量调查，发现导致杆歪的原因有：电杆埋深不够24处，拉线不正32处，拉线埋深不够18处，土质松软15处，吊线过紧9处，杆位不正17处，其他原因3处，分析：①编制杆歪质量问题调查表，画出杆歪质量问题的排列图，分析造成杆歪问题的主要原因是什么？②用因果图法分析拉线埋深不够的原因。③如何控制立杆的质量？④如何通过控制操作者的工作质量保证立杆的质量？

(6) 光缆沿途需与3条110 kV高压电力线、多条低压裸露电力线及1条直埋光缆交越。业主已选定监理单位。施工合同规定：除光缆、接头盒和尾纤外，其余材料全部由施工单位承包，施工地点位于丘陵地带。本工程不含爆破且施工季节为多雨季节。施工过程中发现吊线垂度不符合规范要求。问题：① 分析影响本工程的质量因素；② 作为现场管理本工程的项目经理，请根据上述条件列出可以设置为质量控制点的部位或过程。

(7) 简述工程质量事故的概念及分类。

(8) 简述质量问题调查、处理报告主要内容。

(9) 绘制质量事故处理程序图。

(10) 简述质量事故处理报告主要内容。

(11) 按其本地网通信光缆架空线路工程线路全长100 km，光缆沿途需与4条110 kV高压电力线、多条低压裸露电力线及1条直埋光缆交越。业主已选定监理单位。施工合同规定：除光缆、接头盒和尾纤外，不含爆破且施工季节为多雨季节。

① 分析影响本工程的质量因素。

② 简述通信项目质量的概念。

③ 排列图必须具有相当数量准确而可靠的数据做基础，其具体步骤都有什么？

④ 审核开工报告的审查要点是什么？

⑤ 通信验收一般分为哪几个步骤？

二、判断题

(1) (   ) 通信项目质量控制是指确定质量方针、目标和职责，并在质量体系中通过采取如质量策划、质量控制、质量保证和质量改进等措施，使质量方针、目标和职责在项目实施的过程中得以实现的全部管理职能的所有活动。

(2)（　　）在质量管理与控制的过程中，只需要建立为实施质量管理所需要的生产机构、程序、过程等配置相应的资源（质量管理体系）。

(3)（　　）检查现场施工条件是很重要的。

(4)（　　）项目经理认为，必要时可会同承包单位对分包单位进行实地考察，以验证分包单位有关资料的真实性。

三、选择题

(1) 在质量控制中，要坚持（　　）、预防为主、为用户服务及用数据说话原则。

A. 质量第一　　　B. 预防第二　　　C. 钱多多益善　　　D. 快

(2) 影响其质量的因素可概括为（　　）几大因素。

A. "人、机、料、法"　　　　　　B. "人、料、法、环"
C. "人、机、料、环"　　　　　　D. "人、机、料、法、环"

(3) 建设单位委托承包单位外加工的构件不包括（　　）。

A. 数量　　　　B. 规格　　　　C. 材料　　　　D. 质量

(4) 以下不是工程竣工作业活动的检验程序的是（　　）。

A. 实测　　　　B. 判断　　　　C. 分析　　　　D. 收工

四、填空题

(1) 实施计划、施工工艺等分别进行准备，_____将直接影响项目的质量。

(2) 通信施工现场的_____和_____是影响工程施工质量的外在因素。

(3) 监理的质量控制主要集中在_____和_____阶段。

(4) 审查施工图设计时，对有关各方提出的问题，设计单位应以书面形式进行_____。

实务篇

引 言

通信项目建设的特点是专业度高、技术含量大。根据通信建设的特点找出安全控制关键节点进行管理，可确保管道工程建设安全生产、减少通信事故及人员伤亡发生。例如，适时召开项目安全交底会议，加强施工人员个人防护检查；通信施工现场的护栏围蔽和警示，动火作业时的防火安全措施等。在通信建设中，坚持"安全第一、预防为主"的方针，加强对各施工安全控制点的管理，且建立安全施工责任制度、完善安全施工条件，确保施工安全。

学习目标

1. 知识目标

（1）掌握通信项目常用协调方法。
（2）熟悉通信线路工程监理工作流程。
（3）掌握通信线路工程监理实施细则。
（4）掌握通信设备安装工程监理工作流程。

2. 技能目标

（1）具备通信工程项目协调的能力。
（2）具备通信线路工程监理基本能力。
（3）具备通信光缆工程监理能力。
（4）具备通信设备安装工程监理能力。
（5）具备无线基站工程监理能力。

3. 素质目标

（1）形成遵守通信设备操作规程的习惯。
（2）具有保证通信质量的安全意识。
（3）培养职业操守和爱岗敬业、精益求精的工匠素质。
（4）培养任务实施，养成团结协作、严谨求实、扎根基层的工作意识。

项目九

通信监理实务

项目描述

工程协调就是为了实施某个工程项目建设,工程主体方与工程参与方或与工程相关方进行联系沟通和交换意见,使各方在认识上达到统一、行动上互相配合、互相协作,从而达到共同目的的行为或过程。协调依据包括各种合同、协议和有关国家法规文件。

协调的本质在于沟通,沟通是两个或两个以上的人或团体,通过一定的渠道,传递和交换各自的意见、观点、思想、情感和愿望,从而达到相互了解、相互认知的过程。协调是目的,而沟通是协调的手段,是解决组织成员间障碍的基本方法。

对通信来讲,工程协调的难点在于外部协调,主要是由于通信建设点多、线长、面广,统一性强,涉及社会上单位、集体、个人的利益多,需要协调环节较多,导致协调起来比较复杂。

项目目标

(1) 识记:通信项目的沟通与协调。
(2) 领会:通信项目的协调内容和通信项目工程沟通协调方法。
(3) 应用:工程项目组织内部、近外层、远外层关系的协调,通信项目工程的会议法和书面沟通协调。

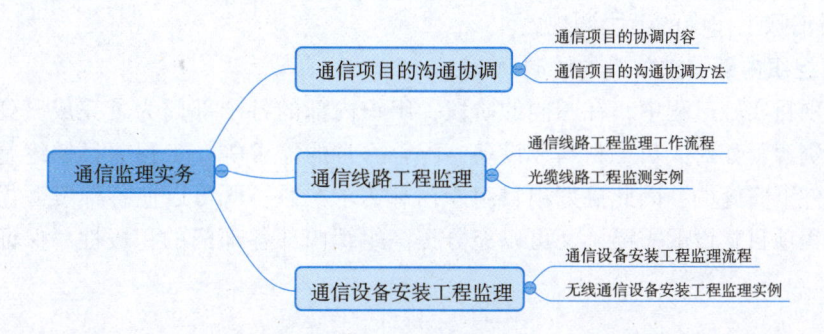

知识体系

通信监理实务
- 通信项目的沟通协调
  - 通信项目的协调内容
  - 通信项目的沟通协调方法
- 通信线路工程监理
  - 通信线路工程监理工作流程
  - 光缆线路工程监测实例
- 通信设备安装工程监理
  - 通信设备安装工程监理流程
  - 无线通信设备安装工程监理实例

任务一　通信项目的沟通协调

一、通信项目的协调内容

组织机构运行过程中出现的各种矛盾和冲突，都在协调的范围之内，协调作为一种管理方法应贯穿于整个项目和项目管理过程中。

（一）工程项目组织内部关系协调

项目组织关系有多种，项目组织内部关系的协调也有多方面的内容，主要包括以下几种协调。

1. 项目组织内部人际关系的协调

人是项目组织中最重要、最活跃的要素，组织的运行效率很大程度取决于人际关系的协调程度，为顺利完成工程项目目标，项目经理应该十分注意项目组织内部人际关系的协调。

项目组织内部人际关系协调的内容多样而复杂，因此协调的方法也是多种多样的，为了做好项目组织内部人际关系的协调，应该注意以下工作：

① 正确对待员工，重视人的能力建设。
② 重视沟通工作。
③ 做好激励工作。
④ 及时处理各种冲突。

2. 项目组织内部组织关系的协调

工程项目组织关系协调的工作主要是解决项目组织内部的分工与协作问题，可以从以下几个方面入手：

① 合理地设置组织机构和岗位。
② 明确每个机构和岗位的目标职责并合理授权，建立合理的责权利系统。
③ 建立规章制度，明确各机构在工作中的相互关系。通过制度明确各个机构和人员的工作关系，规范工作程序和评定标准。
④ 建立信息沟通制度。
⑤ 建立良好的组织文化。
⑥ 及时消除工作中的不协调现象。

3. 项目组织内部需求关系的协调

在工程项目实施过程中，在不同的阶段，组织内部的各个部门为了完成其任务，需要各种不同的资源，如对人员、材料、设备、配合力量的需求等。工程项目始终是在有限资源的约束条件下实施的，因此搞好项目组织内部需求关系，既可以使各种资源得到合理使用、保证工程项目建设的需要，又可以充分提高组织内部各部门的积极性、保证组织的运行效率。

（二）工程项目组织与近外层关系的协调

下面以承包商的项目组织为例说明项目组织与近外层的关系协调。施工承包商项目组织的近外层关系协调的主要工作包括，与本公司关系的协调、与业主关系的协调、与监理单位的协调、与设计单位的协调、与供应单位的协调和与分包单位的协调等。

1. 项目组织与本公司关系的协调

从管理角度看，项目组织是公司内部的一个管理层次，要接受公司的检查、指导和监督、控制。从合同关系看，项目组织往往和公司签订了内部承包合同，是平等的合同关系。项目组织与本公司协调的主要工作包括以下几个方面：

① 经济技术关系的协调。

② 材料供应关系的协调。

③ 周转料具供应关系的协调。

④ 技术、质量、安全、测试等工作关系的协调。

⑤ 计划统计关系的协调。

2. 项目组织与业主关系的协调

在项目实施过程中，项目组织和业主之间发生多种业务关系，实施阶段不同，这些业务关系的内容也不同，因此不同阶段项目组织与业主的协调工作的内容不同。

（1）施工准备阶段的协调。项目经理应参与工程承包合同的洽谈和签订，熟悉各种洽谈记录和签订过程。在承包合同中应明确相互的权、责、利，业主要保证落实资金、材料、设计、建设场地和外部水、电、路供应，而项目组织负责落实施工必需的劳动力、材料、机具、技术及场地准备等。项目组织负责编制施工组织计划，并参加业主的施工组织审核会。开工条件落实后应及时提出开工报告。

（2）施工阶段的协调。施工阶段的协调内容主要包括：材料、设备的交验；进度控制；质量控制；合同关系；签证问题；收付进度款等。

（3）交工验收阶段的协调。当全部工程项目或单项工程完工后，双方应按规定及时办理交工验收手续。项目组织应交接工程资料清单，整理有关交工资料，资料验收后交业主保管。

3. 项目组织与监理单位的关系协调

监理单位接受业主的委托，对项目组织在施工质量、建设工期和建设资金使用等方面，代表业主实施监督。项目组织必须接受监理单位的监理，并为其开展工作提供方便，按照要求提供完整的原始记录、检测记录、技术及经济资料。

4. 项目组织与设计单位关系的协调

项目组织与设计单位都是具有承包商性质的单位，他们均与业主签订承包合同，但他们之间没有合同关系，而是设计与施工关系，需要密切配合。为了协调好两者关系，应通过密切接触，做到相互信任、相互尊重，遇到问题友好协商。有时也可以利用业主或监理单位的中介作用，做好协调工作。

（三）项目工程组织与远外层关系的协调

项目组织与远外层的关系是指项目组织与项目间接参与者和相关单位的关系，一般是非合同关系。有些处于远外层的单位对项目的实施具有一定的甚至是决定性的控制、监督、支持、帮助作用。项目组织与远外层关系协调的目的是得到批准、许可、支持或帮助。协调的方法主要是请示、报告、汇报、送审、取证、宣传、沟通和说明等。项目组织与远外层关系的协调主要包括与政府部门、金融组织、社会团体、新闻单位、社会服务单位等单位的协调。

这些关系的处理没有定式，协调更加困难，应按有关法规、公共关系准则、经济联系规定处理。

（四）工程项目的监理协调

1. 协调范围

通信工程项目的监理协调范围可分为内部协调和外部协调。内部协调是指直接参与工程建设的单位（或个人）之间利益和关系的协调；外部协调是指与工程有一定牵连关系的单位（或个人）之间的利益和关系协调。

（1）内部协调。根据监理合同相关规定，监理工程师只负责工程各参与单位之间的内部协调。即在工程的勘察、设计阶段，监理工程师应主要做好建设单位与勘察、设计单位之间的协调工作。在施工阶段，监理工程师主要是做好建设单位与承包、材料和设备供应等单位之间的协调工作。

（2）外部协调。受建设单位的委托和授权，项目监理机构可以承担以下一项或几项对外协调工作：办理通信建设工程的各种批文，如主管部门对工程立项的批文，工程沿线市、县、乡、镇政府及相关管理部门对工程路由和征地的批文；办理与相关单位的协议、合同等文件，如与铁路、公路、水利、土地、电力、市政等单位或个人签订有关过桥、过路、穿越河流、征用土地、使用电力的合同、协议；办理工程的各种施工许可证、车辆通行证、出入证及工程所需场库、驻地租赁协议等；按照当地政府的规定，办理工程沿线的农作物、水产、道路、拆迁安置等赔补工作；建设单位委托的其他对外协调工作。

2. 协调内容

目前监理协调主要集中在施工和竣工验收阶段，主要内容包括以下几点。

（1）施工阶段的协调。在施工阶段，监理工程师主要协调建设单位与承包单位、材料和设备供应单位之间的关系，解决各单位之间出现的步调不一致的行为，包括进度、造价、质量、合同管理等方面的协调。

（2）工程验收和保修阶段的协调。工程验收和保修阶段的协调内容主要包括：协助建设单位、承包单位完成工程预验、初验、终验；终验合格后，移交相关资料，协助建设单位核算和向承包单位支付工程尾款；在工程质量保修期内，完成质量缺陷的处理；保修期满后，协助建设单位按照工程合同约定及时向承包单位支付保修金和应支付的修复工程的费用。

二、通信项目的沟通协调方法

（一）会议法

通信工程项目中常用召开会议的方式进行协调，主要包括以下内容。

1. 第一次工程协调会（第一次工地会议）

第一次工程协调会应由建设单位主持和召开，参加单位及与会人员有建设单位、施工单位、材料和设备供应单位、监理单位及设计单位（有必要时）等，以及承担本工程建设的主要负责人、专业技术人员、相关管理人员。会议的主要内容有以下几个方面。

（1）由建设单位介绍与会各方的人员、工程概况、工期、工程规模、组网方案等，同时介绍工程前期准备情况，如建设用地赔偿、路由审批、设计文件、器材供给和对工程要求等方面的问题，并宣布本工程的监理单位以及总监理工程师的职责、权限和监理范围。

（2）承包单位应介绍施工准备情况，到场人员、机具、施工组织、驻地、分屯点、联系方式等，并向与会人员详细介绍施工组织设计内容。

（3）监理单位应由总监理工程师介绍监理规划的主要内容、驻场机构和人员、联系方式，提出对工程的具体要求。

（4）材料和设备供应单位应重点介绍本工程材料和设备性能，对施工工艺的特殊要求，供货时间、地点、接货方式和具体联系方式等。

（5）确定下次召开工地例会的时间、地点、参加人员，并形成会议纪要，与会人员会签。

2. 工地例会

在工程施工过程中，应定期主持召开工地例会，一般由监理单位负责组织，可召集建设单位、施工单位、材料和设备供应单位或设计单位（有必要时）人员参加。项目监理机构应起草例会纪要，并会签。工地例会的目的是：总结前一阶段的工作，找出存在的问题，确定下一步目标，协调工程施工。例会主要内容如下：

① 检查上一次会议事项落实情况，分析未完成原因。
② 分析进度计划完成情况，提出下一步目标与措施。
③ 分析工程质量情况，提出改进质量的措施。
④ 检查工程量的核定及工程款支付情况。
⑤ 解决需要协调的其他事宜。

3. 专题会议

监理机构认为有必要时，还应召集由相关单位人员参加的专题会议，讨论和解决工程中出现的专项问题，如施工工艺的变化、工程材料拖延、工程变更、工程进度调整、质量事故调查等。

（二）书面沟通协调

书面沟通协调是指利用文字进行沟通协调，如报告、备忘录、信件、文件、报表、电子邮件等。通信项目常用的书面沟通协调形式有以下几种。

1. 函件

函件适用于各单位、部门之间相互洽商工作、咨询、答复问题、请求批准和审批结果等事项。函件在监理活动中也是应用比较多的方式，如总监理工程师的任命通知书、专业监理工程师调整通知单、工程技术指标审定意见等。

2. 报表计划与报告

项目经理应随时了解项目的进展情况，因此，每个项目均应编制报表计划。其中要确定由谁向谁报告、报告的内容（信息、范围等）、报告的周期。对报表的要求必须确定到底需要传递和交流哪些信息。

3. 监理工程师通知单

监理工程师在工程监理范围和权限内，可根据工程情况适时发出工程监理的指令性意见，监理工程师通知单应写明日期、签发人、签收人、签收单位，并应写明事由、内容、要求、处理意见等，监理工程师通知单应事实准确、处理意见恰当。

4. 监理工程师监理指令

监理指令包括开工令、暂停施工令、复工令、现场指令等。总监理工程师应根据建设单位要求和工程实际情况，发出以上指令。其中，现场指令是监理工程师在现场处理问题的方法之一。当施工的人员管理、机具、操作工艺不符合施工规范要求，且直接影响到工程进度和质量时，监理工程师可以立即下达指令，承包单位现场负责人应接受指令整改。

5. 工作联系单

工作联系单用于各相关方之间联系工作。各相关单位接到联系单后，应认真研究，及时做出书面答复。

小博士

> 传说中，人类的祖先最初讲的是同一种语言，他们在底格里斯河和幼发拉底河之间，发现了一块异常肥沃的土地，于是就在那里定居下来，建造起了繁华的巴比伦城。后来，他们的日子越过越好，人们为自己的业绩感到骄傲，他们决定在巴比伦修建一座通天的高塔来传颂自己的赫赫威名，并作为集合全天下弟兄的标记，以免分散。
>
> 因为大家语言相通，沟通畅捷，能够同心协力，阶梯式的通天塔修建得非常顺利，很快就高耸入云。上帝得知此事，立即从天国下凡视察。上帝一看，又惊又怒，因为上帝不允许凡人达到自己的高度。他看到人们这样统一、强大，心想：人们讲同样的语言高效地进行沟通，就能建立起这样的巨塔，日后还有什么办不成的事情呢？
>
> 于是，上帝决定让人世间的语言发生混乱，使人们互相言语不通。人们各自讲起不同的语言，感情无法交流，思想很难统一，最终导致沟通不畅，就难免出现互相猜疑，各执己见，争吵斗殴。这就是人类之间误解的开始。修造工程因语言纷争导致沟通不畅而停止，人类的巨大力量消失了，通天塔终于半途而废。
>
> 这个寓言故事告诉我们，沟通的力量无比巨大，如果想要干成一件大事，必须懂得沟通，善于沟通。沟通成事则成，沟通败事则败。

任务小结

本任务主要介绍了通信项目沟通和协调的相关内容，主要包括通信项目的协调内容和协调方法。

任务二 通信线路工程监理

一、通信线路工程监理工作流程

为了保证通信光缆建设工程的安全和质量，监理工程师应熟悉通信光缆建设工程施工的各个环节。通信光缆工程监理流程的确定应结合具体通信线路工程的工作内容、特点和目标。根据通信建设工程监理一般流程并参照通信光缆工程自身的特点和施工步骤，可以得出通信光缆工程监理的具体流程，如图 9-2-1 所示。

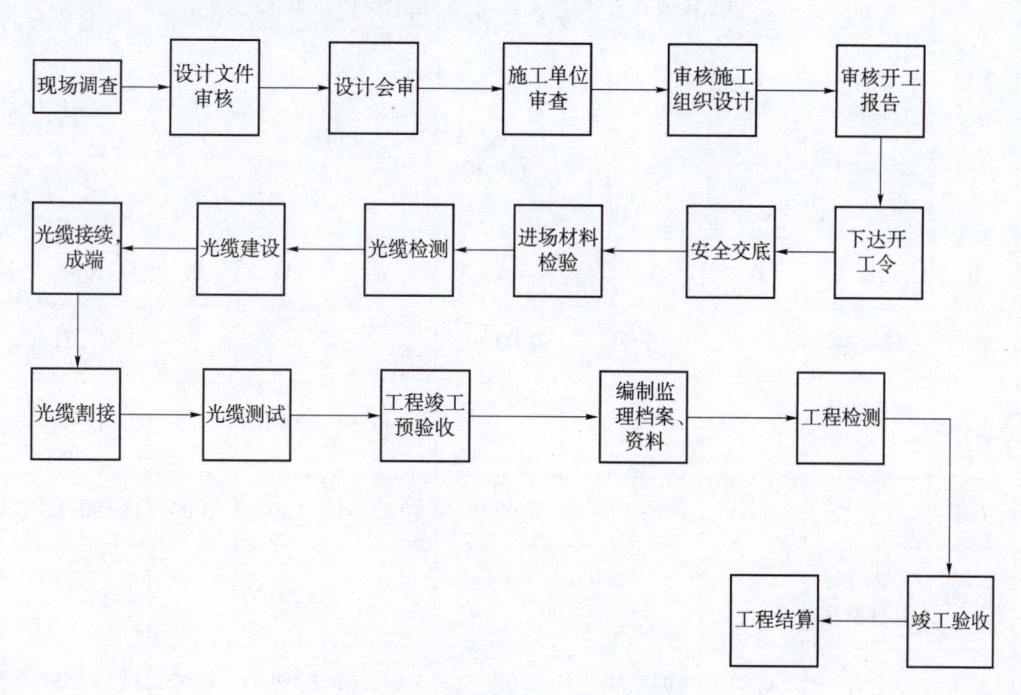

图 9-2-1 通信光缆工程监理流程

二、光缆线路工程监测实例

下面以 2013 年××市 EPON 接入第三期建设工程光缆工程补充项目监理实施细则为例，说明通信光缆工程监理的具体方法和步骤。

（一）工程概况

为了配合中国联通股份有限公司××分公司的通信发展，满足××铝业公司宿舍的数据通信需求，根据中国联通股份有限公司××分公司客户响应建设中心部的工程设计委托和规划建设方案，以及设计人员现场勘察和收集的相关资料，××通信监理公司对2013年××市EPON接入第三期建设工程中的××铝业公司宿舍光纤接入工程进行工程监理。

本线路工程施工依据的技术质量标准是中华人民共和国行业标准《通信线路工程验收规范》（YD 5121—2010）。

本期工程施工图纸如图9-2-2所示。其中，工程所使用的GYTS-24B1光缆由中国联通股份有限公司××分公司负责购买，其余耗材由施工单位负责采购。××铝业公司宿舍光纤接入工程预算总表见表9-2-1，工程材料预算表见表9-2-2、表9-2-3，工程建设其他费预算表见表9-2-4。

表9-2-1 ××铝业公司宿舍光纤接入工程预算总表

序号	表格编号	费用名称	小型建筑工程费	需要安装的设备费	不需要安装的设备、工具器具费	建筑安装工程费	其他费用	预备费	总价值 人民币/元	其中外币/欧元
I	II	III	IV	V	VI	VII	VIII	IX	X	XI
1		设备费		3 947.71	0.00				3 947.71	
2	XL-005	建筑安装工程费				7 642.54			7 642.54	
3	1+2	工程费	0.00	3 947.71	0.00	7 642.54	0.00	0.00	11 590.25	0.00
4	XL-006	工程建设其他费用					3 199.71		3 199.71	
5	3+4	合计	0.00	3 947.71	0.00	7 642.54	3 199.71	0.00	14 789.96	0.00
6		预备费（合计×4%）						591.60	591.60	
		生产准备及开办费								
		总计	0.00	3 947.71	0.00	7 642.54	3 199.71	591.60	15 381.56	0.00

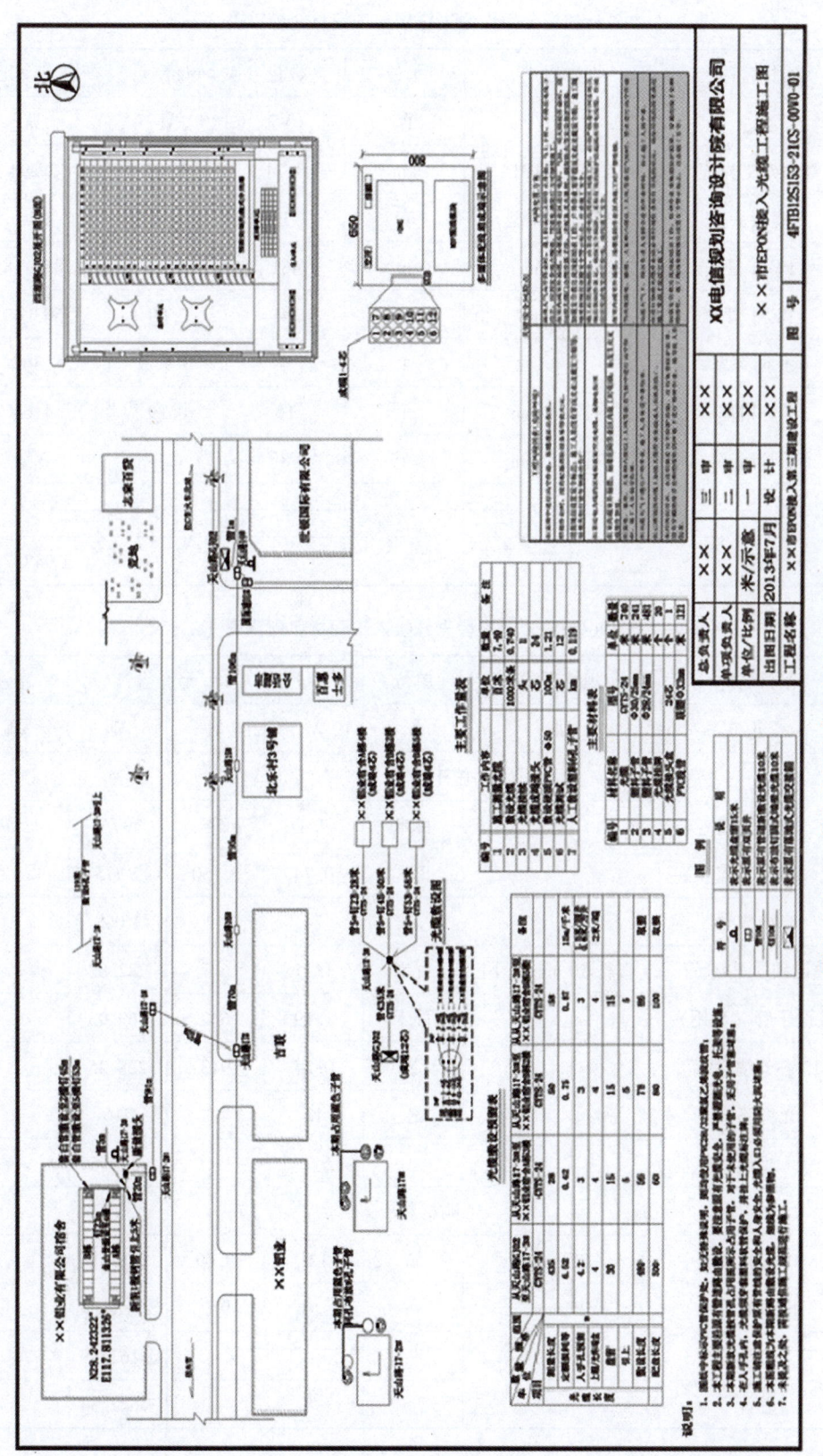

图 9-2-2 ××铝业公司宿舍光纤接入工程施工图图纸

表 9-2-2　××铝业公司宿舍光纤接入工程材料预算表（一）

序号	器材名称	规格程式	单位	数量	单价/元	合计/元
Ⅰ	Ⅱ	Ⅲ	Ⅳ	Ⅴ	Ⅵ	Ⅶ
1	管道架空光缆	CYTS-24B1	km	0.74	3 100	2 294
2	光缆接头盒	24芯（1+4型）	套	1	250	250
3	PE子管	28/24 mm	m	481	1.78	856.18
4	PE子管	30/25 mm	m	241	2.09	503.69
5	6孔防盗塞		个	4	9	36
6	子管堵塞	内径24 mm	个	16	0.29	4.64
7	子管堵塞	内径25 mm	个	8	0.4	3.2
	总计					3 947.71

表 9-2-3　××铝业公司宿舍光纤接入工程材料预算表（二）

序号	器材名称	规格程式	单位	数量	单价/元	合计/元	备注
Ⅰ	Ⅱ	Ⅲ	Ⅳ	Ⅴ	Ⅵ	Ⅶ	Ⅷ
	施工费						
1	施工测量		百米	7.4	54	399.6	
2	敷设光缆		km	0.74	3 750	2 775	
3	光缆成端		芯	24	42	1 008	
4	敷设硬质PVC管	直径50 mm以下	百米	1.21	647	782.87	
5	敷设子管（套用）		百米	1.19	647	769.93	
6	12芯光缆接续		芯	0.25	913	228.25	
7	光缆测试		芯	12	43	516	
	小计					6 479.65	
	乙购材料						
1	PVC白管	25 mm	m	121	8.09	978.89	
2	网纹软管	25 mm	m	20	9.2	184	
	小计					1 162.89	
	总计					7 642.54	

表 9-2-4 ××铝业公司宿舍光纤接入工程建设其他费预算表

序号	费用名称	计算依据及方法	金额/元	备注
I	II	III	IV	V
1	建设用地及综合赔补费		0.00	
2	建设单位管理费	财建〔2002〕394 号	107.78	工程总概算×1.5%×50%
3	可行性研究费			
4	研究试验费			
5	勘察设计费		2 043.91	
	（1）勘察费	基准价：计价格〔2002〕10 号执行，合同价按此价浮动	1 600.00	2 000×0.8
	（2）设计费	基准价：计价格〔2002〕10 号执行，合同价按此价浮动	443.33	
6	环境影响评价费			
7	劳动安全卫生评价费			
8	建设工程监理费		420.73	
	（1）施工阶段的监理服务收费	发改委、建设部〔2007〕670 号，合同价按此价浮动	382.48	
	（2）其他阶段的相关服务收费	国家没有规定的，由发包人与监理人协商确定	38.25	
9	安全生产费	建筑安装工程费×1.5%	114.64	
10	工程质量监督费			
11	工程定额测定费			
12	引进技术和引进设备其他费			
13	工程保险费			
14	工程招标代理费			
15	移动资源录入费	125 元/km	92.50	
	总计		3 199.71	

（二）监理工作的范围

本工程监理工作范围是××铝业公司宿舍 EPON 接入工程共计 0.74 km 的通信光缆线路的施工过程。其中主要有光缆的敷设、接续和引入以及有关设备的安装及光缆线路性能检测等，本期通信光缆工程监理内容如图 9-2-3 所示。

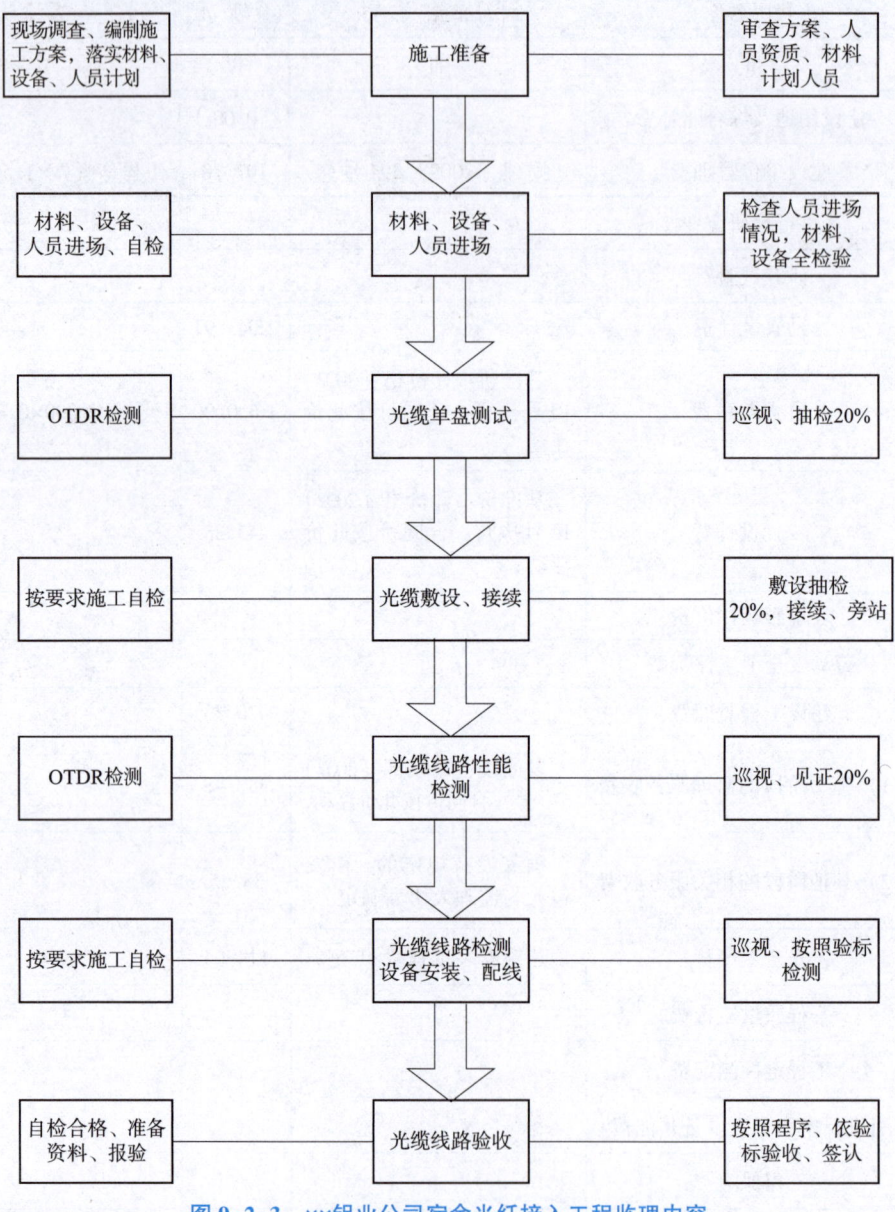

图 9-2-3　××铝业公司宿舍光纤接入工程监理内容

（三）监理工作的重点

1. 施工准备阶段

（1）施工组织设计、施工方案等有关资料的审签，重点审查其针对性、可操作性及科学性。

（2）拟进场施工设备、仪器、仪表资料的审验，重点审验仪器、仪表和设备的性能、测试范围、精度，以及是否有法定计量部门出具的鉴定证书。

（3）施工单位管理和作业人员的培训资料、资格证、上岗证的审查。

（4）施工单位安全、质量管理体系及制度的审查。

（5）分包单位资质材料的审查。

（6）检查施工现场开工的准备情况。

（7）开工报告的审核签认。

2. 施工阶段

（1）要求施工单位认真进行作业技术交底，要求明确做什么、谁来做、如何做、作业标准、完成时间等。

（2）进场设备、仪器、仪表的审验，重点审验是否和报验的资料一致。

（3）严格检验进场光缆材料、附件等，重点检查材料的型号、规格、数量、出厂合格证等质量证明文件。

（4）光缆的单盘检测和配盘。

（5）光缆的敷设和接续。

（6）光缆的有关设备的安装及配线。

（7）光缆线路性能检测。

（8）有关施工资料和检测报告的审核。

施工阶段控制的难点是光缆的单盘测试、敷设和接续。其中，光缆的单盘测试、敷设工作量大，且要求测试项目多，光缆的接续要求工艺复杂、技术性强、精度高。

（四）监理工作的内容

下面以图9-2-1所示通信光缆工程监理流程为例，讲述本期××铝业公司宿舍光纤接入工程的具体监理过程。2013年7月1日，建设单位和××通信监理公司签订监理合同，××通信监理公司也在当天组建监理项目部，该项目部由总监理工程师林嘉盛负责。监理项目部于2013年7月3日进驻施工现场对工程进行监理。

1. 现场勘察

2013年7月4日，监理员李乐诚根据设计文件到施工现场进行了勘察。通过到现场进行勘察，掌握了第一手现场资料，并结合通信线路工程的监理细则和控制原则，对设计图纸的准确性、可行性进行复核。经过复核确认，设计图纸符合施工现场实际情况和设计规范，能够很好地指导施工。复核结束之后监理员如实填写了《现场勘察记录表》，报监理工程师审核。如果有必要，监理工程师可以到现场再次进行核实，根据核实情况，签署意见。本期工程的《现场勘察记录表》如表9-2-5所示。

表9-2-5 ××铝业公司宿舍光纤接入工程现场勘察记录表

工程名称	××铝业公司宿舍光纤接入工程	工程地点	天山路××铝业至国际城路段
勘察时间	2013年7月4日	记录人	李乐诚
勘察内容	经过监理人员现场勘察、复核，现将勘察结果记录如下： ① 设计图纸所绘现场情况和所注尺寸和实际情况一致。 ② 设计图纸符合通信线路工程设计规范，其设计深度和精度均能达到指导施工的目的。 ③ 设计图纸所标施工测量长度为7.4百米，但实际施工测量长度为5.71百米		

续表

勘察结果确认	上述勘察项目属实			
^	施工单位（盖章）	建设单位（盖章）	造价单位（盖章）	监理单位（盖章）
^	代表（签字） 王云天 2013 年 7 月 4 日	代表（签字） 张镇宇 2013 年 7 月 4 日	代表（签字） 李天威 2013 年 7 月 4 日	代表（签字） 林嘉盛 2013 年 7 月 4 日

2. 设计文件审核

监理员收到设计文件后，结合施工现场勘察情况对本期工程设计图纸、施工图预算进行了审核。经过仔细核对，本期工程设计图纸的设计符合国家规范，施工图预算工程量统计准确，编制方法符合建设单位的要求，设计方案完全合理。

另外，总监理工程师会同监理工程师重点对方案、图纸、预算做了进一步审核，审核过程中未发现任何错误，审核结束之后由总监理工程师出具《设计文件审核记录表》并签署意见。本期工程的《设计文件审核记录表》如表 9-2-6 所示。

表 9-2-6　××铝业公司宿舍光纤接入工程设计文件审核记录表

工程名称：××铝业公司宿舍光纤接入工程					
建设单位	中国联通股份有限公司××分公司 || 设计单位	××电信规划咨询设计院有限公司	监理单位	××通信工程监理公司
文件编号 图纸图号		主要问题内容		解决意见	
4FTB12S153-21CS-00V0-01		施工测量长度与实际不符		将施工测量长度改正为 5.71 百米	
预算文件表格编号		主要问题		解决意见	
XL-001 XL-004 XL-005 XL-006		无 无 系按照建设单位包干工程编制 无		按照改正之后的施工图纸校对工程预算表	

审核单位：　　　　　　　审核人：林嘉盛　　　　　　技术负责人：李天威

根据监理单位的审核意见，××电信规划咨询设计院有限公司改正了图纸中的错误，校正之后的施工图纸如图 9-2-4 所示。

此外，由于此工程实际勘察距离为 5.71 百米，因此只对施工测量部分的人工费有影响，然而本工程预算编制采用建设单位所指定的包干工程编制办法，因此施工测量数量的变化对建筑安装工程费没有影响。另外，由于勘察距离小于 1 km，因此勘察费的计算方法仍然是 2 000 元×80% = 1 600 元。综上所述，施工图纸对于施工测量长度的修改不影响整体工程的预算价格，本期工程预算仍然按照表 9-2-1～表 9-2-4 执行。

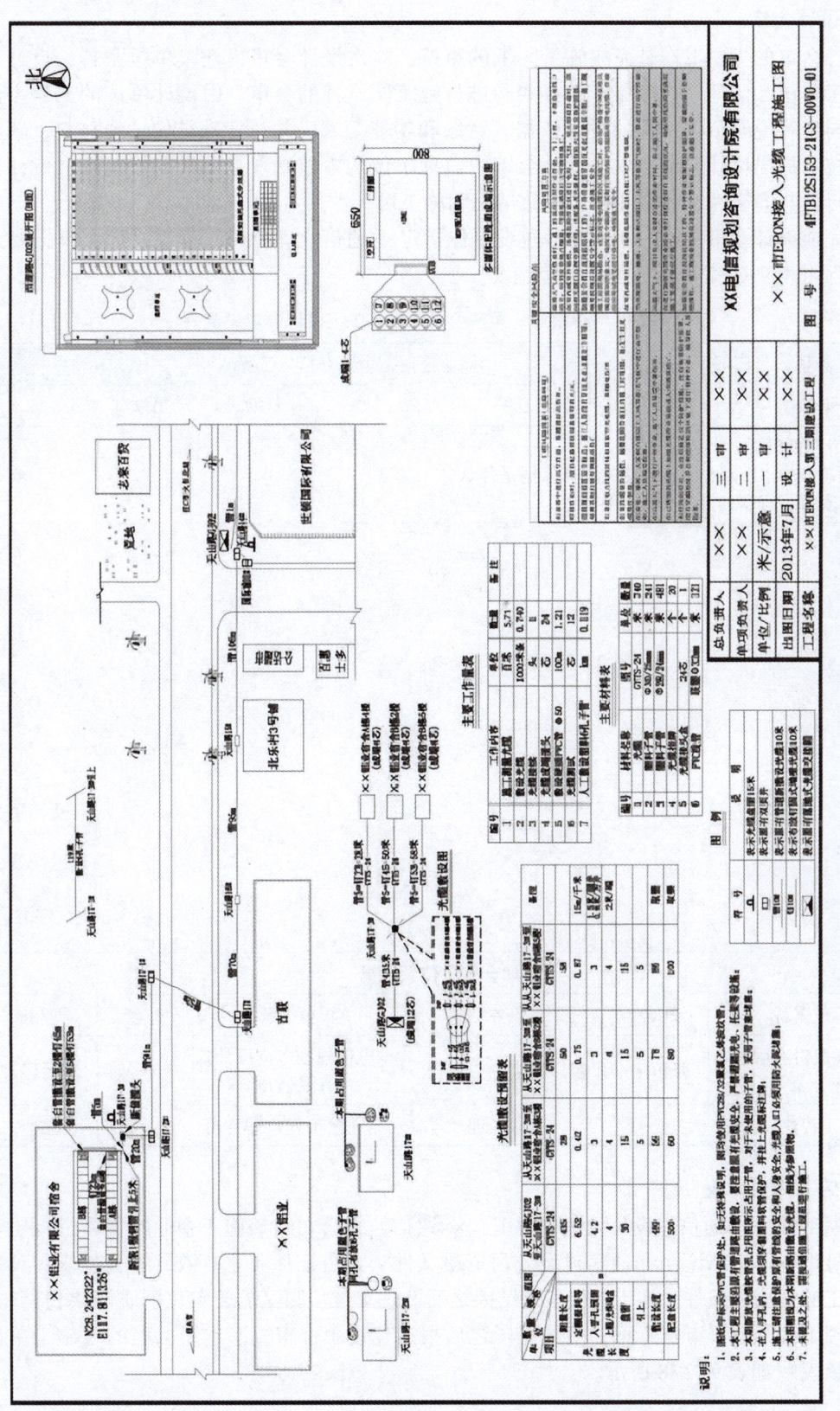

图 9-2-4 ××铝业公司宿舍光纤接入工程施工图纸（修正）

3. 设计会审

设计会审的主要工作是完成施工图纸的审核,本次设计会审由建设单位主持,设计单位、施工单位和监理单位参加,四方共同进行施工图设计的会审。由设计单位的工程主设计人向与会者说明拟建工程的设计依据、意图和功能要求,并对特殊结构、新材料、新工艺和新技术提出设计要求。本次设计会审中监理单位的审核重点是图纸的规范性、设计方案的可行性与安全性、各专业协调一致情况和施工可行性。

在完成设计会审并统一意见之后建设单位指定××通信监理公司起草《设计会审纪要》,本期工程附表9-2-7所示的设计会审纪要。

表9-2-7　××铝业公司宿舍光纤接入工程设计会审纪要

工程名称	××铝业公司宿舍光纤接入工程			
图纸会审部位	全部工程	日期	2013年7月6日	
会审中发现的问题: ① 预算总表中XL-005中施工费的计算依据是什么? ② 建筑安装工程费的计算依据是什么?				
参加会审单位及人员				
单位名称	姓名	职务	单位名称	姓名	职务
中国联通股份有限公司××分公司	张镇宇	客户响应中心主任	××电信规划咨询设计院有限公司	李天威	项目经理
××通信工程建设公司	王云天	项目经理	××通信工程监理公司	林嘉盛	总监

4. 施工单位审查

本期工程由××通信建设公司负责施工,××通信监理公司对该施工企业的资质进行了审查,通过审查得出结论:××通信建设公司资质文件、人员证件齐全有效,符合要求,具备进场施工的资质和条件。施工单位审查结束之后监理单位填写《施工单位资质审核表》,并由总监理工程师签署审查意见,签署完毕之后报送建设单位审查。本期工程的《施工单位资质审核表》如表9-2-8所示。

表 9-2-8　××铝业公司宿舍光纤接入工程施工单位资质审核表

工程名称		××铝业公司宿舍光纤接入工程		
施工单位	名称	××通信工程建设公司		
	资质证书	符合国家相关主管部门要求		
	业绩证明资料	符合国家相关主管部门要求		
施工工程名称（部位）		单位		工程量
××铝业公司宿舍光纤接入工程		km		0.74
施工单位	××通信工程建设公司		项目经理：王云天	
监理单位审查意见： 　　经审核，该公司资质文件、人员证件齐全，符合要求，同意进场施工。				
监理工程师	李经纬	总监理工程师	林嘉盛	2013 年 7 月 7 日
建设单位审查意见： 　　同意进场施工。				
建设单位项目负责人		张镇宇	2013 年 7 月 7 日	

5. 审核施工组织设计

监理单位要审核的施工组织设计（方案）的内容包括：

① 承建单位对施工组织设计（方案）签字，审批手续是否齐全。

② 施工组织设计（方案）的主要内容是否齐全。

③ 承建单位现场项目管理机构的质量体系、技术管理体系，特别是质量保证体系是否齐全。

④ 主要项目的施工方法是否合理可行，是否符合现场条件及工艺要求。

⑤ 施工机械设备的选择是否考虑了对施工质量的影响与保证。

⑥ 施工总进度计划、施工程序的安排是否合理、科学、符合承建合同的要求。

⑦ 主要的施工技术、质量保证措施针对性、有效性如何。

⑧ 施工现场总体布置是否合理，是否有利于保证工程的正常顺利施工，是否有利于保证工程质量，施工总平面图是否与建筑平面协调一致。

根据对上述内容的审查，如符合要求则签署"施工组织设计（方案）合理、可行，且审批手续齐全，专业监理工程师拟同意承建单位按该施工组织设计（方案）组织施工，请总监理工程师审核"。如果不符合要求，专业监理工程师应简明指出不符合要求之处，并提出修改补充意见，然后签署"暂不同意承包单位按该施工组织设计（方案）组织施工，待修改完善后再将《施工组织设计（方案）报审表》报送总监理工程师审核"。

本期工程施工单位报送的《施工组织设计》经过监理工程师和总监理工程师的审核，符合相关规范要求，因此获批按照施工组织设计方案组织施工，具体内容如表 9-2-9 所示。

表 9-2-9　××铝业公司宿舍光纤接入工程施工组织设计（方案）申报表

致××通信工程监理公司： 　　我方已经根据施工合同有关规定完成了××铝业公司宿舍光纤接入工程施工组织设计（方案）的编制，并经我单位上级技术负责人审查批准，请予以审查。 附件：施工组织设计 　　　　　　　　　　　　　　　　　　　　　　　　　承包单位（公章）：××通信监理公司 　　　　　　　　　　　　　　　　　　　　　　　　　项目经理：王云天 　　　　　　　　　　　　　　　　　　　　　　　　　日期：2013 年 7 月 8 日
专业监理工程师审查意见： 　　施工组织设计（方案）合理、可行，且审批手续齐全，拟同意承建单位按该施工组织设计（方案）组织施工，请总监理工程师审核。 　　　　　　　　　　　　　　　　　　　　　　　　　专业监理工程师：李经纬 　　　　　　　　　　　　　　　　　　　　　　　　　日期：2013 年 7 月 9 日
审查意见： 　　同意专业监理工程师审查意见，并同意承包单位按该施工组织设计（方案）组织施工。 　　　　　　　　　　　　　　　　　　　　　　　　　项目监理机构（公章）： 　　　　　　　　　　　　　　　　　　　　　　　　　总监理工程师：林嘉盛 　　　　　　　　　　　　　　　　　　　　　　　　　日期：2013 年 7 月 10 日

6. 审核开工报告

施工单位自检后认为建设项目已经达到开工条件时，应在开工日前 15 日内向项目监理部申报《工程开工申报表》（一式 3 份），项目监理部审核认为具备开工条件时，报请建设单位同意，并签署意见，由总监理工程师在施工单位报送的《工程开工报审表》上签署开工指令。项目监理单位将《工程开工报审表》返回施工单位一份，报送建设单位一份备案，并自留一份存档。另外，工程开工报审应按单位工程实施管理，即每个单位工程开工应单独报审。本期工程的《工程开工报审表》如表 9-2-10 所示。

7. 下达开工令

施工单位按照要求完成开工准备后向监理机构提交开工申请，监理机构检查施工单位的施工准备满足开工条件后，方可签发开工令。

开工令是开工日期到来时，由总监理工程师签发的下达开工的书面文件。监理单位应认真审核承包单位资质是否与所承担的工程规模、专业性质一致，审查其质量管理体系、技术管理体系及质量保证体系（包括有关人员的上岗证）是否完善健全，审查施工组织设计是否合理。

经过监理单位审核，施工单位具备开工条件，由总监理工程师签发的工程开工令如表 9-2-11 所示。

表 9-2-10　××铝业公司宿舍光纤接入工程工程开工报审表

致××通信工程监理公司：
　　我方承担的××市 EPON 接入光缆工程，已完成了以下各项工作，具备了开工条件，特此申请施工，请核查并签发开工指令。
　　附件1　施工进度计划、CPM 网络图/条形图；
　　附件2　详细施工方法、顺序、时间；
　　附件3　材料、设备、人员进场计划、资源的安排；
　　附件4　资金流动计划；
　　附件5　项目管理组织设置及人员分工；
　　附件6　施工安排和方法总说明；
　　附件7　质量控制方法、手段；
　　附件8　重点工程施工措施等。
附：开工报告

承包单位（签字/盖章）
项目经理：王云天
日期：2013 年 7 月 11 日

审查意见：
　　经审核，该《施工组织设计》中施工技术方案可行，工期安排合理，施工管理组织机构设置及人员分工明确，施工保证措施得力，进场人员、设备满足施工要求。

项目监理机构：××通信工程监理公司
总监理工程师：林嘉盛
日期：2013 年 7 月 12 日

表 9-2-11　××铝业公司宿舍光纤接入工程开工令

　　监理工程师对承包商的开工准备情况及各项开工条件进行了审查，认为××铝业公司宿舍光纤接入工程可以开始施工，承包商在接到开工令后，应迅速开始施工。

　　此范围外的工程开始作业时间将在有关条件具备后另行通知。
　　本工程的工期从 2013 年 7 月 15 日起算。如果你方对本开工令有异议，需在收到本开工令后 7 天内向监理工程师书面提出。

总监理工程师：林嘉盛
日期：2013 年 7 月 13 日

8. 首次工程例会

首次工程例会是监理机构正式接触承包单位和全面开展监理工作的起点。其流程为：建设单位介绍施工单位情况；施工单位资质；提出对本工程的要求（安全、质量、进度要求）；介绍监理单位情况、委托监理的范围；给予总监理工程师的权限；施工单位介绍工程概况、准备工作、临时设施情况、原材料进场情况；机械设备进场情况、人员进场情况等。监理单位根据监理合同所授的权限，介绍如何对施工阶段进行控制，包括对进场原材料的监控、各施工阶段的质量监控、在施工阶段的技术资料及监理资料申报等；确定例会制度并确定例会主持者、会议召开时间及会议纪要等。

首次工程例会结束之后，需要将会议内容整理成《会议纪要》，并在与会代表各方签字之后将其存档。由于首次工程例会的形式与内容并不固定，因此这里不统一给出首次工程例会的《会议纪要》，在需出具首次工程例会《会议纪要》时，由监理工程师如实记录、填写即可。

9. 安全交底

安全交底就是监理单位就安全相关的信息与施工单位进行沟通和交流，并让施工单位在工作中予以实施，确保施工时的各项安全。安全交底的主要目的是对施工现场人员强调安全施工的重要性。

工程开工前，监理单位应针对所监理项目特点召开安全施工专题讨论会，加强安全知识的深化学习，进一步强化监理人员的安全意识；并制定安全管理职责，落实安全责任制，总监理工程师负全责，各专业监理工程师各负其责。此外，监理单位需要审核施工组织设计中安全管理的条款以及开工条件中安全施工的准备工作情况；否则不予准许开工。具体来说，监理单位应要求承包单位必须做好以下工作：

① 及时办理安全监督备案手续。
② 与建设单位签订《安全生产协议书》。
③ 认真贯彻执行国家和所在地区有关安全文明施工方面的法律、法规。
④ 建立健全安全生产保证体系，按规定配置足够数量的专职安全员，并落实安全生产责任制。
⑤ 对施工现场危险源进行认真识别，进行安全生产风险分析，制定相应的预防措施和应急预案。
⑥ 对工程现场操作人员做好进场前的安全教育，并做好相应的安全交底。
⑦ 加大安全防护措施的投入，安全措施费用必须专款专用。
⑧ 编制施工组织设计、施工方案时必须考虑切实可行的安全保证措施。
⑨ 对危险性较大的工程应编制专项施工方案，并经专家论证可行后，方可实施，以确保安全。
⑩ 每天进行安全巡查，每周定期进行安全检查，发现隐患及时进行整改，将事故消灭在萌芽状态。

施工现场出现安全事故时应做好现场保护，按规定及时上报处理，并写出事故调查报告。

未经监理单位验收确认的工程材料、构配件和设备不得使用，未经监理审核确认的施工方案，监理单位对该部位不予验收也不予计量。

监理单位应按照要求完成安全交底工作，按照实际情况填写《施工安全交底表》并备案，本期工程的《施工安全交底表》如表 9-2-12 所示。

表 9-2-12　××铝业公司宿舍光纤接入工程施工安全交底表

施工详细地点	天山路××铝业至国际城路段
施工项目部位	××市 EPON 接入主干光缆工程
承接施工单位	××通信工程建设公司

技术交底内容：
　本工程室外光缆采用基于 G652 单光纤芯的 24 芯光缆，从天山路 GJ02 光缆交接箱沿天山路通过通信管道敷设至××铝业公司宿舍。
　施工时牢记"安全第一、预防为主"的理念，防患于未然，做好防护措施，施工人员须持证上岗，施工时必须佩戴安全帽、绝缘手套，穿绝缘鞋，登高时检查脚扣、腰带、爬梯等工器具的质量情况，不合格产品杜绝使用；施工过程中特殊地段设立隔离带或警示牌，夜间施工设置红灯；隐蔽工程施工时及时通知监理单位总监或现场监理，经现场签字核实，技术指标达到要求后方可进行下一道工序；甲、乙供材须通过国家安监部门检查合格后，方可在工程中使用，未经过检验或没有出厂合格证的材料，施工单位有权拒绝使用。科学管理、统一协调，树立人人都是监督员、安全员的理念，在确保人身安全、设备安全下方能进行施工。
　在施工前提前联系当地电信部门人员与市政等相关部门及业主沟通，及时办理相关审批手续。
　本工程主要工作量如下：
　① 管道光缆施工测量 5.71 百米；
　② 敷设管道光缆 0.74 千米条；
　③ 光缆接续 1 头；
　④ 光缆成端 24 芯；
　⑤ 敷设硬质 PVC 管（50 m）1.21 百米；
　⑥ 光缆测试 12 芯；
　⑦ 人工敷设塑料 6 孔子管 0.119 km。

承接人：王云天 日期：2013 年 7 月 13 日　　签章：	交底单位：××通信工程监理公司 交底人：李经纬 日期：2013 年 7 月 13 日　　签章：

10. 进场材料检验

为保证工程质量及工程任务的顺利完成，对工程所使用的材料应进行有效控制，以保证采购材料的质量和避免浪费，并应做到按程序监控。施工企业对其采购的建筑材料、构配件和设备的质量应承担相应的责任，材料进场必须进行材质复核，不合格的不得使用在工程上。因此，工程所用主要材料进场必须由监理单位负责取样试验，并且结合工程进度落实检验计划，提出清单，必要时材料负责人、质检员、技术员一同参加检验验收。

表 9-2-13 所示为××铝业公司宿舍光纤接入工程原材料报验单。

表 9-2-13　××铝业公司宿舍光纤接入工程原材料报验单

致××通信工程监理公司：
　我方 2013 年 7 月 14 日进场的自购/构配件、设备数量如下（见附件）。现将质量证明文件及现场检验结果报上，拟用于以下部位：
　光缆敷设、光缆引上、光缆成端等。
　请予以审核。
　附件：
　① 数量清单；
　② 质量证明文件；
　③ 检验结果。

　　　　　　　　　　　　　　　　　　　　　　　　　　承包单位（章）
　　　　　　　　　　　　　　　　　　　　　　　　　　项目经理：王云天
　　　　　　　　　　　　　　　　　　　　　　　　　　日期：2013 年 7 月 14 日

续表

复查意见： 经检查上述工程材料/构配件，符合设计文件和规范的要求，准许进场，同意使用于拟定部位。 　　　　　　　　　　　　　　　　　　　　　　项目监理机构：××通信工程监理公司 　　　　　　　　　　　　　　　　　　　　　　专业监理工程师：李经纬 　　　　　　　　　　　　　　　　　　　　　　日期：2013 年 7 月 15 日

11. 光缆盘测

光缆盘测是光缆的单盘检验的简称，指的是在光缆运达施工现场、分屯点后，对其主要进行外观检查和光性能测试的活动。

1）外观检查

检查光缆盘有无变形，护板有无损伤，各种随盘资料是否齐全，外观检查工作应请供应单位一起进行。开盘后应检查光缆外表有无损伤，对经过检验的光缆应做记录，并在光缆盘上做好标示。

2）光缆的光电性能检验

光缆长度复测应按厂家标明的折射率系数使用光时域反射仪（OTDR）测试光纤长度；按厂家标明的扭绞系数计算单盘光缆长度（一般规定光纤出厂长度只允许正偏差，当发现负偏差时应重点测量，以得出光缆的实际长度）。

光缆单盘损耗应用后向散射法（OTDR 法）测试。测试时，应加 1~2 km 的标准光纤（尾纤），以消除 OTDR 的盲区，并做好记录。

光纤后向散射曲线用于观察判断光缆是否被压伤、断裂或轻微裂伤，同时还能用于观察光纤随长度的损耗分布是否均匀、光纤是否存在缺陷。

除特殊要求以外，光缆保护层的绝缘检查一般不在施工现场进行。但对缆盘的包装及光缆的外护层要进行目视检查。

3）光缆的曲率半径

光缆敷设安装的最小曲率半径应符合表 9-2-14 和表 9-2-15 的规定，其中 D 为光缆外径。

表 9-2-14　光缆最小曲率半径标准

序号	光缆外护层形式	无外护层或 04 型	53/54/33/34 型	333 型、43 型
1	静态弯曲	10D	12.5D	15D
2	动态弯曲	20D	25D	30D

序号	光纤类别	静态（工作时）/mm	动态（安装时）/mm
1	B1.1 和 B1.3	30	60
2	B6a	15	30
3	B6b	10	25

4）盘测结果

完成光缆单盘测试之后，监理单位应如实填写《光缆单盘测试检查记录表》并备案。2013年7月18日，监理员李乐诚对本期工程所用光缆单盘测试进行了旁站监理，发现工程所用光缆损耗过大，光缆盘测记录如表9-2-15所示。

表9-2-15 ××铝业公司宿舍光纤接入工程光缆单盘测试检查记录表

光缆型号	出厂盘号	4C04442265	新编盘号	1
光缆芯数	光缆长度	2 km	出厂长度	
尺码带	测试仪表			
技术指标	1 310 nm	≤0.40 dB/km	1 550 nm	≤0.22 dB/km
纤芯序号	测试衰耗值	测试光纤长度	测试衰耗值	测试光纤长度
1	1.82	2 km	1.3	2 km
2	1.48	2 km	1.38	2 km
3	1.66	2 km	1.42	2 km
4	1.6	2 km	1.3	2 km
5	1.62	2 km	1.23	2 km
6	1.62	2 km	1.21	2 km
7	1.58	2 km	1.3	2 km
8	1.66	2 km	1.23	2 km
9	1.67	2 km	1.21	2 km
10	1.62	2 km	1.3	2 km
11	1.67	2 km	1.23	2 km
12	1.62	2 km	1.21	2 km
13	1.62	2 km	1.23	2 km
14	1.62	2 km	1.21	2 km
15	1.67	2 km	1.3	2 km
16	1.62	2 km	1.23	2 km
17	1.62	2 km	1.21	2 km
18	1.67	2 km	1.23	2 km
19	1.66	2 km	1.23	2 km
20	1.62	2 km	1.21	2 km
21	1.67	2 km	1.3	2 km
光缆型号	GYTS-24B1	出厂盘号	4C04442265	新编盘号	1
光缆芯数	24	光缆长度	2 km	出厂长度	2 km
尺码带	3046	测试仪表及型号	HP8147	外观	良好

续表

光缆型号	GYTS-24B1	出厂盘号	4C04442265	新编盘号	1
技术指标	1 310 nm	≤0.40 dB/km	1 550 nm		≤0.22 dB/km
纤芯序号	1 310 nm（折射率 1.467 7）		1 550 nm（折射率 1.469 0）		
	测试衰耗值	测试光纤长度	测试衰耗值		测试光纤长度
22	1.58	2 km	1.23		2 km
23	1.62	2 km	1.21		2 km
24	1.62	2 km	1.23		2 km
结论	光缆损耗过大，不符合技术规范要求				

测试人员：吴天正　　　　　　　　　监理人员：李乐诚
日期：2013 年 7 月 18 日　　　　　日期：2013 年 7 月 18 日

由于光缆单盘测试损耗过大，不满足相关技术规范要求，施工单位立即向监理单位提出停工申请，本期工程的《工程停工申请表》如表 9-2-16 所示。

表 9-2-16　××铝业公司宿舍光纤接入工程停工申请表

工程名称：××铝业公司宿舍光纤接入工程　　　编号：TS-01

致××通信工程监理公司： 　　由于建设单位采购光缆进行单盘测试时，1 310 nm 和 1 550 nm 窗口损耗均大于上限值的原因，我方申请自 2013 年 7 月 19 日起工程暂时停工，请予以批准。 　　待建设单位重新采购合格光缆后我公司再申请复工。 　　　　　　　　　　　　　　　　　　　　　　　　　承建单位（章） 　　　　　　　　　　　　　　　　　　　　　　　　　项目经理：王云天 　　　　　　　　　　　　　　　　　　　　　　　　　日期：2013 年 7 月 18 日
监理工程师意见： 　　同意××通信工程建设公司的停工申请，同意暂时停工。 　　　　　　　　　　　　　　　　　　　　　　　　　总监理工程师：（签字）林嘉盛 　　　　　　　　　　　　　　　　　　　　　　　　　日期：2013 年 7 月 18 日
建设单位意见： 　　同意暂时停工。 　　　　　　　　　　　　　　　　　　　　　　　　　项目负责人：（签字）张志成 　　　　　　　　　　　　　　　　　　　　　　　　　日期：2013 年 7 月 18 日

在收到施工单位的《工程停工申请表》后，经过仔细核实，总监理工程师林嘉盛随即签发《工程暂停令》，责令施工单位工程立即停工，待更换光缆之后重新开工，《工程暂停令》如表 9-2-17 所示。

表 9-2-17　××铝业公司宿舍光纤接入工程工程暂停令

工程名称：××铝业公司宿舍光纤接入工程　编号：ZT-01

致××通信工程建设公司：
由于工程所使用 24 芯光线的单盘测试 1 310 nm 窗口的损耗最大为 0.91 dB/km，大于上限值 0.40 dB/km，1 550 nm 窗口的损耗值为 0.71 dB/km，大于上限值 0.22 dB/km 原因，先通知你方必须与 2013 年 7 月 18 日部位（工序）实施暂停施工，并按要求做好各项工作。于当日 12：00 时起生效。 　　　　　　　　　　　　　　　　　　　　　　　　项目监理机构：××通信工程监理公司 　　　　　　　　　　　　　　　　　　　　　　　　总监理工程师：林嘉盛 　　　　　　　　　　　　　　　　　　　　　　　　日期：2013 年 7 月 18 日

　　××通信工程建设公司在接到监理单位签发的《工程暂停令》后立即就事故原因进行了调查，经过仔细排查得出结论：本期工程所采用通信光缆由于工艺问题和技术缺陷无法满足施工需要。按照监理单位的整改意见，中国联通股份有限公司××分公司重新购置了通信光缆并于 2013 年 7 月 24 日再次进行了光缆单盘测试，经过监理员李乐诚旁站监理，整个单盘测试符合相关技术要求，光缆损耗也能满足国家相关技术标准。因此××通信工程建设公司于 2013 年 7 月 25 日向监理单位提出复工申请，《复工报审表》如表 9-2-18 所示。

表 9-2-18　××铝业公司宿舍光纤接入工程复工报审表

工程名称：××铝业公司宿舍光纤接入工程　编号：FG-01

致××通信监理公司：
我方承担的××铝业公司宿舍光纤接入工程，已经完成了以下各项工作，具备了复工条件，特此申请施工，请核查并签发开工复工指令。 　　附：光缆单盘测试记录表。 　　　　　　　　　　　　　　　　　　　　　　　　　　　　　承包单位（章） 　　　　　　　　　　　　　　　　　　　　　　　　　　　　　项目经理：王云天 　　　　　　　　　　　　　　　　　　　　　　　　　　　　　日期：2013 年 7 月 25 日
审查意见： 　　经测试，中国联通股份有限公司××分公司新购置的通信光缆其损耗符合国家相关技术标准，同意××通信工程建设公司的复工申请。 　　　　　　　　　　　　　　　　　　　　　　　　项目监理机构：××通信工程监理公司 　　　　　　　　　　　　　　　　　　　　　　　　总监理工程师：林嘉盛 　　　　　　　　　　　　　　　　　　　　　　　　日期：2013 年 7 月 25 日

　　在收到××通信工程建设公司的《复工申请》后，监理工程师李经纬对施工单位的申请材料进行了仔细核查，审核之后报送驻地高级监理工程师审批，高级监理工程师林嘉盛批准并签发了《复工指令》。××通信工程建设公司在收到××通信工程监理公司签发的《复工指令》之后才能继续施工，《复工指令》如表 9-2-19 所示。

表 9-2-19　××铝业公司宿舍光纤接入工程复工指令

承包单位：××通信工程建设公司　　合同号：ETB20130701
监理单位：××通信工程监理公司　　编　号：ZT：0L

致（承包人）王云天：
鉴于监理 ZT.01 号工和暂停工程令中所述工程暂停的因素已经消除，请贵单位于 2013 年 7 月 26 日 12：00 以前对××铝业公司宿舍光纤接入工程恢复施工。请贵部加强现场监督和管理，对各个工作环节严格把关，做到安全作业、文明施工，确保工程的顺利进展。 　　　　　　　　　　　　　　　　　　　　　　总监理工程师：林嘉盛　　　2013 年 7 月 25 日
承包人签收： 　　同意复工。 　　　　　　　　　　　　　　　　　　　　　　承包人：王云天　　2013 年 7 月 25 日

12. 光缆敷设

按照敷设方式不同，光缆线路可分为架空光缆、管道光缆、墙壁光缆、直埋光缆和局内光缆。本期工程主要属于管道光缆线路工程，光缆线路工程的敷设要求主要分为以下几个方面。

（1）光缆敷设前，管孔应穿放子孔，光缆应选择1孔，同色穿放，空余子管管口应加塞子保护。

（2）按人工敷设方式考虑，为了减少光缆接头损耗，管道光缆应采用整盘敷设。

（3）为了减少布放时的牵引方，整盘光缆应由中间分别向两边布放，并在每个人孔安排人员做中间辅助牵引。

（4）光缆穿放的孔位应符合设计图纸要求，敷设管道光缆之前必须清刷管孔。子孔在人手孔中的余长应露出管孔15 cm左右。

（5）手孔内子管与塑料纺织网管接口用PVC胶带缠扎，以避免泥沙渗入。

（6）光缆在人（手）孔内安装时，如果手孔内有托板，光缆应在托板上固定，如果没有托板则将光缆固定在膨胀螺栓，膨胀螺栓要求钩口向下。

（7）光缆出管孔15 cm以内不应做弯曲处理。

（8）每个手孔内及机房光缆和ODF架上均采用塑料标志牌以示区别。

按照管道光缆线路的敷设要求，施工过程经过监理工程师现场抽检，光缆敷设过程符合质量、工艺要求。完成光缆敷设工程量之后，监理单位需要根据监理结果和工程具体情况填写《光缆敷设工艺检查表》并备案，如果光缆敷设过程中有任何问题，需要监理工程师填写《监理通知单》提出整改意见，施工单位拿到监理通知之后应根据整改意见对工程进行整改。本期工程的《光缆敷设工艺检查表》如表9-2-20所示。

表9-2-20 ××铝业公司宿舍光纤接入工程光缆敷设工艺检查表

工程名称：××铝业公司宿舍光纤接入工程					监理单位：××通信工程监理公司	
施工单位：××通信工程建设公司							
序号	监理流程	检查点	检查标准	检查办法	检查结果
1	光缆工程质量检查	管道光缆布放	敷设子管之前必须清刷管孔，穿放子管的管孔与图纸一致	目测	合格
2			穿放光缆的子管颜色与图纸一致，未放光缆的塑料子管要及时封堵	目测	合格
3			光缆必须由缆盘上方放出并保持松弛弧形；布放过程中应无扭转，严禁打小圈、浪涌等现象发生	目测	合格
4			人工布放光缆时每个人孔应有人值守	目测	合格
5			进出方向各挂放一块标识牌，与联通规范要求一致	目测	合格
6			施工中光缆曲率半径大于光缆外径20倍，固定时大于光缆外径15倍	目测	合格
7			引上：3 m钢管，子管塞、防火泥封堵，3条白色引上子管	目测、量测	合格

续表

序号	监理流程	检查点	检查标准	检查办法	检查结果
8	光缆工程质量检查	子管敷设	子管占孔位置符合设计要求，子管余长离管 15~20 cm	量测	合格
9			不能跨井敷设，管道中间不允许有子管接头	目测	合格
10			子管布放完毕，应用子管塞将子管口堵塞	目测	合格
施工单位（签字）：王云天　检查日期：2013 年 7 月 26 日			监理单位（签字）：林嘉盛　检查日期：2013 年 7 月 26 日		

13. 光缆接续、成端

1）光缆接续

光缆接续一般是指机房成端以外的光缆接续，其内容包括光纤连接、金属护层和加强芯的处理、接头护套的密封及检测线的安装。光缆接续的一般要求为：光纤接续前应核对光缆端别、光纤纤序，并对端别及光纤纤序作识别标志。固定接头光纤连接应采用熔接法，活动接头光纤连接应采用成品光纤连接器。

光缆接续是光缆施工中工程量大、技术要求复杂的一道重要工序。其质量好坏直接影响到光缆线路的传输质量和寿命；接续速度也对整个工程的进度造成直接影响。

光纤接续时，现场应采取 OTDR 监测光纤连接质量，并及时做好光纤接续损耗和光纤长度记录，光纤接头损耗应达到设计规定值。

光纤接续过程需要监理员全过程旁站，监理员完成旁站工作后按照接续的标准根据监理结果工程具体情况填写《光纤接续损耗测试表》，本期工程有接头一处，其《光纤接续损耗测试表》如表 9-2-21 所示。

表 9-2-21　××铝业公司宿舍光纤接入工程光纤接续损耗测试表

中维区段：FTB-01　中继区段长度：0.34 km　测试仪表：OTDR-MTS600
折射率：1.469 0　测试波长：1 550 nm　测达长度：0.74 km　温度：32 ℃
湿度：50%　施工单位：××道信工程建设公司　测试人：×××　日期：2011-7-31

接头编号	纤芯编号	衰耗/dB				纤芯编号	衰耗/dB			
		A→B	B→A	合计	平均		A→B	B→A	合计	平均
1	1	0.20	0.18	0.38	0.19	13	0.20	0.20	0.40	0.20
	2	0.20	0.20	0.40	0.20	14	0.18	0.18	0.36	0.18
	3	0.20	0.20	0.40	0.20	15	0.20	0.20	0.40	0.20
	4	0.20	0.20	0.40	0.20	16	0.20	0.20	0.40	0.20
	5	0.18	0.18	0.36	0.19	17	0.20	0.20	0.40	0.20
	6	0.20	0.20	0.40	0.20	18	0.20	0.20	0.40	0.20
	7	0.20	0.20	0.40	0.20	19	0.20	0.18	0.38	0.19
	8	0.18	0.20	0.38	0.19	20	0.20	0.18	0.38	0.19
	9	0.20	0.18	0.38	0.19	21	0.20	0.20	0.40	0.20
	10	0.20	0.20	0.40	0.20	22	0.20	0.20	0.40	0.20
	11	0.20	0.20	0.40	0.20	23	0.20	0.20	0.40	0.20
	12	0.20	0.20	0.40	0.20	24	0.20	0.20	0.40	0.20

监理工程师：李经纬　　　　　　　　　　　　　　2013 年 7 月 31 日

2）光缆成端

光缆线路成端即将光缆到局端后熔接上尾纤以便与光端机等设备连接。在室内机房中主要在光缆配线架（ODF）用户终端盒等终端设备上成端；在室外则在光缆交接箱等处成端。

完成光缆成端工程量之后，监理单位需要根据监理结果和工程具体情况填写《光纤接续工艺检查表》并备案，本期工程《光纤接续工艺检查表》如表9-2-22所示。

表9-2-22　××铝业公司宿舍光纤接入工程光纤接续工艺检查表

工程名称：××铝业公司宿舍光纤接入工程				监理单位：××通信工程监理公司	
施工单位：××通信工程建设公司					
序号	监理流程	检查点	检查标准	检查办法	检查结果
1	光缆工程质量	光缆成端	金属加强芯、屏蔽护层、新装ODB均应接入防雷地排	目测	合格
2			余留光缆10~15 cm	目测	合格
3				量测	合格
施工单位（签字）： ☑ □ 检查合格　纠正差错后合格 检查日期：2013年8月1日				监理单位（签字）： ☑ □ 检查合格　纠正差错后合格 检查日期：2013年8月1日	

3）监控手段

（1）现场施工的过程检查和监督。

现场施工的过程检查和监督一般采用定期或不定期的巡视，对于安全施工制度和措施的执行情况，以及光缆的单盘测试、光缆的敷设、光缆线路的性能检测和光缆线路的设备安装及配线等施工过程，监理工程师都要进行定期或不定期的巡视。

巡视检查的具体内容如下：

① 是否按照批准的施工方案组织施工。

② 专职安全员、质检员及施工人员到岗情况，施工设备配置情况。

③ 施工的安全、质量管理制度的实际执行情况。

④ 是否按照《通信施工作业要点示范》规定的作业步骤规范化作业。

⑤ 施工过程中有关的其他实际问题。

⑥ 巡视的时间安排。

可按照工程的实际施工进展情况安排监理人员的巡视工作。一般情况下总监理工程师每月在月初或月中巡视1~2次，专业监理工程师每周巡视1~2次。

（2）见证和平行检验。

按照《建设工程监理规范》的规定，该通信光缆线路施工工程监理单位见证和平行检验的项目如表9-2-23所示。

表 9-2-23　监理见证和平行检验项目表

序号	施工工序	控制点	目标值	检测频率	监控手段
1	光缆敷设	材料进场检验	① 数量、型号、规格、质量符合设计和订货合同的要求及相关技术标准规定。 ② 合格证、质量检验报告等质量证明文件齐全。 ③ 光缆无压扁、护套损伤、表面严重划伤等缺陷。 检验数量：施工单位、监理单位全部检验。 检验方法：对照设计文件和订货合同检查实物和质量证明文件	全部检验	对照设计文件、合同、质量文件
		光缆单盘检验	单盘光缆长度、衰耗符合设计或订货要求	抽检 20%	用 OTDR
		光缆外护层、接头处密封检查	① 管道和人（手）孔敷设光缆要求：管孔运用符合设计要求；同一根光缆所占各段管道的管孔保持一致；光缆在人（手）孔铁架上的排列顺序与光缆管孔运用相适应，在人（手）孔内避免光缆相互交越、交叉或阻碍空闲管孔光缆敷设的孔口。 ② 穿越或引下用的防护管的位置、材质、管长和埋设深度符合设计要求和相关技术标准的规定。 检验数量：施工单位全部检查，监理单位抽检 20%。 检验方法：观察、尺量检查	抽检 20%	观察及尺量检测
		光缆外护层、接头处密封检查	① 光缆外护层（套）不得有破损，接头处应密封良好。 ② 检验数量：施工单位全部检查，监理单位见证检验 20%。 检验方法：观察检查	见证检验 20%	观察检验
		光缆防雷设置	设计图要求	抽检 20%	观察、兆欧表测试
2	光缆接入及引入	光缆连续	① 芯线按光纤色谱排列顺序对应接续；光纤接续部位应进行热缩加强管保护，加强管收缩均匀、无气泡。 ② 光缆的金属外护套和加强芯紧固在接头盒。 ③ 外护套与金属加强芯在电气上应连通，两侧的金属外护套、金属加强芯应绝缘。 ④ 光缆盒体安装牢固、密封性良好。 ⑤ 光纤收容余长单端引入引出不小于 0.8 m，两端引入引出不小于 1.2 m。 ⑥ 光纤收容时的弯曲半径不小于 40 nm。 ⑦ 光缆接头处的弯曲半径不小于护套外径的 20 倍。 ⑧ 光缆接续后余留 2~3 m。 检查数量：施工单位全部检查，监理单位旁站监理 20%。 检验方法：观察、尺量检查	旁站监理	观察及尺量检测

续表

序号	施工工序	控制点	目标值	检测频率	监控手段
2	光缆接入及引入	光缆引入	① 光缆引入室内时，应在引入井或室内上机架前做绝缘节，室内、室外金属护层及金属加强芯应断开，并彼此绝缘。 ② 光缆引入室内时应将终端固定在光缆线架或光缆终端盒上。 ③ 引入室内的光缆应固定安装牢固。 检验数量：施工单位全部检查，监理单位见证检验。 检验方法：观察、用万用表检查	见证检查	观察、用万用表检验
3	光缆线路性能检查	中继段每根光缆双向接续损耗平均值	≤0.08 dB。 光缆中继段光纤线路衰耗值 a_1 应满足：$a_1 \leq a_0 L + an + am$ (dB)，其中 a_0 为光纤衰耗标称值 (dB/km)。a 为光缆中继段每根光纤双向接头平均损耗 (dB)，单模光纤 $a \leq 0.08$ dB (1 310 nm，1 550 nm)，L 为光缆中继段长度 (km)，n 为光缆中继段内每根光纤接头数，m 为光缆中继段内每根光纤活动连接器数。 校验数量：施工单位全部检查，监理单位见证检验 20%。 检验方法：用光源、光功率计检测	见证检验 20%	用 OTDR 检验，用光源、光功率计检查
		中继段最大离散反射系数及最小回波损耗	① 光缆中继段 S、R 点间的最大离散反射系数如下表所示： | 序号	模式	S、R 点间的最大离散发射系数
---	---	---
1	STM-1	1 550 nm 波长时不大于 -25 dB
2	STM-4	1 310 nm 波长时不大于 -25 dB
3	STM-4	1 550 nm 波长时不大于 -27 dB
4	STM-16	1 310 nm 波长时不大于 -27 dB
5	STM-16	1 550 nm 波长时不大于 -27 dB
6	STM-64	1 310 nm 波长时不大于 -14 dB
7	STM-64	1 550 nm 波长时不大于 -14 dB		见证检验 20%	用 PDM 检测仪检测

续表

序号	施工工序	控制点	目标值	检测频率	监控手段
3	光缆线路性能检查		② 光缆中继段在 S 点的最小回波损耗如下表所示： | 序号	模式	光缆中继段 S 点最小回波损耗
---	---	---
1	STM-1	1 550 nm 波长时不大于-25 dB
2	STM-4	1 310 nm 波长时不大于-25 dB
3	STM-4	1 550 nm 波长时不大于-27 dB
4	STM-16	1 310 nm 波长时不大于-27 dB
5	STM-16	1 550 nm 波长时不大于-27 dB
6	STM-64	1 310 nm 波长时不大于-14 dB
7	STM-64	1 550 nm 波长时不大于-14 dB			
4	光纤检测、系统检验	对被测光纤点检测	对被测光纤点进行点名检测，检测结果应全部回传。 检验数量：施工单位全部检查，监理单位见证检验。 检验方法：对照设计文件，根据相关技术标准或设备技术文件逐项检验	见证检验	设计文件、设备技术标准
		对被测光纤进行周期检测	对被检测光纤进行点名检测，检测结果应全部回传。 检验数量：施工单位全部检查，监理单位见证检验20%。 检验方法：试验、用OTDR检测、对比	见证检验	OTDR检验

14. 光缆线路割接

对正在使用的线路、设备进行操作，将会直接影响到上面承载的业务，网络改造中最关键的一步就是网络割接。网络割接又叫网络迁移，是指运行网络物理或者逻辑上的更改。

1）光缆线路割接流程

光缆线路割接流程如图 9-2-5 所示。

2）光缆线路割接注意事项

（1）割接前应由业主组织维护单位全体割接人员召开割接准备会，对本次割接总体方案、割接纪律和割接注意事项进行交底。

（2）现场割接人员必须了解割接光缆线路纤芯使用的基本情况。

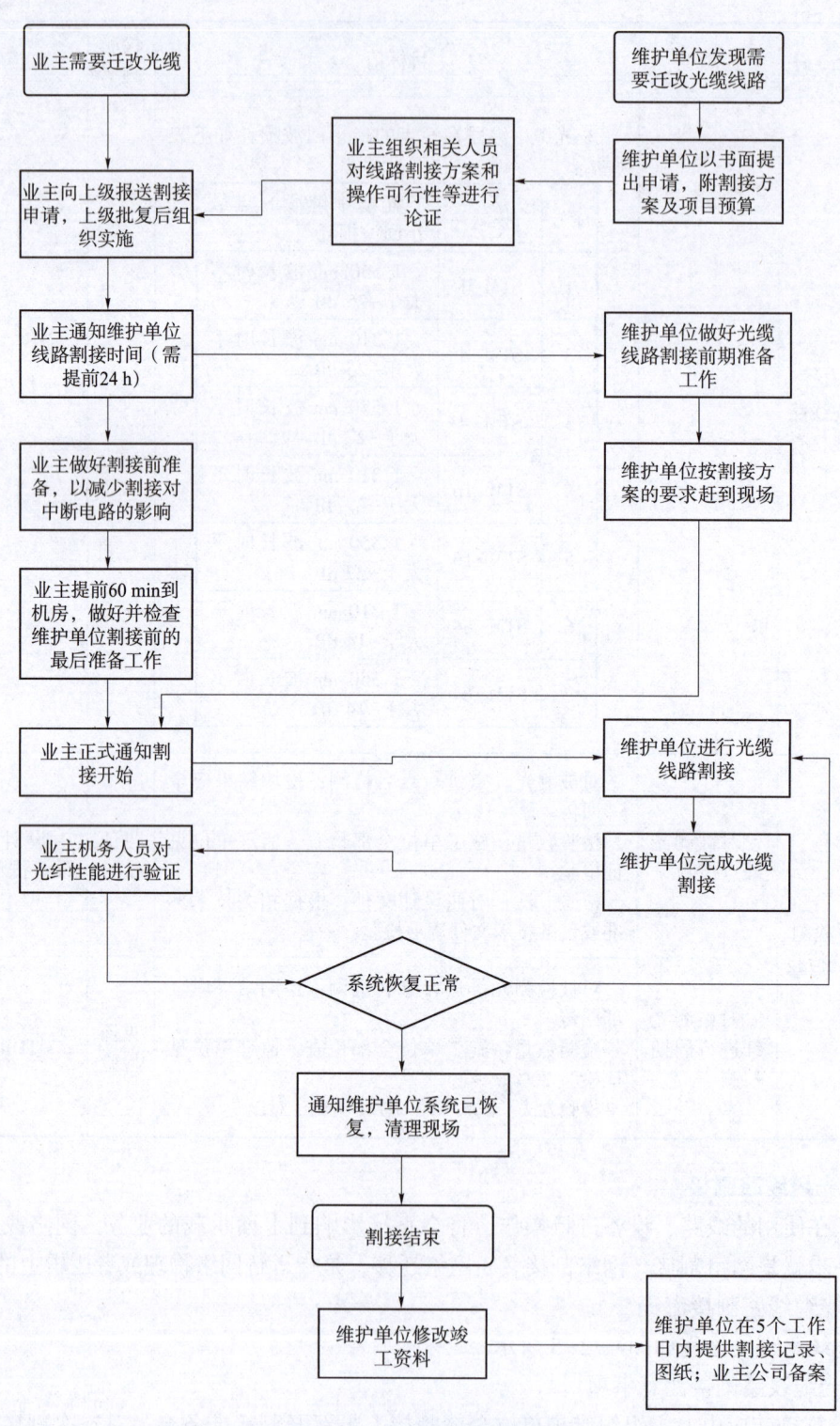

图 9-2-5 光缆线路割接流程

（3）割接人员必须严格遵守割接纪律、服从割接现场指挥，未经许可，不得擅自开启接头盒和剪断光缆及纤芯。

（4）新设光缆端别必须和原缆相对应。

（5）光缆割接纤芯熔接顺序原则上按照一级干线、二级干线、本地网等顺序进行割接接续。割接过程中原则上不得用 OTDR 对在用纤芯进行测试。如确需测试，必须经业主设备维护人员同意，由业主设备维护人员将尾纤与系统断开后，才能进行测试。

（6）进行割接操作前必须经业主网管人员确认，割接完成后也必须经业主网管人员确认，通知后方可离开现场。

（7）割接时维护单位业务主管必须到现场进行指挥。

完成光缆割接后，监理单位需要根据监理结果和工程具体情况填写《割接方案检查表》《光缆割接申请》《光缆割接通知》和《监理日记》并备案。本期工程光缆割接申请如表 9-2-24 所示，光缆割接通知如表 9-2-25 所示。

表 9-2-24 ××铝业公司宿舍光纤接入工程光缆割接申请表

工程名称：××铝业公司宿舍光纤接入工程　　　　　编号：GJ-01

割接日期	2013 年 8 月 3 日	中断时间段	0:00—6:00
线路所属台站	天山路站	具体地点	天山路国际城
组织割接单位	中国电力股份有限公司××分公司		
现场负责人、割接人员联系电话	现场负责人：宋天赐 我公司割接操作人员：宋天赐	电话：××××××××××× 电话：×××××××××××	
割接原因	××铝业公司宿舍光纤接入工程主干光缆布放完毕及测试工作已完成，计划于 2013 年 8 月 3 日凌晨开始对此段光缆进行割接，特向公司申请线路割接		
实施方案	① 2013 年 8 月 3 日上午去机房进行测试，确认纤芯对应关系，主操作员负责清点所需工具、器材，并整装待发。 ② 2013 年 8 月 3 日 22:00 以前，全体割接人员到达割接现场，做好割接前准备工作。 ③ 2013 年 8 月 3 日 23:50 向联通机房请示，经同意后，逐一对以上光缆进行终端检验，割接工作正式开始，按先主用后备用的顺序进行纤芯接续。 ④ 割接完成后，经测试纤芯质量符合要求，固定接头盒，清点工具，更改资料并撤离现场		
受影响中继站	此次割接属于光纤接入网中的用户接入部分割接，因此不影响主干中继段线路的正常通信		
施工单位（签字）：王云天 检查日期：2013 年 8 月 3 日		监理单位（签字）：林嘉盛 检查日期：2013 年 8 月 3 日	

表 9-2-25 ××铝业公司宿舍光纤接入工程光缆割接通知

尊敬的用户：
您好！
　　因市场拓展需要，我公司光缆需要进行割接，施工时间为 2013 年 8 月 4 日 00:00—06:00。届时将影响红云小区、文明花园、书香门第、北仓国际、烟厂所有小区、红云路卓达小区、田坝区、复考一区的宽带业务信号。
　　施工期间给您带来不便，请见谅！

　　　　　　　　　　　　　　　　　　　　　　　　　　　　中国联通股份有限公司××分公司
　　　　　　　　　　　　　　　　　　　　　　　　　　　　　　　　　　　2013 年 8 月 1 日

15. 光缆测试

光缆中继段测试是指对局端至局端、局端至接入网之间的全部传输介质的测试，它包括中间网络设备及跳纤。一般按"双窗口"测试。光缆用户段测试是指对局端或接入网至用户端的光收发器或光模块之间的全部传输介质的测试，它包括中间网络设备及跳纤。中继段光纤损耗测量有插入法和后向法两种方法。

1）插入法

这种方法是用光源、光功率计测量全程损耗，从中继段光纤损耗要求在带已成端的连接插件状态下进行测量来说，这种插入法是唯一能够反映带连接插件线路损耗的方法。

这种方法的测量结果比较可靠，其测量的偏差主要来自仪表本身以及被测线路连接器插件的质量。

2）后向法

后向法虽然也可以测量带连接器插件的光线路损耗，但由于一般的 OTDR 都有盲区，使近端光纤连接器接入损耗、成端连接点接头损耗无法反映在测量值中；同样成端的连接器尾纤的连接损耗由于离得太近也无法定量显示。因此，OTDR 测量值实际上是未包括连接器在内的线路损耗。

以上两种测试方法各有利弊：前者比较标准，但不直观；后者能够提供整个线路的后向散射信号曲线，但反映的数据不是线路损耗的确切值。随着 OTDR 的精度不断提高，两种方法测得的数据差别很小。在实际应用中采取两种方法相结合的方式则能既真实又直观地反映光纤线路全程损耗情况。

3）中继段测试的内容

（1）光纤中继段测试的内容：包括中继段光纤线路衰减系数及传输长度、光纤通道总衰减、光纤后向散射曲线、偏振模色散（PMD）和光缆对地绝缘。

（2）中继段光纤线路衰减系数（dB/km）及传输长度的测试：在完成光缆成端和外部光缆接续后，应采用 OTDR 测试仅在 ODF 架上测量。光纤线路衰减系数应取双向测量的平均值。

（3）光纤通道总衰减的测试：光纤通道总衰减包括光纤线路自身损耗、光纤接头损耗和两端连接器的插入损耗 3 个部分，测试时应使用稳定的光源和光功率计经过连接器测量，可取光纤通道任一方向的总衰减。

（4）光纤后向散射曲线（光纤轴向衰减系数的均匀性）的测试：在光纤成端接续和室外光缆接续全部完成、路面所有动土项目均已完工的前提下，用 OTDR 测试仪进行测试。光纤后向散射曲线应有良好线形并无明显台阶，接头部位应无异常。

（5）偏振模色散（PMD）的测试：按设计要求测试中继段的 PMD。

（6）光纤对地绝缘的测试：应在绝缘电阻处直埋光缆接头监测标石引出线测量金属护层的对地绝缘，其指标为 10 MΩ·km。测量时一般使用高阻计，若测试值较低，应采用 500 V 兆欧表测量。

完成光缆中继段和用户端测试之后，监理单位需要根据监理结果和工程具体情况填写《光缆损耗测试记录表》并备案，本期工程的《光缆损耗测试记录表》如表 9-2-26

所示。

表 9-2-26 ××铝业公司宿舍光纤接入工程用户段光缆损耗测试记录表

测试区段：天山路××铝业至国际城　　长度：0.74 km　　测试仪表：HP8153A
施工单位：××通信工程建设公司　　测试人：宋天赐　　测试日期：2013年8月4日

测试项目	全程衰耗		dB		每千米衰耗		介入衰耗	
光纤号		介入衰耗	dB					
	1 310 nm		1 550 nm		1 310 nm		1 550 nm	
1	A→B	B→A	A→B	B→A	A→B	B→A	A→B	B→A
2	0.905	0.909	0.859	0.863	0.33	0.32	0.20	0.19
3	0.903	0.905	0.859	0.863	0.35	0.33	0.20	0.19
4	0.907	0.904	0.860	0.858	0.32	0.33	0.19	0.19
5	0.901	0.903	0.864	0.854	0.33	0.32	0.20	0.18
6	0.903	0.897	0.859	0.856	0.33	0.33	0.18	0.19
7	0.902	0.909	0.861	0.863	0.34	0.34	0.19	0.20
8	0.922	0.911	0.854	0.867	0.34	0.32	0.20	0.19
9	0.916	0.918	0.867	0.870	0.32	0.33	0.19	0.19
10	0.914	0.920	0.870	0.866	0.34	0.33	0.20	0.19
11	0.918	0.915	0.871	0.856	0.33	0.34	0.18	0.20
12	0.912	0.914	0.865	0.865	0.33	0.32	0.19	0.19

16. 工程竣工预验收

竣工预验收是指在交付业主组织竣工验收之前，由总监理工程师预先组织的工程验收。工程完工后，监理工程师应按照承包商自检验收合格后提交的《工程竣工预验收申请表》，审查资料并进行现场检查；若检查出问题，项目监理单位应就存在的问题提出书面意见，并签发《监理工程师通知书》（注：需要时填写），要求施工单位限期整改（监理单位出具《整改通知单》）；施工单位整改完毕后，向监理单位提交《工程竣工预验收申请表》，由监理单位再次对工程进行预验收。

本期工程经过监理工程师现场检查，未发现任何问题，符合工程竣工预验收的相关条件。因此，监理单位核准了施工单位的预验收申请，本期工程的《工程竣工预验收申请表》如表 9-2-27 所示。

表 9-2-27 ××铝业公司宿舍光纤接入工程工程竣工预验收申请表

工程名称：××铝业公司宿舍光纤接入工程　　编号：JY-01

致××通信工程监理公司：
　　我单位已完成××铝业公司宿舍光纤接入工程所涉及的有关工作，先报上该工程验收表，请予以审验和验收。

　　　　　　　　　　　　　　　　　　　　　　　承包单位（章）_____
　　　　　　　　　　　　　　　　　　　　　　　项目经理：王云天
　　　　　　　　　　　　　　　　　　　　　　　日　　期：2013年8月6日

续表

审查意见：
经检查、验收，工程符合设计要求，质量达到国家现行工程验评标准，同意初步验收。
项目监理机构：××通信工程监理公司
总监理工程师：林嘉盛
日期：2013 年 8 月 6 日

17. 编制监理档案、材料

监理档案资料是工程项目实施轨迹的体现，也是监理工作成效的归纳和总结，根据不同需求和不同工程项目建设情况，监理档案资料的编制在内容上有着不同的要求，在编制方式上也有不同的做法，通信线路工程中应编制的监理档案、资料的具体内容如表9-2-28所示。

表 9-2-28 通信线路工程监理档案资料目录

序号	监理档案、资料名称	序号	监理档案、资料名称
1	监理合同	14	设计变更单
2	监理总结	15	重大工程事故报告单
3	监理细则	16	工程随工工艺检查记录
4	工程竣工汇报表	17	工程监理报表
5	施工单位资质审查表	18	监理日志
6	施工组织设计方案申报表	19	监理工作联系单
7	施工方案	20	例会纪要
8	开工条件检查及开工交底记录（勘察记录、安全交底）	21	总监理工程师巡视记录
9	设计会审纪要、预算文件审核表	22	工程检测记录
10	开工报告及开工令	23	工程竣工文件审核意见、结算文件审核报告
11	材料点验报告及清单	24	移交清单
12	工程测试仪表审核表	25	预验收报告
13	停工、复工报告	26	初验报告（验收证书）

18. 工程初验

施工企业完成其承建的单项（单位）工程后，接受建设单位、监理单位的检验，此即初步验收。项目经理接到施工单位的初验申请报告后，要会同监理单位对申请内容进行评估，认为达到初验条件后，要根据工程情况组织各专业人员组成初验小组。各专业人员要根据各自分工，逐层、逐段、逐部位进行检查。检查施工中有无漏项、不合格项，一旦发现必须立即确定专人定期解决并在事后进行复验。

工程竣工初步验收程序为：在验收会议上，将工程施工、监理、勘察、设计等各方的工程档案资料摆好以备查验，并设置验收人员登记表，做好登记手续。

（1）由建设单位组织工程竣工验收并主持验收会议（建设单位应做会前简短发言、工程竣工验收程序介绍及会议结束总结发言）。

（2）工程勘察设计、施工、监理单位分别汇报工程合同履约情况和在工程建设各环节执行法律、法规和工程建设强制性标准情况。

（3）验收组审阅建设、勘察、设计、施工、监理单位的工程档案资料。

（4）验收组和专业组（由建设单位组织勘察、设计、施工、监理单位及监督站和其他有关专家组成）人员实地查验工程质量。

（5）专业组、验收组发表意见，分别对工程勘察、设计、施工、设备安装质量和各管理环节等做出全面评价。

（6）参与工程竣工验收的各方不能形成一致意见时，应当协商提出解决方法，待意见一致后，重新组织工程竣工验收。

（7）经过初步验收之后，验收组形成工程竣工验收意见。

19. 竣工验收

初验合格后，应由建设单位（项目）负责人组织施工（含分包单位）、勘察、设计、监理等单位（项目）负责人进行竣工验收。建设单位应在竣工验收前 7 个工作日将验收时间、地点、验收组名单书面通知该工程的工程质量监督机构。竣工验收的主要工作有以下几项。

（1）建设、勘察、设计、施工、监理单位分别汇报工程合同履约情况及工程施工各环节施工是否满足设计要求，质量是否符合法律、法规和强制性标准的情况。

（2）检查审核勘察、设计、施工、监理单位的工程档案资料及质量验收资料。

（3）实地检查工程外观质量，对工程的使用功能进行抽查。

（4）对工程施工质量管理各个环节工作、工程实体质量及质保资料情况进行全面评价，形成经验收组人员共同确认签署的工程竣工验收意见。

（5）竣工验收合格的，建设单位应及时提出工程竣工验收报告。验收报告应附工程施工许可证、设计文件审查意见、质量检测功能性试验资料、工程质量保修书等法规所规定的其他文件。

（6）工程质量监督机构应对工程竣工验收工作进行监督。经过仔细核查，××铝业公司宿舍光纤接入工程符合设计要求，财务开支合理，工程质量符合验评标准的有关规定，质量等级自评为合格。

20. 工程结算

工程结算书是指施工企业按照承包合同和已完工程量向建设单位（业主）办理工程价清算的经济文件。工程建设周期长、耗用资金数大，为使建筑安装企业在施工中耗用的资金及时得到补偿，需要对工程价款进行中间结算（进度款结算）、年终结算，全部工程竣工验收后应进行竣工结算。

工程结算应该以国家及省有关工程建设管理结算规定为依据，对施工单位在工程施工的整个过程中实际所发生的工程量、费用等进行仔细审核，保证结算资料真实、完整地反映本工程的实际施工情况，降低业主投资成本。

监理单位应督促施工单位在技术验收完成后 1 个月内提交《工程款支付申请表》结算

材料，监理单位务必认真审核结算工程量内容，签发《工程量审核表》后递交建设单位进行审核，以便提交审计。本期工程的《工程量审核表》和《工程款支付申请表》分别如表 9-2-29 和表 9-2-30 所示。

表 9-2-29　××铝业公司宿舍光纤接入工程工程量审核表

单位（子单位）工程名称	××铝业公司宿舍光纤接入工程	合同号	FTB20130701

致××通信工程监理公司：
　　由于本工程已通过初步验收，我公司现申报 2013 年 7 月 15 日—8 月 5 日完成之工程量，请予计量。本次申报计量之分部、分项工程已取得监理工程师的质量合格认证，符合进度计划要求。计量的结果将作为我方结算及申请付款的依据。

施工单位（公章）：
日期：2013 年 8 月 8 日

编号	项目名称	单位	申报工程量	核定工程量
1	管道光缆施工测量	百米	5.71	5.71
2	敷设管道光缆	千米条	0.74	0.74
3	光缆接续	头	1.00	1.00
4	光缆成端接头	芯	24.00	24.00
5	敷设硬质 PVC 管（ϕ50 mm）	百米	1.21	1.21
6	用户端光缆测试	芯	12.00	12.00
7	人工敷设 6 孔塑料子管	百米	1.19	1.19

项目经理（签章）：王云天　　　　　　　　　日期：2013 年 8 月 8 日
专业监理工程师：李经纬　　　　　　　　　　日期：2013 年 8 月 8 日
总监理工程师（签章）：林嘉盛　　　　　　　日期：2013 年 8 月 8 日
建设单位项目专业技术负责人：张镇宇　　　　日期：2013 年 8 月 8 日

表 9-2-30　××铝业公司宿舍光纤接入工程工程款支付申请表

工程名称：××铝业公司宿舍光纤接入工程　　　　编号：ZF-01

致中国联通股份有限公司分公司：
　　我方已完成了××铝业公司宿舍光纤接入工程所涉及的有关工作，按施工合同的规定，建设单位应在 2013 年 8 月 11 日前支付该项目工程款共（大写）壹万伍仟叁佰捌拾壹元五角陆分（小写：￥15 381.56），现上报××铝业公司宿舍光纤接入工程支付申请表，请予以审查并开具工程款支付证书。
　　附件：
　　① 工程量清单；
　　② 计算方法。

承包单位（章）：_____
项目经理：　王云天
日期：2013 年 8 月 10 日

　　工程结算结束之后，通信光缆工程的监理工作就结束了，监理单位应及时向业主提交监理工作总结，其内容包括：委托监理合同履行情况概述，监理任务或监理目标完成情况的评价，有业主提供的供监理活动事由的办公用房、车辆、试验设施等的清单，表明监理工作总结的说明等。

小博士

18世纪，法国工程师克劳德·查佩成功研制出一个加快信息传递速度的实用通信系统。该系统由建立在巴黎至里尔230 km间的若干个通信塔组成。在这些塔顶上竖起一根木柱，木柱上安装一根水平横杆，人们可以使木杆转动，并能在绳索的操作下摆动形成各种角度。在水平横杆的两端安有两个垂直臂，也可以转动。这样，每个塔通过木杆可以构成192种不同的构形，附近的塔用望远镜就可以看到表示192种含义的信息。这样依次传下去，在230 km的距离内仅用2 min便可完成一次信息传递。该系统在18世纪法国革命战争中立下了汗马功劳。

任务小结

本任务主要介绍了以下内容：
（1）通信线路工程监理工作流程。
（2）光缆割接的含义和流程。

任务三　通信设备安装工程监理

一、通信设备安装工程监理流程

通信设备安装工程的监理工作主要是对通信设备安装工程项目进行目标控制，使工程项目的实际投资不超过计划投资，实际建设周期不超过计划建设周期，实际质量达到预期的目标和标准。

随着现代通信技术的发展，通信的内容涵盖了语言、图像、文字的传输、交换等，通信手段的多样化决定了通信设备种类的多样性，对各种信息的处理需要采用不同的设备。目前通信设备分类的方法很多，其中按功能分类结果如表9-3-1所示。

表9-3-1　通信设备的分类

类别	分类	备注
有线通信设备	光传输设备、有线接入设备、同步网设备等	
无线传输设备	微波传输设备、卫星传输设备、卫星接入设备、移动通信接入设备、室内分布设备等	
交换与数据设备	语音交换设备、数据交换设备、移动通信交换设备、多业务数据路由交换设备等	
	配电、换流设备、蓄电池、太阳能电池、风力发电机组、柴油发电机组等	
计算机信息存储设备	各种信息服务器及磁盘阵列等	
用户终端设备	固定电话终端、电视终端、计算机终端、扫描及打印终端、移动台等	

尽管各种通信设备的工作原理、功能、工作方式、运转条件等不尽相同，但设备安装工程的监理流程有很多类似的地方，本任务选择无线通信设备安装工程，介绍通信设备安装工程监理的主要内容。

结合通信建设工程监理一般流程并参照无线设备安装工程自身的特点和施工步骤，可以得出无线通信设备安装工程监理的具体流程如图 9-3-1 所示。

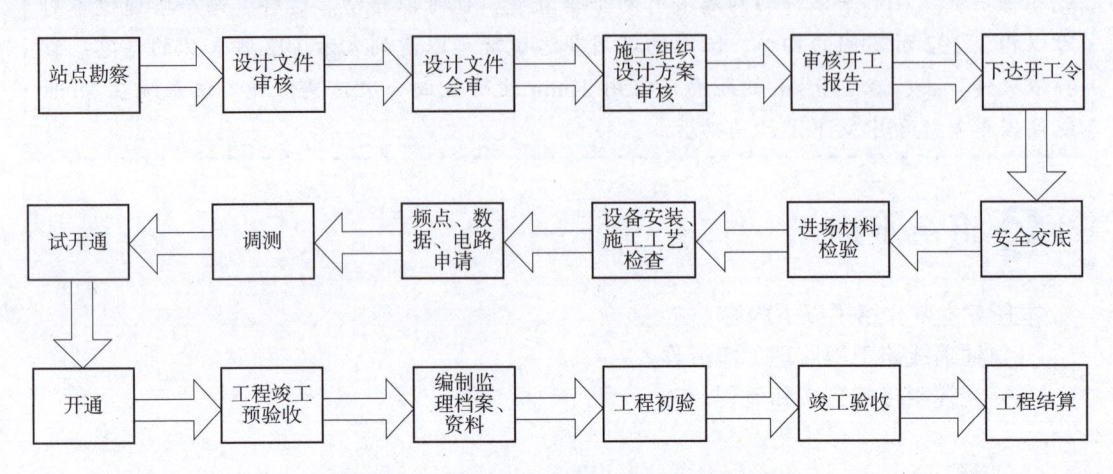

站点勘察 → 设计文件审核 → 设计文件会审 → 施工组织设计方案审核 → 审核开工报告 → 下达开工令 → 安全交底 → 进场材料检验 → 设备安装施工工艺检查 → 频点、数据、电路申请 → 调测 → 试开通 → 开通 → 工程竣工预验收 → 编制监理档案资料 → 工程初验 → 竣工验收 → 工程结算

图 9-3-1　无线通信设备安装工程监理流程

小博士

通信设备安装工程监理流程应该按照通信设备安装监理的一般流程，并结合各种通信设备的功能、工作方式、系统参数和配置等具体情况而定，而不是一成不变的。

二、无线通信设备安装工程监理实例

下面以 ×× 5G 基站建设工程为例介绍无线通信设备安装工程监理的具体内容和方法。由于本任务通信线路工程监理部分对监理实施过程中常用表格的使用和填写方法进行了详尽说明，为了避免重复，无线通信设备安装工程监理部分只对监理方法和手段进行介绍，不再具体说明常用监理表格的填写方法。

（一）工程概况

×× 5G 基站位于 ×× 市 ×× 区 ×× 路。该站为 45 m 角钢塔，该基站为新建 800 m NR 室外基站，载频配置为 S111。本期新增一台 BBU 设备，安装于原有综合柜。本基站使用原 DC 中的一个 100 A 电源端子，用于新增配电单元的供电。要求安装设备时要严格按照操作规范，正确地接电、接地。设备布线时应注意防护现有线缆，留意周边线缆布放情况，合理安排本期布线，电源线及信号线应分开布放。

（1）本期工程部分无线设备安装工程施工图如图 9-3-2～图 9-3-7 所示。

项目九　通信监理实务

机房风险NO.6 各类电气插座、瓶头老化、电动工具、电源线缆渗漏电
诸张图纸中应对方案措施严格处理

机房风险NO.1 重要设备遮挡或线缆敌过
机房风险NO.3 设备接电、接地错误
机房风险NO.4 未经许可启动、关停、拆除设备
机房风险NO.5 送电前不能查装性及相应号致短路
机房风险NO.10 共模共享作业时，对其他运营商设备、线缆造成影响
机房风险NO.11 运输设备、材料途中人身损伤、起重吊例、设备搬运操作不当
诸张图纸中应对方案措施严格处理
参照通用图纸设备及无线交接加固示意图发送

注：
1. 本期工程本基站站名为：xxxxxx，为清理500m NR室外基站，数据配置为S111，基站坐标，E:114.48848°，N:35.676910°；并见BBU面板图。被县自寺乡S219与G342西北。基站地址：基站与原有综合柜，安装与原有综合柜，
2. 本期新增1台BBU设备，并见BBU面板图。
3. 本站使用原DC中1个100A电源端子，用于新增配电单元的供电。开关电源负载核实与容量扩容等由铁塔公司负责。所用电源附子位置均由铁塔公司负责提供改造。
4. 本站传输设备以传输设计为准。
5. 本基站设备安装需委托相关单位按实确负责，对其他运营商设备，必须确保机房内有满足要求方可安装设备。
6. 机房需做好防火、防鼠。线缆孔需做好防水密封等处理。
7. 本站新增5G系统正在实施工程作业时，正在安装施工过程中。监理人员、维护人员须劳务监督。防止安全事故的发生。施工企业必须与维护部门商定实施方案、保护措施、应急措施等安全防范措施。
8. 本站放防雷接地。即电集于屏蔽柜防内，根据《通信铁塔设备安装工程抗震设计标准》（GJ/T 51369-2019），原有机柜备用4个网络不小子M10的地脚螺栓连接到，其他按照要求许见设计说明。
9. 防雷与接地应满足《通信局（站）防雷与接地工程设计规范》（GB 50689-2011）要求。
10. 防火要求，主设备有高足高度保护高度。在要求的基础上接升0.3~0.5m，以防入次受影，设备交接处加固及防水措施，做好水应对措施。
11. 本期进机房前，要现有综合柜，设备交接地处与业主沟通备足防水应对措施。

无线机房（一层）
净高3000

本期工程主设备安装工程造表：
序号	设备名称	规格型号	单位	数量	安装要求	备注
1	5G基站设备	BBU	台	1	原有综合柜内安装	厂家提供
2	配电单元	5GDCU	台	1	原综合柜内安装	厂家提供

本期工程主设备拆除工程造表：
序号	设备名称	规格型号	单位	数量	备注
1	4G基站设备	BBU	台	1	拆除设备

图例：
□ 新增设备　▨ 原有设备　■ 拆除设备

工程名称	xxxxxxxxxxxxx
三审	
二审	设计阶段 一阶段设计
一审	单位
设计	比例 示意
	出图日期

无线基站机房设备布置平面图（信源机房）
图号 xxxxxxxxxxxx

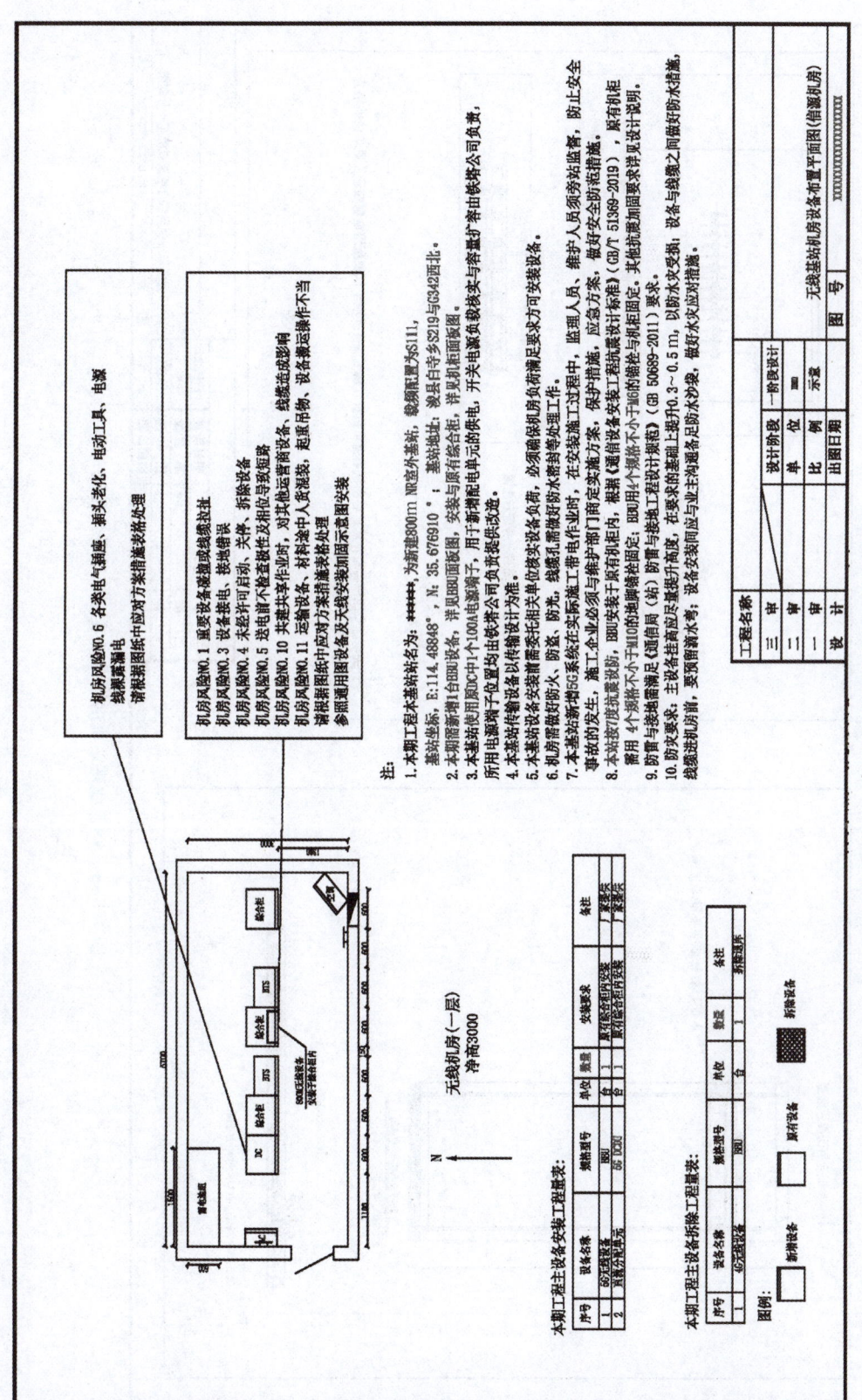

图 9-3-2　××无线基站机房设备布置平面图

251

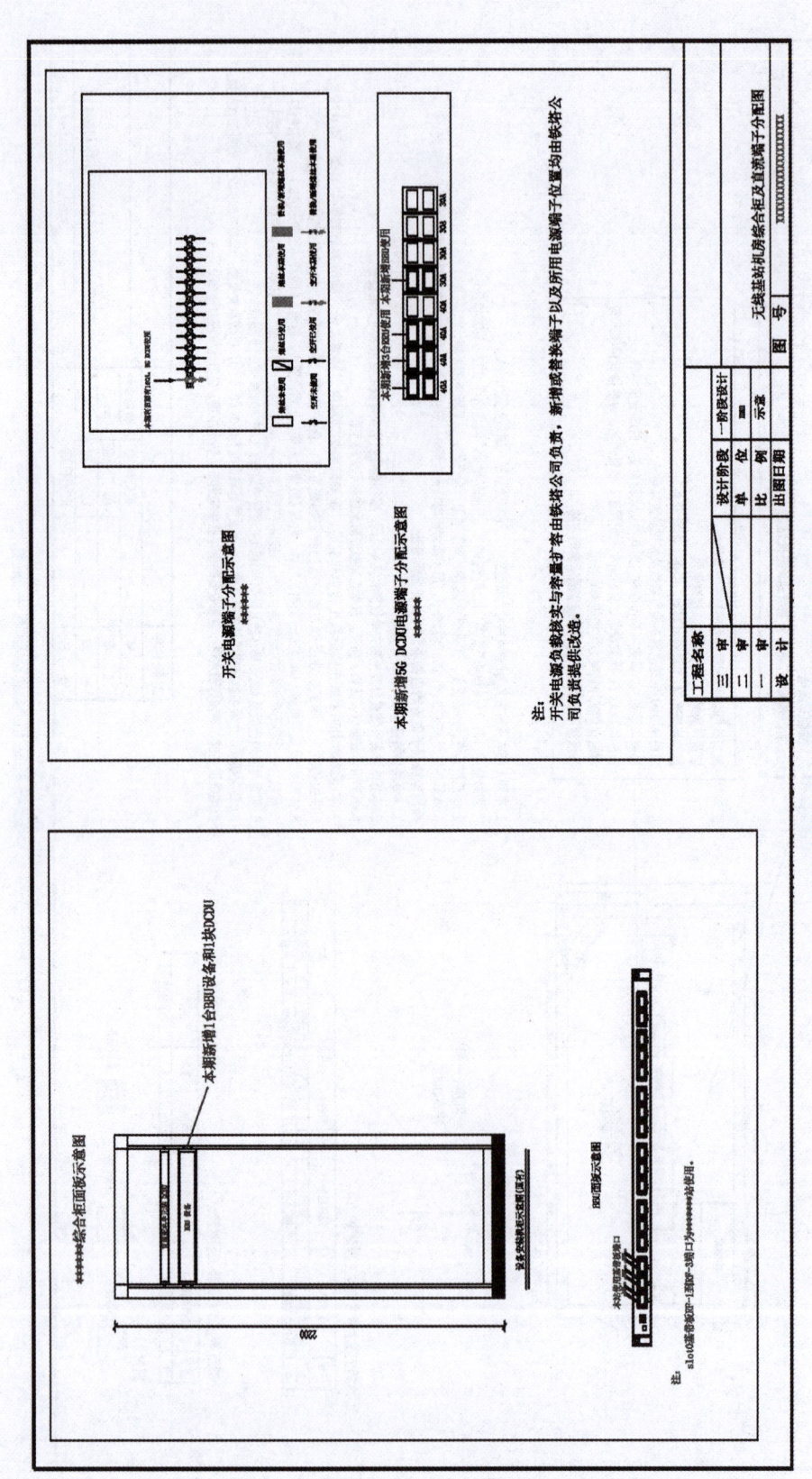

图 9-3-3 ××无线基站机房综合柜及直流端子分配图

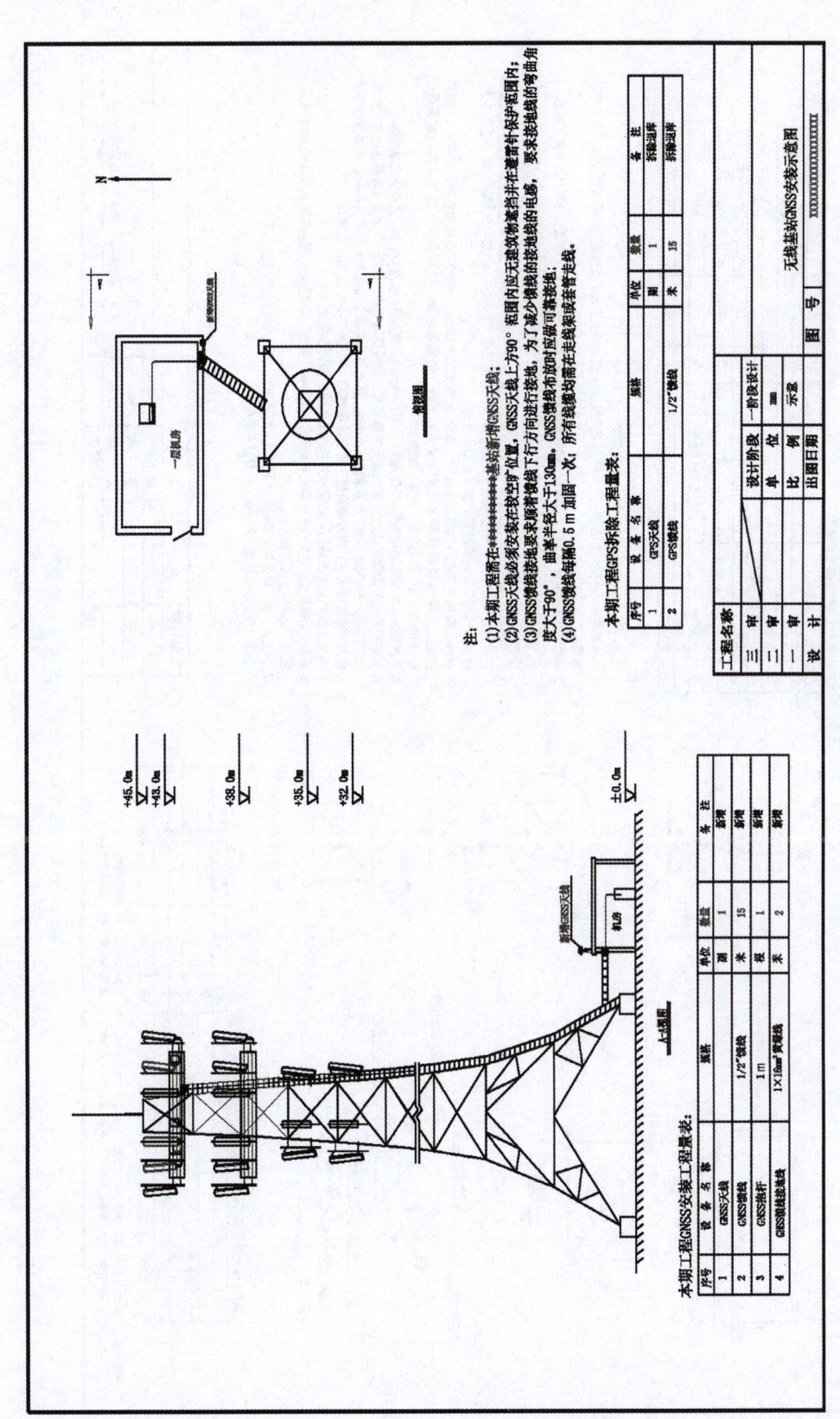

图 9-3-4 ××无线基站 GNSS 安装示意图

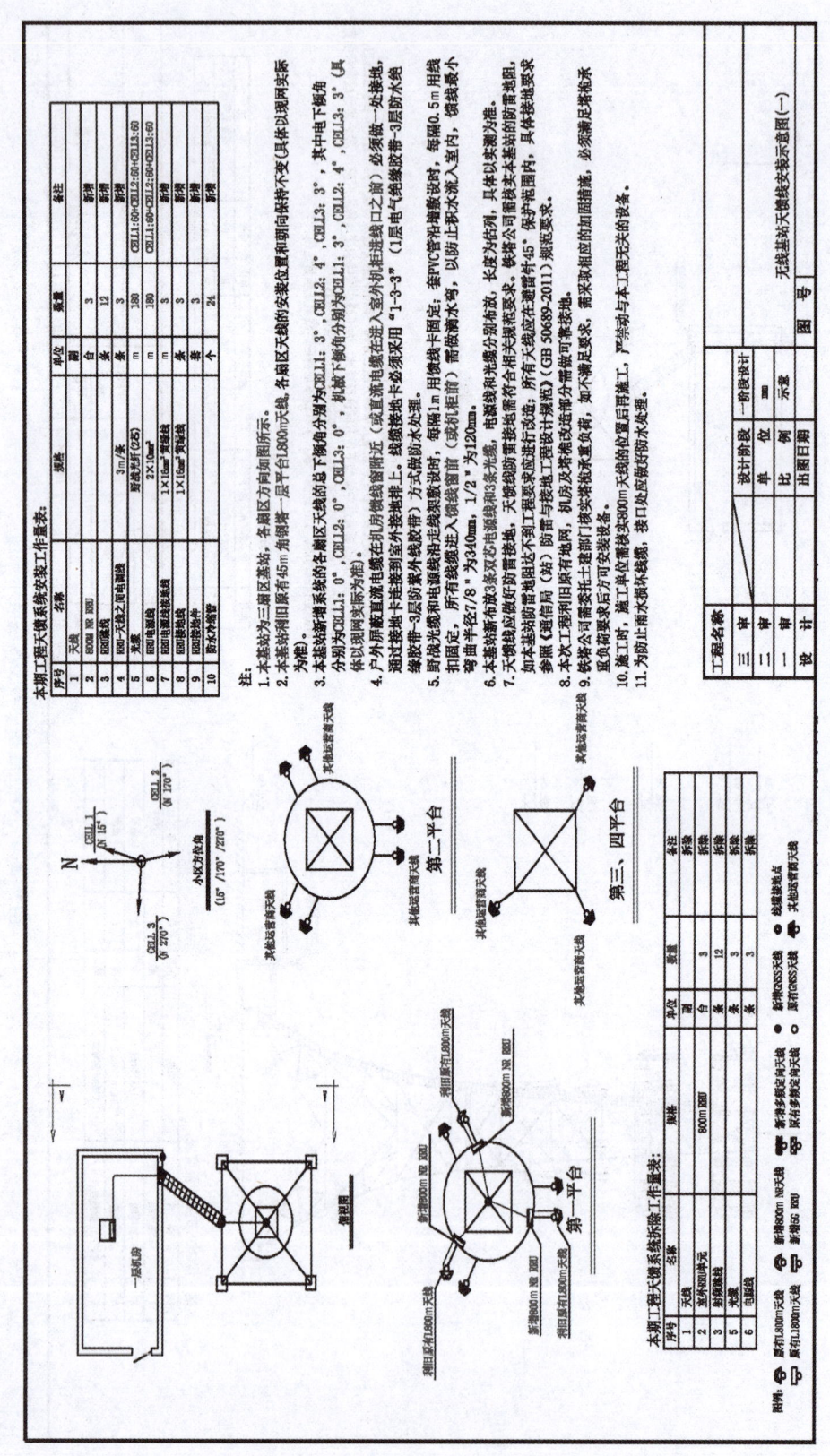

图 9-3-5 ××无线基站天馈线安装示意图（一）

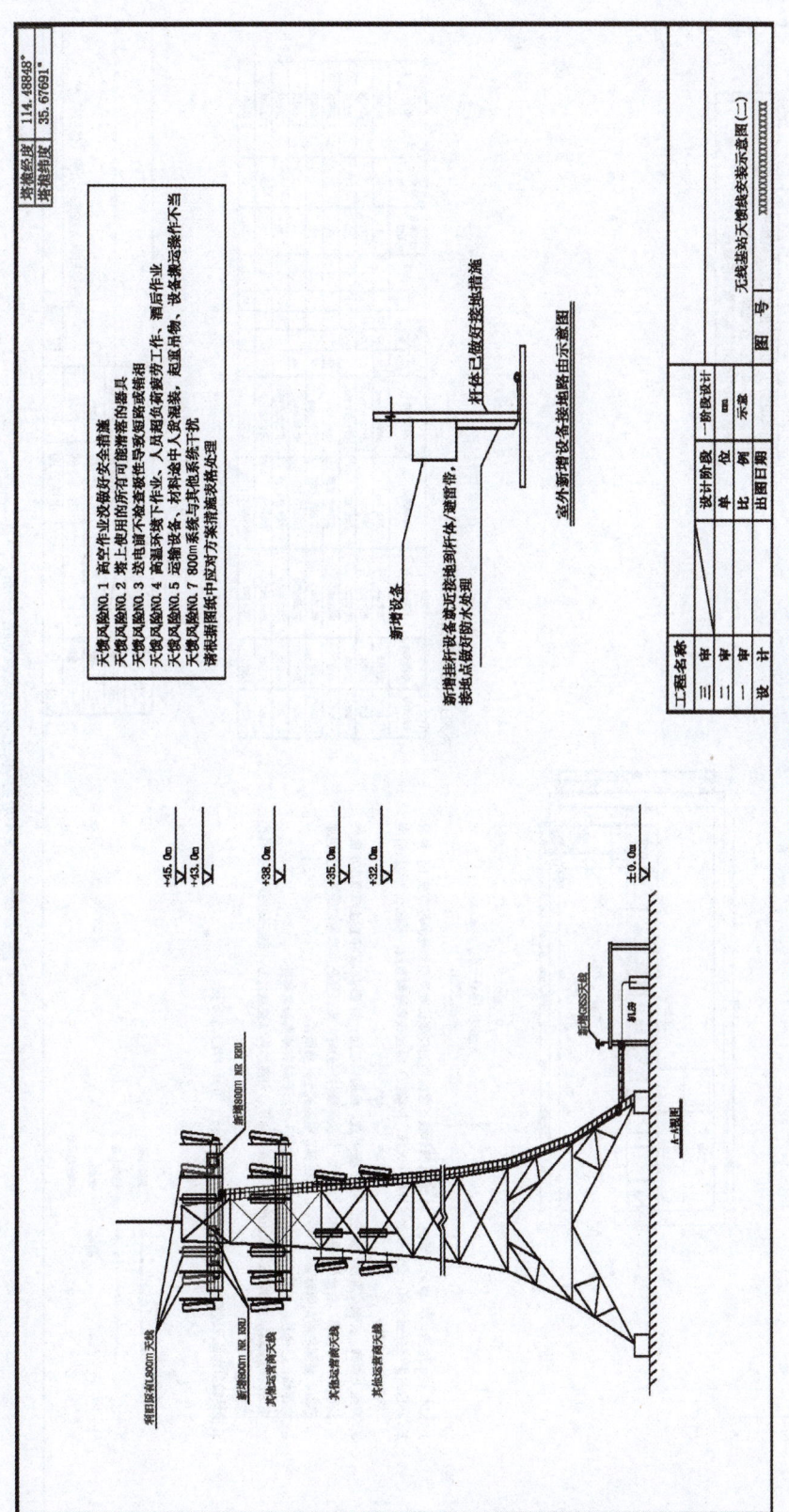

图 9-3-6 ××无线基站天馈线安装示意图(二)

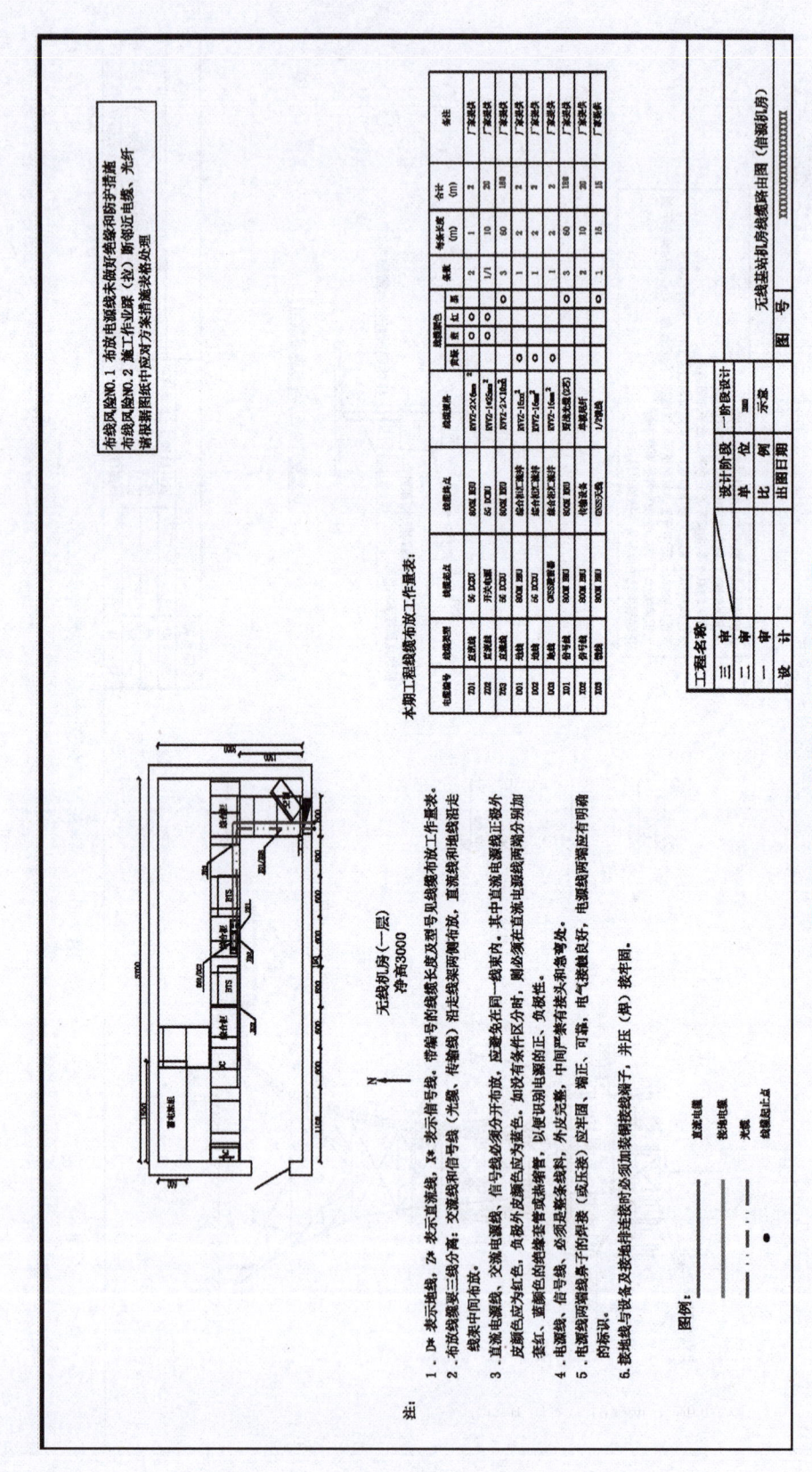

图 9-3-7 ××无线基站机房线缆路由图

（2）本期工程预算总表如表 9-3-2 所示，其中建筑安装工程费为 241 304.87 元，工程建设其他费为 31 517.45 元。本期工程主要设备和主要材料均系建设单位提供。此外，本期工程未产生机械使用费。

（二）监理的方法和措施

1. 设备安装与配线

（1）无线通信系统所属设备的安装。

（2）无线通信系统所属设备及其附备件齐全完整、外观良好。

（3）无线通信系统所属设备的配线应符合设计规定及常规标准。

（4）铁塔高度及安装方式应符合设计规定。

① 铁塔基础深度、标高及塔靴安装位置应符合设计要求。

② 基础混凝土所用原材料的规格应符合设计要求。

③ 基础混凝土的强度等级应符合设计要求。

（5）基站天线安装方式、位置应符合设计规定；基站天线应在消雷器 45°保护角之内；铁塔防雷系统电阻应符合设计规定。

（6）无线通信系统所属设备应提供出厂合格证和出厂检验记录，以及国家无线电办公室型号注册及项目检验核定书。

监理工程师检查方法：对照设计文件和图纸检查、观察、核验。

2. 通信设备调测

根据本项目设备采购管理模式，设备调试工作由项目监理部协助业主组织，设备集成商及施工、设计、监理等单位参加，必要时邀请运营单位参加，共同完成设备调试任务。设备调试工作首先应由设备集成商会同设计单位编制调试大纲报业主；由业主主持会议审定，项目监理部协助完成审定技术工作；设备调试具体工作由设备集成商牵头，施工单位协助。项目监理部应监督其调试程序的完整、规范，测试手段的科学、健全，调试记录的完备、翔实，调试结果应由参加各方签字确认。

系统调试完成后，总监理工程师签认系统调试合格证书。通信设备的调试分 3 个阶段进行，即单机调试、系统调试、联合调试。单机调试通常分为一般性能检验和特性指标测试。单机调试由施工方和设备集成商共同完成，监理工程师监督做好调试记录。发现问题应及时分析原因，及时解决。联合调试主要是指通信系统的各个子系统的联合调试，同时也包括配合其他专业的调试。通信专业主要为其他设备专业提供传输通道；但更多的是在通信自身调试时，需要其他专业的配合，监理工程师应协调专业之间的配合。

3. 监理措施

在施工过程中，监理工程师的检查方法主要为随工验收，竣工时检查测试记录并抽测。

（三）无线通信设备安装工程质量控制点

在无线通信设备安装工程的建设中，为规范工程施工质量要求，加强对工程施工过程中的现场质量管理，杜绝各类质量问题发生，对无线通信设备安装工程施工特别是隐蔽工程施工中常见问题的处理显得十分重要，应把这些隐蔽问题作为质量控制点。无线设备安装工程常见的隐蔽问题主要有设备机柜安装，馈线及相关设备安装、天馈线测试，以及接地线安装 3 个方面，其常见隐蔽问题和监理措施如表 9-3-3 所示。

表 9-3-2　××5G 基站无线设备安装工程工程预算总表

建设项目名称：××移动网络建设××市本地网无线网工程
工程名称：××5G 基站无线设备安装工程　　建设单位：×××　　表格编号：WJZ-1　　全页

序号	表格编号	费用名称	小型建筑工程费	国内安装设备费	不需安装的设备、工器具费	建筑安装工程费	其他费用	预备费	除税价/元	增值价/元	含税价/元	其中外币
I	II	III	IV	V	VI	VII	VIII	IX	X	XI	XII	XIII
1	表二	建筑安装工程费				241 304.87			241 304.87	15 178.4	256 483.27	
2	表五	工程建设其他费					31 517.45		31 517.45	2 228.87	33 746.32	
		总计				241 304.87	31 517.45		272 822.32	17 407.27	290 229.59	

设计负责人：×××　　审核：×××　　编制：×××　　编制日期：2013 年 8 月 2 日

表 9-3-3 无线通信设备常见隐蔽问题及监理措施

序号	项目	常见隐蔽问题	监理措施
1	设备机柜安装	① 机架底座固定不牢固。 ② 机架内设备模板安装不牢固。 ③ ODF/MDF 架内告警线（传输线及同轴头）松动，接触不良，ODF/MDF 架内连线没接、接错或接口螺钉完全未拧	① 监理人员现场旁站，检查其底座螺丝，按机架安装规范，使用随机架配送的螺钉，并核实安装数量。 ② 检查各插件设备模块的固定螺钉，按其设备安装规范要求安装。 ③ 检查各连线的接口处是否有明显的松动
2	馈线及相关设备安装、天馈线测试	① 馈线室外接口未做防水处理，或者防水处理不成功。 ② 馈线与跳线间的接口接触不良。 ③ 天馈线测试，其 VSWR 不符合相关要求（VSWR<1.5）。 ④ 使用安装新型预置下倾天线时，未考虑到其预置下倾，造成下倾角过大	① 监理人员现场旁站，对防水情况进行检查。 ② 按其规范要求，检查其馈线接口、跳线接口的制作，核实防水胶及防水胶带的使用。 ③ 严格执行现场检查制度，认真记录天馈线测试记录。 ④ 使用下倾天线时，首先要求设计单位在设计图纸的天馈安装部分，明确标出机械下倾度数；其次采用现场复核制度。
3	接地线安装	接地铜卡与地线两点压接不牢固	监理人员现场旁站，检查各设备是否有接地，以及接地工艺是否符合规范

（1）电缆走线应将直流线、交流线与信号线分开排放。

（2）所放线缆应顺直、整齐，下线按顺序排列，所有接点必须保证无应力安装。

（3）线缆在走线架的每一根横档上均应绑扎（或用尼龙锁紧扣卡固定）。

（4）线缆拐弯应均匀、圆滑一致，其弯曲半径应不小于线缆的最小弯曲半径，通常为 60~120 mm；铠装电缆大于 24 倍半径；塑包软电力电缆大于 6 倍半径。

（四）监理工作的内容

监理工作主要内容包括以下几个方面。

1. 站点勘察

监理员根据设计文件到现场进行勘察，协助建设单位组织相关单位对计划建站的地址进行查勘。在查勘过程中，对机房类型、天线类型、传输方式、供电方式等进行确认，制定基站的施工计划，对相关事项进行详细记录。

监理员复核完毕如实填写《现场勘察记录表》，并报监理工程师审核。如果有必要，监理工程师可以到现场再次进行核实，根据核实情况签署意见。

2. 设计文件审核

监理员在收到设计文件后，应该熟悉设计文件、图纸及施工现场的情况，审核设计方案是否合理，核实的主要内容包括以下几项：

① 查看机房、基站情况，核实施工图纸的准确性；

② 现场理解设计思路，审查设计的合理性；

③ 审查施工过程关键点的解决办法，审查施工方法能否达到工程目标；

④ 对施工图纸与实际不符或有出入的地方，需和设计单位确认，从而完善施工图纸。

审核完毕之后，总监理工程师会同监理工程师重点对方案、图纸、定额进行审核，出具《设计文件审核记录表》并签署意见。

3. 设计会审

设计会审的主要工作是完成施工图纸的审核。设计会审一般由建设单位主持，设计单位、施工单位和监理单位参加，四方共同进行施工图设计的会审。通信设备安装工程会审的一般程序如下：

① 设计单位对通信设备安装工程设计的重点、工程难点进行介绍（交底）。

② 施工单位、监理单位、建设单位对设计提出意见。

③ 设计单位代表对各方提出的意见予以答复。

④ 在会审完成并统一意见之后，建设单位指定《会议纪要》起草人，完成《设计会审纪要》和《会审签到表》。一般情况下，《设计会审纪要》由监理工程师起草，会议各方共同审查通过。

4. 施工组织设计方案审核

施工组织设计方案审核由总监理工程师负责，总监理工程师组织专业监理工程师对《施工组织设计（方案）》进行审查，并签署意见。施工组织设计方案所审核的主要内容包括以下几项：

① 施工组织机构设置、人员构成、人员资格（特别要审查特种作业人员是否持有《中华人民共和国特种作业操作证》）。

② 施工材料的检查和管理，施工机械是否齐全、完好，数量是否充足。

③ 施工进度计划能否满足合同要求。

④ 施工遵循的原则、施工工序、流程、步骤、采取的方法是否合理。

⑤ 保证工程质量、进度、造价的措施是否可行。

⑥ 质量保证体系和制度是否健全。

⑦ 安全生产、文明施工措施及安全责任、紧急预案是否明确。

⑧ 是否持有人民政府建设主管部门颁发的《安全生产许可证》。

⑨ 其他事项的管理，如环保、防火、防盗等措施是否得当。

根据对上述内容的审查，施工单位提交《施工组织设计（方案）报审表》，总监理工程师在约定的时间内对其进行审批，同时报送建设单位。当施工组织设计（方案）需要修改时，由总监理工程师签发书面意见退回施工单位，其修改之后再次报送并重新审核。

5. 审核开工报告

施工单位自检后认为建设项目已经达到开工条件时，应在开工日前15日内向项目监理部申报《工程开工申报表》（一式3份），总监理工程师负责开工报告的审批签发，专业监理工程师负责审查工程开工报审表及相关资料。

通信设备安装开工报告审核的注意事项包括以下内容：

① 审查开工申请表（报告）内容，主要是人员、工机具、材料到位情况，计划开工日期，计划完工日期等。

② 施工单位提供具备开工条件的资料。

③ 检查各项开工准备工作。

④ 满足开工条件时，由总监理工程师签发开工申请表（报告）。

⑤ 将开工申请表（报告）交建设单位签字、盖章确认。

6. 下达开工令

开工令是由总监理工程师签发的开工日期到来时通知开工的书面文件。监理单位应认真审核承包单位资质是否与所承担的工程规模、专业性一致，审查其质量管理体系、技术管理体系及质量保证体系（包括有关人员的上岗证）是否完善、健全，审查施工组织设计是否合理。

施工单位按照要求完成开工准备后，应向监理机构提交开工申请。监理机构在检查施工单位的施工准备满足开工条件后，签发开工令。经过对开工条件的严格审查，对不足的条件或存在的问题以书面形式提交施工单位进行整改，施工单位在一周内将存在的问题整改完毕后，将整改情况书面回复监理单位，监理工程师对整改结果进行跟踪验证，所有检查项目符合要求后，由总监理工程师签发《开工令》，施工单位才能正式进入施工阶段。

7. 安全交底

（1）对于无线通信设备安装工程而言，在开工前，监理单位应对现场施工人员进行安全交底，施工单位安全员收到后，依据《开工令》，督促施工单位按时进行施工。《施工安全技术交底表》一式两份，监理单位和施工单位双方各执一份。通信设备安装工程安全交底的基本要求包括以下内容：

①工程安全技术措施及其所需工具，必须列入工程施工组织设计方案中。

②工程施工负责人应对工程施工安全负责，施工前应进行安全技术教育及交底，落实所有安全技术措施和劳动防护用品，无安全保障措施者不得进行施工。

③电源工程施工人员必须持证上岗，按规定配备施工工具和安全劳保用品。

④特殊作业（铁塔登高）人员须持有劳动安全部门核发的特种作业操作证方可上岗。

（2）对于无线设备安装工程，监理单位在安全交底时要特别与施工单位做好立机架作业安全和布放线缆作业安全信息的交流和沟通，确保施工的安全。

① 立机架作业安全交底的主要内容包括以下几项：

a. 进入机房应将机房地面孔洞用木板盖好，防止人员、工具、材料掉入孔洞。

b. 在地面、墙壁上埋设螺栓，应注意避开钢筋、电力线暗管等隐蔽物，无法避免时，应通知建设单位采取措施。

c. 立机架时，地面应铺木板或其他物品，防止划坏机房地面或机架滑倒而伤人或损坏设备；机架立起后，应立即固定，防止倾倒。

d. 扩容工程在撤除机架侧板、盖板时应有防护措施，防止设备零件掉入机架内部。

e. 扩容工程立架时，应轻起轻放，对原有设备机架采取保护措施，防止碰撞。

② 线缆布放作业安全交底的主要内容包括以下几项：

a. 线缆拐弯、穿墙洞的地方应有专人把守，不得硬拽，伤及电缆。

b. 扩容工程新机架连接电源时，应将机架电源保险断开或使空气开关处于关闭状态，并摆放"禁止合闸"警示牌。

c. 机架顶部作业、接线、焊线应有防护措施，防止线头、工具掉入机架内部。

d. 线缆布放到运行设备机架内部时，应轻放轻拽，避免碰撞内部插头。

e. 对电缆热缩套管进行热缩时，必须使用塑料焊枪或电吹风，不准使用其他方式。

f. 为埋设地线挖沟、坑之前，必须了解地下管线及其他设施情况，特别要了解掌握电力电缆和通信电缆的埋设位置，做好安全保护。

8. 进场材料检查

为保证质量及工程任务的顺利完成，对工程所使用的材料应进行有效控制，以保证采购材料的质量和避免浪费，并应做到按程序监控。施工企业对其采购的建筑材料、构配件和设备的质量应承担相应的责任，材料进场必须进行材质复核，不合格的不得使用在工程上。

监理员收到施工单位填写的《设备、材料报验申请表》后，应对到达现场的设备、材料进行检验，材料和设备经检验合格后方能使用。凡标识不清或怀疑质量有问题的材料，监理工程师应对其品种、规格、标志、外观等进行直观抽检。对抽检不合格的器材，可要求供货单位全部清退。对质量有争议的器材，应按通信设备安装工程施工及验收技术规范的规定要求做质量技术鉴定，或送政府主管部门授权的相应机构进行理化检验。

进场材料检查的主要内容包括以下几项。

（1）进场设备、材料的检查。

① 监理工程师应会同建设单位、承包单位、供货单位对进场的设备和主要材料的品种、规格型号、数量进行开箱清点和外观检查。

② 核查通信设备合格证、检验报告单等原始凭证。

③ 当器材型号不符合施工图设计要求而需要其他器材代替时，必须征得设计单位和建设单位的同意并办理设计变更手续。

④ 对未经监理人员检查或检查不合格的工程材料、构配件、设备，监理工程师应拒绝签认，并书面通知承包单位限期将不合格的工程材料、构配件、设备撤出现场。

（2）设备安装条件的检查。

① 设备安装前监理工程师应督促承包单位对机房环境情况进行检查，并填报通信机房装机环境检验单，监理工程师审查无误后签署意见。

② 对于移动通信、微波通信设备，安装前，承包单位还应对天线铁塔进行检查，并填报天线铁塔检验单，监理工程师审查无误后签署意见。

③ 检查合格证、技术说明书、入网证、抗震检测是否齐全，是否标明生产厂家、出厂日期。

9. 设备安装、施工工艺检查

监理人员在现场工作时，要对施工现场各个工作部位进行监理，控制现场施工进度，检查现场施工质量，对于即将开工的工程部位应按照规范进行检查，只有符合国家、行业标准以及设计和规范要求才可进行工程施工。与此同时，监理人员要做好现场施工资料的记录工作，对施工单位上报计量的工程资料进行翔实检查，并进行抽检资料的整理。无线通信设备安装工程设备安装、施工工艺检查的主要内容包括以下几项。

（1）机房建筑工程设计要求。

① 机房不得渗水，机房地面、墙壁、顶棚的预留空洞、预埋件的规格、数量、位置等均应符合设计要求。

② 机房相关改造符合要求。室内外走线架安装符合要求。

③ 机房的通风、空调等设施已安装完毕，并能使用。室内温度、湿度符合设计要求。

④ 机房建筑的防雷保护地系统已竣工且验收合格，接地电阻应符合工程设计要求。机房应采取防静电措施，防静电与保护地连接应可靠、完善。

⑤ 机房必须配备消防器材。

⑥ 市电引入机房，机房照明系统能正常使用。

（2）增高架、铁塔要求。

① 铁塔高度，平台、天线横担的安装高度及位置均应符合工程设计要求。

② 铁塔的垂直度应符合工程设计要求，塔身中心垂直倾斜距离不得大于全塔高度的 1/1 000。

③ 馈线过桥或走线梯的位置，其强度等应符合设计要求，并应与钢塔结构构件牢固连接。

④ 避雷针安装位置及高度应符合工程设计要求，避雷针应安装牢固、端正，允许垂直偏差小于 5/1 000（与避雷针高度比较）。

⑤ 防雷保护接地电阻阻值应小于 5 Ω。

⑥ 铁塔航空标志灯的安装应符合工程设计要求或航空部的相关规定。

（3）设备安装要求。

① 设备机架安装位置准确，排列应按照施工图纸执行，以不影响主设备扩容和维护为原则。

② 设备安装时应留有足够的操作维护空间：机架背面和墙之间不小于 100 mm，如果需要背部操作，距离应不小于 600 mm；机架侧面和墙之间不小于 100 mm；机架之上不小于 300 mm；机架前方不小于 800 mm。

③ 设备安装在有防静电地板的机房时需加装设备底座，设备底座必须水平。

④ 设备底座应保证足够的强度来承担所有的机架和其他设备。

⑤ 设备安装时应该满足机架安装的平面度误差要求：在高于水平面 1 600 mm 时，为 ±5 mm。

⑥ 设备安装应该满足机架安装的垂直偏差不大于 1~3 mm。

⑦ 同一列设备机架正面应处于同一垂直面上。

⑧ 相邻机架的缝隙应不大于 3 mm。

⑨ 所有设备安装必须牢固、可靠，机柜由大于 M8 的螺栓垂直、水平、整齐地紧固在机凳或水泥地面上，设备机架的防雷加固必须符合施工图设计要求。

⑩ 用绝缘垫片保证机架固定时与地面或墙壁绝缘，防止多点接地。

⑪ 主机柜和扩展机柜需可靠互连，机柜叠放需进行防震加固，保证牢固、可靠。

⑫ 所有机架要用统一的标签标记，设备上的各种零件、部件及有关标识应正确、清晰、齐全。

⑬ 馈线到机柜端连接正确，标签整齐。

⑭ 设备电源线与整流柜或交流配电箱可靠连接，主设备电源的接头处要有塑料护套或防护盖。

⑮ 设备内部连线应整齐、美观、牢固、无交叉。

⑯ 根据不同设备类型对电流容量的需求，接至适宜的空气开关或熔断器。

⑰ 合路器应尽量远离设备端安装。

⑱ 设备外表光亮平滑，无划痕和缺陷。

（4）机柜内部安装要求。

① 设备单元模块安装正确。

② 设备单元间连线整齐、美观。
③ 所有接头螺钉紧固，扭矩符合要求。
④ 柜门能开启自如，柜门地线正确连接。
⑤ 需正确安装假面板。
⑥ 内部跳线接头紧固，且排列整齐、美观，无交叉和飞线。

(5) 线缆布放要求。
① 线缆的路由走向应符合施工图设计要求。
② 线缆的规格型号、数量应符合施工图设计要求。
③ 线缆两端应有明确的标识。
④ 线缆绝缘保护层必须完好无损，中间不能有接头。
⑤ 线缆剖头不应伤及芯线，剖头长度一致，在剖头处套上合适的热缩套管，其长度和颜色应一致，露铜部分小于 2 mm。
⑥ 当线缆芯线采用焊接连接时，应符合下列要求：芯线在端子板上绕 3/4 圈，且与端子紧密贴合；焊接不得出现活头、假焊、漏焊、错焊、混线等；焊点光滑均匀，端子板焊好以后应三面有锡，焊点不带尖、无瘤形、不得烫伤芯线绝缘层，露铜不大于 2 mm。
⑦ 线缆插接位置应正确，接触应紧密、牢靠，电气性能良好，插接端子应完好无损。
⑧ 机架间软的射频同轴电缆可顺电缆走道或在机顶布放，进入设备后应紧贴机框内壁两侧；电缆拐弯应圆滑均匀，弯曲半径不小于电缆半径的 12 倍，并做适当绑扎。
⑨ 10 mm² 及以下的单芯电力线应用铜耳，10 mm² 以上的电力线应用接线铜鼻子连接，接线铜鼻子的规格、材料应与导线相吻合。

(6) 设备接地要求。
① 机房接地线的布放应符合施工图设计要求。
② 电源直流工作地线和电源设备保护地线与交流中性线应分开敷设，不能相碰，更不能合用。
③ 设备接地线连接越短越好。
④ 接地线不应与电源线并排。

(7) 电源线连接要求。
① 所有直流电源线与铜鼻子连接紧固，并用绝缘胶带或热缩套管封紧，不能有裸露的铜线。
② 电源线应走线方便、整齐、美观，与设备连接越短越好，同时不应妨碍今后的维护工作。
③ 电源线布放时，应连接正确并且紧固。绑扎间隔应适当，松紧应合适。
④ 电源线颜色要能明确区分各个电极：对于采用+24 V 供电系统的情况，+24 V 电源线宜采用红色，0 V 电源线宜采用黑色；若采用-48 V 供电系统，0 V 电源线宜采用红色，-48 V 电源线宜采用黑色。
⑤ 交流电源线、直流电源线、地线、传输线、控制线应尽量避免在同线束内，不要互相编绕，要平行走线，其间隔应尽可能大。

(8) 光纤连接要求。
① 光纤连接线的规格型号应符合设计规定及相关产品技术要求。

② 光纤连接线宜布放于架内两侧。布放尾纤时，要注意做好尾纤头及尾纤的保护，要求无死弯、绷直现象。盘留的尾纤要整齐，曲率半径要符合要求，捆绑力量要适中。

③ 光纤缠绕的最小半径应大于 30 mm。

④ 光纤接头应保持清洁。

⑤ 光纤连接线宜用活扣扎带绑扎，应无明显扭绞。

（9）标签粘贴要求。

① 标签样式与内容符合要求。

② 要将所有连线、插头都贴上标签，并注明该连线的起始点和终止点。

③ 设备的标签应贴在设备正面容易看见的地方。

④ 馈线的标签尽量用扎带牢固固定在馈线上，不宜直接贴在馈线上。

设备安装、施工工艺的检查要求监理人员进行旁站，对施工过程中出现的问题及时进行纠正，在检查过程中监理员填写《随工签证及隐蔽工程检查表》《监理日记》并备案。施工过程中如有重大问题产生，监理员应第一时间向监理工程师反馈，并填写《监理工作联系单》，做好相关记录。

10. 频点、数据、电路申请

在基站开通前需进行频点、数据、电路申请，随后中心机房将分配该基站所需的信道资源和传输资源，对于一般的新建站传输申请，需要等待传输至网管后申请。紧急站点可以提前 3 天申请，传输申请后需要向网维传输室跟踪跳线的进度。若旧站数据不能用，新站数据主要由设计院提供基础数据。设计院提交基础数据后再由监理单位向网优部门申请数据，若旧站频点不能用，监理需要提前向网优部门申请频点。监理单位安排驻建设单位信息员申请站点频点、数据、电路，监理员在无线通信设备安装完成前一天口头通知监控厂家安装监控设备。

11. 系统调测

频点、数据、电路申请结束之后，需要对整个系统进行联网调测，检验系统的性能。无线设备安装工程设备调测的主要内容包括以下几项。

（1）设备性能指标检查。

① 检查发射机功率是否满足设计指标。

② 检查利用相关仪表（如频谱仪、综测仪、功率计等）测量所得的发射机输出功率是否与设计相符。

③ 通话测试。要求基站在未与 BSC 连接的情况下可通过使用基站仿真测试软件实现对基站每个载波的通话测试；基站的上、下行接收电平值及质量符合相应厂家的设备要求，基站自环通话测试没有出现单通现象。

④ 切换功能。要求基站能实现不同种类的切换，包括同载波内不同时隙的切换、同小区不同载波间的切换、同 BSC 不同小区间的切换、不同 BSC 间的小区切换、不同 MSC 间的小区切换等。

⑤ 干扰检查。要求利用频谱测试仪或 TEMS 测试仪表检查本基站覆盖范围内有无明显的频率干扰。

⑥ 设备运行状态。要求通过本地终端检查各设备的运行状态是否正常。

(2) 设备参数检查。

① 软件版本。检查基站设备中所装载的软件是否齐全，软件版本是否正确。

② 基站数据库。检查基站设备各模块的数据是否已经创建，数据配置是否正确、齐全。

③ 载波工作频率。检查基站各载波工作频率，要求与设计文件相符。

④ 载波发射功率。检查基站各载波发射功率，要求与设计文件相符。

⑤ 逻辑信道的配置。参考基站各小区的逻辑信道配置，要求与设计文件相符。

(3) 天馈线设备调测。

① 天馈线设备安装。检查基站各小区天馈线设备的型号、安装位置、天线方位、下倾角，要求与设计或网优竣工文件相符。

② 天线驻波比 VSWR。检查天线驻波比 VSWR 告警阈值设置，一般根据设备厂家要求设置，若设备厂家无要求，则 VSWR 告警阈值设置为 1.5；利用天线测试仪表检查天线驻波比值，要求实测值小于告警阈值。

监理员对整个调测过程应进行旁站监理，及时纠正调测过程中出现的问题，调测通过之后出具《基站工程检查记录表》《监理日记》并备案。

12. 试开通

无线通信设备安装工程施工单位应按照以下步骤进行调测试开通：AC 架加电→DC 架加电→无线机架加电→对通传输→写 IDB+用 SATT 系统装载数据+通知 BSC 下载数据；驻波比测试；告警测试完成后的检查。监理全程旁站并进行相关记录、签证。

频点、数据、电路具备后，监理员口头督促无线施工单位提前一天做好试开通计划，信息员负责将试开通计划发给建设单位，监理员全程旁站试开通整个过程。在基站试开通后监理单位向网优部门发试开通公告，申请该站点的载波频点。网优基站部门收到试开通报告后对新建站添加频点并激活，监理单位安排施工单位进行站点测试，提交开通测试报告给网优部门，无线网优部门发新建站正式开通公告。

13. 开通

试开通后信息员发布试开通公告，申请该站点的载波频点，基站网优工程师添加频点并激活后，施工单位进行站点测试，监理旁站，信息员将施工单位的开通测试报告发给建设单位。

监理单位应对已经完成硬件安装的基站进行开通条件确认，如传输线路是否调通、BSC 数据是否制作完成，一经确认，及时通知施工单位进行基站开通，确保基站开通进度。同时监理单位负责与传输后台、设备后台进行协调，对网维传输班组做数据和跳线问题的及时记录。

监理单位应现场随施工单位进行基站开通，对开通过程中发生的问题及时安排施工单位解决，并对天线驻波比、发射功率、载频运行情况等进行现场检查和记录，形成《现场设备调测监理检查表》，确保基站开通质量。

14. 工程竣工预验收

竣工预验收是指在交付业主组织竣工验收之前，由总监理工程师预先组织的工程验收。它是全面考核项目建设成果，检验设计和施工质量，实施建设过程事后控制的重要步骤，也是确定建设项目能否启用的关键步骤。无线通信设备安装工程组织施工预验收的主要内容包括以下几项。

（1）工程竣工后，监理工程师按照承包商自检验收合格后提交的《单位工程竣工预验收申请表》，审查资料并进行现场检查。监理单位应按照建设单位《基站工程验收管理细则》的要求参与基站工程各阶段的验收工作，按相关规定履行监理职责；协助建设单位制订验收计划，组织工程各阶段的验收工作。为提高一次性验收合格率，在验收工作开始前组织施工单位对各分项工程进行预检查（可采取抽检的方式），并将预检查中发现的问题和解决情况反馈建设单位。

（2）项目监理单位就存在的问题提出书面意见，并签发《监理工程师通知书》（注：需要时填写），要求施工单位限期整改（监理单位出具《整改通知单》）。施工单位整改完毕后，按有关文件要求，编制《建设工程竣工验收报告》交监理工程师检查，待项目总监理工程师签署意见后，提交建设单位。

（3）各阶段验收工作结束后，监理单位应对验收工作进行总结，提供验收交付意见，配合建设单位汇总出具各阶段《验收报告》，并在工程结束后协助进行工程档案资料的整理归档工作。

（4）督促施工单位在单项工程完工后15个工作日内提交各种工程文件、技术资料和工程交工报告，交工报告至少应包括工程概况、设计要求、完成情况、工程质量情况等；完工后1个月内提交工程竣工资料，竣工资料至少应包括施工图纸、施工明细表、工程量清单、测试记录、工程中的隐蔽工程签证、设计变更通知、开/停/复/交工报告、已安装的设备清单和工程余料交接清单等有关资料。监理单位负责审核，完毕后将上述报告、资料、文件等完整移交给建设单位。

15. 编制监理档案、资料

监理档案、资料是工程建设全过程中投资、质量、安全、进度控制的轨迹，也是工程竣工后设备是否能投入运行、交付使用的重要依据，因此，做好监理档案、资料的编制、出版与归档，将方便业主对工程的管理。监理档案、资料的编制应该在总监理工程师组织领导下进行，监理工程师负责对整个监理资料进行编写，由总监理工程师审核之后报送通信总工程师审查，通过后出版。

项目监理部应协助业主完成备案各项工作。完成单位工程竣工验收后，监理单位应提交归档监理资料，并督促施工单位提交归档施工资料，同时协助业主完成向城建档案馆归档和建设单位归档的各项工作。监理档案、资料编制的范围包括从工程设计会审、开工到竣工期间对工程的质量、进度、投资控制的整个监理管理过程。无线通信设备安装工程需编制的主要监理资料、档案如表9-3-4所示。

表9-3-4 监理档案、资料编制内容

序号	监理档案、资料名称	说明
1	监理单位资质证明	
2	监理总结	总监理工程师在工程竣工后组织编写
3	工程竣工汇报报表	监理工程师在工程竣工后按表格内容填写
4	开工申请	施工单位按监理表格内容填报，监理机构审查，附上开工报告

续表

序号	监理档案、资料名称	说明
5	开工报告	施工单位按工程表格内容填写，由总监理工程师审批后送建设单位审批
6	开工令	监理机构收到开工报告后审查，经建设单位同意后由总监理工程师下发此表给施工单位
7	施工组织设计方案报审表	由施工单位填报给监理机构，应附上施工组织设计方案，总监理工程师审查后在此表上签署意见
8	施工进度计划申报表	施工单位填报给监理机构，并附上施工进度计划
9	施工进度计划审批表	总监理工程师对施工进度计划报审表审批后用此表回复给施工单位
10	分包单位资格审查申请表	施工单位有分包工程填报时填报此表给监理机构，并附上分包单位资质材料及分包单位业绩材料，总监理工程师审批后在此表上签署意见
11	工程材料/仪表报验单与进场设备报验单	施工单位填报给监理机构，并附上工程设备清单或材料/仪表清单，监理工程师审查后在此表上签署意见
12	停（复）工申请	施工单位因某种原因无法施工且原因不能即刻排除时向监理机构提出申请
13	停（复）工指令	总监理工程师收到停（复）工申请核查后签复此表给施工单位
14	延长工期申请表	施工单位向监理机构提出的申请
15	延长工期审批表	总监理工程师收到延长工期申请表并核查后签复此表给施工单位
16	质量问题报告单	施工单位在施工中发现质量问题或质量事故时填报此表报监理机构，总监理工程师可根据情况用停（复）工指令或监理通知回复施工单位
17	工程施工（隐蔽工程）随工记录表	施工单位在有隐蔽工程时填报此表并由监理工程师签字
18	工程（设计）变更单	施工单位在收到设计变更或工程洽商文件后应及时填报此表，由总监理工程师审批签署意见后报送建设单位
19	施工单位申请表	在无专用表格时，施工单位提出申请或请审批事项使用此表报监理机构
20	监理通知	在无专用表格时，监理机构向施工单位下达指令、通知、决定及批准意见等可使用此表
21	监理日志	监理组内各监理工程师记录本工程项目每日监理工作情况
22	工程报验单	施工单位在工程项目自检、互检、专业检验合格后填报此表给监理机构
23	工程检验认可书	监理机构检验施工单位申报的工程符合标准要求后的确认文件
24	工程验收证书	由监理机构按施工表格内容填写，在验收现场需施工、监理、建设三方签字盖章，其中"验收意见及施工质量评定"栏由建设单位或监理单位（监理单位无权）签署意见
25	备考表	按表要求内容填写，用阿拉伯数字填写年、月

在编制监理档案、资料过程中，如果表格中的有些内容没有发生，必须填"无"并编入监理档案、资料中，监理档案的编号顺序按照表格中的顺序进行，编制完成之后再加上封面和目录即可出版。

16. 工程初验

工程初验是指由监理单位等对已经开通的基站进行初步验收，对基站设备安装工艺、线缆布放工艺、标签粘贴情况、电缆使用颜色进行检查，对相关数据和基站告警进行排查，对遗留问题做好记录，并交由施工单位限期完成整改。

监理单位首先审核工作量和竣工文件是否完整，并签署意见。建设单位复核同意后，工程建设部则组织工程中心、网络维护中心、代维公司、监理单位、设计单位、施工单位初验，并填写《初验报告》。监理单位汇总收集所有工程资料，作为结算依据，施工单位负责制作《初验技术文件》。监理单位同时跟进要求限期处理的初验遗留问题的解决情况，并报建设单位复核。

17. 竣工验收

完整建设工程项目竣工验收可分为工程预验收、工程初验和工程终验3个部分，这里所说的竣工验收是指工程终验（正式验收）。整个验收过程涉及建设单位、设计单位、监理单位及施工总分包各方面的工作，必须按照工程项目质量控制系统的智能分工，以监理工程师为核心进行竣工验收的组织协调。竣工验收的主要工作内容详见本书通信光缆工程监理部分。

18. 工程结算

无线通信设备安装工程结算时的主要内容包括以下各项。

（1）监理公司要及时对竣工文件进行审核，必须由施工单位技术负责人，同在场监理人员一起进行现场核实，监理公司应在3个工作日内审核完毕，对审核中出现的工程量是否与实际相符，工程费用是否与施工合同相符，定额套用是否准确，工程余料、折旧料的处理是否符合规定等问题进行排查、核准，不符合要求的，退回施工单位重做。

（2）有争议的问题，应由施工单位技术负责人同在场监理人员一起进行核实，并且监理人员要在场填写《监理单位现场核实工作量表》，一式3份，由双方签字确认，作为审核结算的依据。

（3）工程验收后，工程公司应在1周内将《工程量表》《工程材料清单》作为结算依据报监理公司，监理公司在核实时要注意合同条件的核对（预付款、进度款、结算款、保修款等），结算时应与合同核对，避免超投资、超规模，监理公司应在3日内将《工程结算审核表》审核完毕，提交建设单位。

（4）建设单位接到结算资料后，应在20个工作日内审计完毕，然后通知施工单位进行结算。另外，工程结算书要附上《验收证书》及合同。

无线通信设备安装工程结算时应采用监理员核对，监理工程师审核，总监终审的3级审核方式。监理单位督促施工单位在技术验收完成后1个月内提交《工程款支付申请表》及《基站工程量审核表》等结算材料，监理单位务必认真审核结算工程量内容，并在签字确认后递交建设单位进行审核，以便提交审计。

小博士

> 某小区部分的业主阻挠基站建设，认为建设的基站对人的辐射危害会很大，并从 2013 年以来，一直阻挠甚至还有意破坏之前建的通信设施，运营商沟通无果，双方一直都无法达成共识。因此，包括中国移动、中国联通、中国电信在内的三大通信运营商连同中国铁塔股份有限公司发布了联合公告，表示暂时放弃对该小区进行网络覆盖的努力，拆除通信基站后，将会影响小区及周边的移动通信服务质量，包括信号弱、无法拨出或者接听手机电话，通话质量差、易掉线、无法上网等。147 天后，小区有 801 户业主签名，强烈要求恢复信号。最终，基站回到了小区。

任务小结

本任务主要介绍了以下内容：

（1）通信设备安装工程监理工作流程，主要包括通信设备安装工程监理实施的一般流程、无线通信设备安装工程监理实施的具体流程及监理方法和目标。

（2）通信光缆工程监理实例分析与介绍，主要包括概况、监理流程、监理方法、监理目标及监理结果文件的编制。

※ 思考与练习

一、填空题

（1）通信设备安装工程监理工作流程，主要内容包括通信设备安装工程监理实施的_____、_____监理实施的具体流程及监理方法和目标。

（2）通信设备安装工程监理实例分析与介绍，主要内容包括_____、监理流程、监理方法、监理目标及_____文件的编制。

二、判断题

（1）（ ）通信项目的沟通协调，主要包括通信项目的协调内容。

（2）（ ）通信光缆工程监理实例分析与介绍，主要内容包括工程概况、监理流程、监理方法、监理目标及监理结果文件的编制。

（3）（ ）书面沟通协调即是利用文字进行沟通协调，包含的形式有函件、报表计划与报告、监理工程师通知单、监理工程师监理指令以及工作联系单。

（4）（ ）在通信工程项目实施过程中常采用的协调方法有会议法、书面沟通协调法。

三、简答题

（1）有某架空光缆工程，水泥杆由业主指定供应商供货，在施工单位施工时，水泥杆突然折断。经查，水泥杆内部两头有钢筋，中间一段没有钢筋，是厂家弄虚作假、偷工减料违反订货合同。现请监理工程师对此事进行协调。请问哪些方面需要协调。

（2）简述通信光缆工程的监理流程。
（3）设计会审的审核要点是什么？
（4）首次工程例会的主要内容是什么？
（5）监理工作结束之后，监理档案、材料的编制包括哪些内容？
（6）通信光缆工程监理实施细则包括哪些内容？
（7）简述无线通信设备安装工程监理的流程。
（8）无线设备安装工程设备调测的主要内容有哪些？
（9）无线设备安装工程设备安装、施工工艺检查主要包括哪些内容？
（10）无线通信设备安装工程的监理档案、资料主要包括哪些内容？

附 录

《建设工程监理规范》（GB 50319—2000）规定，基本表式有3类，分别介绍如下。

一、承包单位用表（A类表）

A类表共包括10个表（A1~A10），为承包单位用表，是承包单位与监理单位之间的联系表，由承包单位填写，向监理单位提交申请或回复。

（一）工程开工、复工申报表（A1）

工程开工、复工申报表（A1）如下所示：

工程开工、复工申报表

工程名称：　　　　　　　　　　　　　　　　　　　编号：

致：
　　我方承担的＿＿＿＿＿＿＿＿＿＿工程，已经完成了以下项目工作，具备了开工/复工条件，特此申请施工，请核查并签发复工指令。

附：
① 开工报告；
② （证明文件）。

承包单位（章）：＿＿＿＿＿＿
项目经理：＿＿＿＿＿＿
日期：＿＿＿＿＿＿

审查意见：

项目监理机构：＿＿＿＿＿＿
总监理工程师：＿＿＿＿＿＿
日期：＿＿＿＿＿＿

此表在施工阶段由承包单位在向监理单位报请开工时填写，如整个项目一次开工，只填报一次，如工程项目中涉及多个单位工程且开工时间不同，则每个单位工程开工都应填报一次。监理工程师应从下列几个方面审核：

① 施工组织设计已获总监理工程师批准。

② 承包单位项目经理部现场管理人员已到位，施工人员已进场，施工用仪器和设备已落实。

③ 施工现场（如机房条件）已具备。

总监理工程师认为具备条件时签署意见，报建设单位。

若由于建设单位或其他非承包单位的原因导致工程暂停，在施工暂停原因消失、具备复工条件时，项目监理机构应及时督促施工单位尽快报请复工；若由于施工单位原因导致工程暂停，在具备恢复施工条件时，承包单位应及时报请复工报审表并提交有关材料。总监理工程师应及时签署复工报审表，然后施工单位恢复正常施工。

（二）施工组织设计（方案）报审表（A2）

施工组织设计（方案）报审表（A2）如下所示：

施工组织设计（方案）报审表

致： 　　我方已根据施工合同的有关规定完成了_____工程施工组织设计（方案）的编制，并经我单位上级技术负责人审查批准，请予以审查。 　　附：施工组织设计（方案） 　　　　　　　　　　　　　　　　　　　　　　　　　承包单位（章）：_____ 　　　　　　　　　　　　　　　　　　　　　　　　　项目经理：_____ 　　　　　　　　　　　　　　　　　　　　　　　　　日期：_____
专业监理工程师审查意见：   　　　　　　　　　　　　　　　　　　　　　　　　　专业监理工程师：_____ 　　　　　　　　　　　　　　　　　　　　　　　　　日期：_____
总监理工程师审核意见：   　　　　　　　　　　　　　　　　　　　　　　　　　项目监理单位：_____ 　　　　　　　　　　　　　　　　　　　　　　　　　总监理工程师：_____ 　　　　　　　　　　　　　　　　　　　　　　　　　日期：_____

开工前施工单位应在向项目监理机构报送施工组织设计（方案）的同时，填写施工组

织设计（方案）报审表，施工过程中，如经批准的施工组织设计（方案）发生改变，项目监理机构要求将变更的方案报送时，也采用此表。施工方案应包括工程项目监理机构要求报送的分部（分项）工程施工方案、重点部位及关键工序的施工工艺方案等。总监理工程师应组织审查并在约定的时间内完成审核，同时报送建设单位，需要修改时，应由总监理工程师签发书面意见退回承包单位。方案修改后再报，并重新审核。

审核主要内容如下：

① 施工组织设计（方案）是否有承包单位负责人签字；

② 施工组织设计（方案）是否符合施工合同要求；

③ 施工总平面图是否合理；

④ 施工部署是否合理，施工方法是否可行，质量保证措施是否可靠并具备针对性；

⑤ 工期安排是否能够满足施工合同要求，进度计划是否能保证施工的连续性和均衡性，施工所需人力、材料、设备与进度计划是否协调；

⑥ 承包单位项目经理部的质量管理体系、技术管理体系、质量保证体系是否健全；

⑦ 安全、环保、消防和文明施工措施是否符合有关规定。

（三）分包单位资格报审表（A3）

分包单位资格报审表（A3）如下所示：

分包单位资格报审表

工程名称：　　　　　　　　　　　　　　　　编号：

致：

经考察，我方认为拟选择的＿＿＿＿＿＿＿＿＿＿（分包单位）具有承担下列工程的施工资质和施工能力，可以保证本工程项目按合同的规定进行施工。分包后，我方仍承担总包单位的全部责任，请予以审查和批准。

附：① 分包单位资质材料；
　　② 分包单位业绩材料。

分包工程名称（部位）	工程数量	拟分包工程合同额	分包工程占全部工程合同额
合计			

承包单位（章）：＿＿＿＿＿＿
项目经理：＿＿＿＿＿＿
日期：＿＿＿＿＿＿

专业监理工程师审查意见：

专业监理工程师：＿＿＿＿＿＿
日期：＿＿＿＿＿＿

续表

总监理工程师审核意见：
项目监理机构：_____ 总监理工程师：_____ 日期：_____

此表由承包单位报送给监理单位，专业监理工程师和总监理工程师分别签署意见，审查批准分包单位即可完成相应的施工任务。审核主要内容如下：

① 分包单位资质（营业执照、资质等级）；
② 分包单位业绩材料；
③ 分包工程内容、范围；
④ 专职管理人员和特种作业人员的资格证、上岗证。

（四）报验申报表（A4）

报验申报表（A4）如下所示：

报验申报表

工程名称：　　　　　　　　　　　　　　　　　编号：

致： 我单位已完成_____工作，先报上该工程报验申请表，请予以审验和验收。 承包单位（章）：_____ 项目经理：_____ 日期：_____
审查意见： 项目监理机构：_____ 总监理工程师：_____ 日期：_____

此表主要用于承包单位向监理单位的工程质量检查验收申报。用于隐蔽工程的检查和验收时，承包单位必须完成自检并附上相应工序、部位的工程质量检查记录；用于施工放样报验时，应附有承包单位的施工放样成果；用于分项、分部、单位工程质量验收时，应附有相关符合质量验收标准的资料及规范规定的表格。

(五) 工程款支付申请表（A5）

工程款支付申请表（A5）如下所示：

工程款支付申请表

工程名称：　　　　　　　　　　　　　　　　　　　编号：

致： 　　我方已完成了＿＿＿＿＿＿＿＿＿工作，按施工合同的规定，建设单位应在＿＿＿年＿＿月＿＿日前支付该项目工程款共【大写】＿＿＿＿＿＿＿＿＿【小写】：＿＿＿＿＿＿＿，现报上＿＿＿＿＿＿＿＿＿＿＿＿＿＿工程支付申请表，请予以审查并开具工程款支付证书。 　　附： 　　① 工程量清单； 　　② 计算方法。 　　　　　　　　　　　　　　　　　　　　　　　承包单位（章）：＿＿＿＿＿＿ 　　　　　　　　　　　　　　　　　　　　　　　项目经理：＿＿＿＿＿＿＿＿＿ 　　　　　　　　　　　　　　　　　　　　　　　日期：＿＿＿＿＿＿＿＿＿＿

在分项、分部工程或按照施工合同付款的条款完成相应工程的质量已通过监理工程师认可后，承包单位可要求建设单位支付合同内项目及合同外项目的工程款，此时填写本表向项目监理机构申报，附件如下：

① 用于工程预付款支付申请时，有施工合同中有关规定的说明；
② 申请工程竣工结算款支付时，有竣工结算资料、竣工结算协议书；
③ 申请工程变更费用支付时，有工程变更单（C2）及相关资料；
④ 申请索赔费用支付时，有费用索赔审批表（B6）及相关资料；
⑤ 合同内项目及合同外项目其他应附的付款凭证。

项目监理机构的专业监理工程师对本表及其附件进行审核，提出审核记录及批复建议。同意付款时，由总监理工程师审批，注明应付的款额及其计算方法，并将审批结果（工程款支付证书B3）批复给施工单位。不同意付款时应说明理由。

(六) 监理工程师通知回复单（A6）

监理工程师通知回复单（A6）如下所示：

监理工程师通知回复单

工程名称：　　　　　　　　　　　　　　　　　　　编号：

致： 　　我方接到编号为＿＿＿＿＿＿＿＿＿＿＿＿＿＿＿＿＿＿＿＿＿的监理工程师通知后，已按要求完成了＿＿＿＿＿＿＿＿＿＿＿＿＿＿工作，现报上，请予以复查。   　　　　　　　　　　　　　　　　　　　　　　　承包单位（章）：＿＿＿＿＿＿ 　　　　　　　　　　　　　　　　　　　　　　　项目经理：＿＿＿＿＿＿＿＿＿ 　　　　　　　　　　　　　　　　　　　　　　　日期：＿＿＿＿＿＿＿＿＿＿

> 复查意见：
>
>
>
>
>
> 　　　　　　　　　　　　　　项目监理机构：_____
> 　　　　　　　　　　　　　　总/专业监理工程师：_____
> 　　　　　　　　　　　　　　日期：_____

　　本表用于承包单位接到项目监理机构的监理工程师通知单（B1），并已完成了监理工程师通知单上的工作后，报请项目监理机构进行核查。表中应对监理工程师通知单中所提问题产生的原因、改进经过和今后预防同类问题准备采取的措施进行详细的说明，且承包单位对每一份监理工程师通知单都要给予答复。监理工程师应对本表所述完成的工作进行核查，签署意见，批复给承包单位。本表一般可由专业监理工程师签认，重大问题由总监理工程师签认。

（七）工程临时延期申请表（A7）

工程临时延期申请表（A7）如下所示：

工程临时延期申请表

工程名称：　　　　　　　　　　　　　　　　　　　编号：

> 致：
> 　　根据施工合同条款_____条的规定，由于_____
> _____原因，我方申请工程延期，请予以批准。
> 附件：
> ① 工程延期的依据及工期计算；
> 　　合同竣工日期：
> 　　申请延长竣工日期：
> ② 证明材料。
>
>
>
>
>
>
>
>
>
> 　　　　　　　　　　　　　　承包单位：_____
> 　　　　　　　　　　　　　　项目经理：_____
> 　　　　　　　　　　　　　　日期：_____

当发生工程延期事件，并有持续性影响时，承包单位填报本表，向项目监理机构申请工程临时延期，工程延期事件结束后，承包单位向项目监理机构最终申请确定工程延期的日历天数及延迟后的竣工日期。此时应将本表表头的"临时"两字改为"最终"。申报时应在本表中说明工期延误的依据、工期计算、申请延长的竣工日期，并附上证明材料。项目监理机构对本表进行审核评估时分别用工程临时延期审批表（B4）及工程最终延期审批表（B5）批复承包单位项目经理部。

（八）费用索赔申请表（A8）

费用索赔申请表（A8）如下所示：

费用索赔申请表

工程名称：　　　　　　　　　　　　　　　　编号：

致：
　　根据施工合同条款_____条的规定，由于_____原因，我方要求索赔金额【大写】_____，请予以批准。
　　索赔的详细理由及经过：_____
　　_____
　　索赔金额的计算：_____
　　_____
　　附：
　　证明材料。

　　　　　　　　　　　　　　　　　　　　　　　　　承包单位（章）：_____
　　　　　　　　　　　　　　　　　　　　　　　　　项目经理：_____
　　　　　　　　　　　　　　　　　　　　　　　　　日期：_____

当发生的索赔事件结束后，承包单位向项目监理机构提出费用索赔时填报此表。

在本表中应详细说明索赔事件的经过、索赔理由、索赔金额的计算等，并附上必要的证明材料，由承包单位项目经理签字。总监理工程师应组织监理工程师对本表所述情况及所提的要求进行审查与评估，并与建设单位协商，在施工合同规定的期限内签署费用索赔审批表（B6）或要求承包单位进一步提交详细资料重新申请，之后再批复。

（九）工程设备/材料/仪表申报表（A9）

工程设备/材料/仪表申报表（A9）如下所示：

工程设备/材料/仪表申报表

工程名称： 　　　　　　　　　　　　　　编号：

致： 　　我方＿＿＿年＿＿月＿＿日进场的自购/建设单位采购的工程材料/构配件/设备数量如下【见附页】。现将质量证明文件及现场检验结果报上，拟用于以下部位：＿＿＿＿＿＿＿＿＿＿＿＿＿＿＿＿请予以审核。 　　附件： 　　① 数量清单； 　　② 质量证明文件； 　　③ 检验结果。 　　　　　　　　　　　　　　　　　　　承包单位（章）：＿＿＿＿＿＿＿＿ 　　　　　　　　　　　　　　　　　　　项目经理：＿＿＿＿＿＿＿＿＿＿ 　　　　　　　　　　　　　　　　　　　日期：＿＿＿＿＿＿＿＿＿＿＿＿
复查意见： 　　经检查上述工程材料/构配件/设备，符合设计文件和规范要求，准许/不准许进场，同意/不同意使用于拟定的部位。   　　　　　　　　　　　　　　　　　　　项目监理机构：＿＿＿＿＿＿＿＿＿ 　　　　　　　　　　　　　　　　　　　总/专业监理工程师：＿＿＿＿＿＿ 　　　　　　　　　　　　　　　　　　　日期：＿＿＿＿＿＿＿＿＿＿＿＿

　　承包单位应对进入施工现场的工程材料、构件进行自验，合格后由承包单位项目经理签章，此时用此表向项目监理机构申请验收；对运到施工现场的设备，经检查包装无损后，也用此表向项目监理机构申请验收，并移交给设备安装单位。对工程材料/构配件还应该注明使用部位。随本表应同时报送材料/构配件/设备数量清单、质量证明文件（产品出厂合格证、材料质量化验单、厂家质量检验报告、厂家质量保证书、进口商品报验证书、商检证书等）、自检结果文件（如复检、复试合格报告等）。项目监理机构应对进入施工现场的工程材料/构配件进行检验（包括抽验、平行检验、见证取样送检等），对进场的大中型设备要会同设备安装单位共同开箱验收。若检验合格，监理工程师在本表上签名确认，注明质量控制资料和材料试验合格的相关说明，检验不合格时，在本表上签批不同意验收，工程材料/构配件/设备应退出场，也可根据情况批示同意进场但不得使用于原拟定部位。

（十）工程竣工验收证书（A10）

　　工程竣工验收证书（A10）如下所示：

工程竣工验收证书

工程名称：　　　　　　　　　　　　　　　　　编号：

> 致：
> 　　我方已经按合同要求完成了_____工程，经自检合格，试运营正常，请予以检查和验收。
> 附件：
>
>
>
>
>
> 　　　　　　　　　　　　　　　　　　承包单位（章）：_____
> 　　　　　　　　　　　　　　　　　　项目经理：_____
> 　　　　　　　　　　　　　　　　　　日期：_____
>
> 复查意见：
> 经初步验收和试运转，该工程：
> ① 符合/不符合我国现行法律、法规要求；
> ② 符合/不符合我国现行通信建设标准；
> ③ 符合/不符合设计文件要求；
> ④ 符合/不符合施工合同要求。
> 综合上述，该工程初步验收合格/不合格，可以/不可以组织正式验收。
>
> 　　　　　　　　　　　　　　　　　　项目监理机构：_____
> 　　　　　　　　　　　　　　　　　　总/专业监理工程师：_____
> 　　　　　　　　　　　　　　　　　　日期：_____

　　在单位工程竣工、承包单位自检合格、各项竣工资料备齐后，承包单位填报本表向项目监理机构申请竣工验收。表中附件是指可用于证明工程已按合同预定完成并符合竣工验收要求的资料。总监理工程师收到本表及附件后，应组织各专业监理工程师对竣工资料及各专业工程的质量进行全面检查，对检查出问题的，应督促承包单位及时整改，合格后，总监理工程师签署本表，并向建设单位提出质量评估报告，完成竣工预验收。

二、监理单位用表

　　B 类表共 6 个表（B1~B6），为监理单位用表，是监理单位与承包单位之间的联系表，由监理单位填写，以向承包单位发出指令或批复。

（一）监理工程师通知单（B1）

监理工程师通知单（B1）如下所示：

监理工程师通知单

工程名称：　　　　　　　　　　　　　　　　　编号：

> 致：

续表

事由：
内容：   项目监理机构：_____ 总/专业监理工程师：_____ 日期：_____

　　本表是项目监理机构按照委托监理合同所授予的权限，针对承包单位出现的各种问题而发出的要求承包单位进行整改的指令性文件，项目监理机构使用时要注意尺度，既不能不发监理通知，也不能滥发，以维护监理通知的权威性。监理工程师现场发出的口头指令要求，也应采用本表予以确认。

　　承包单位应使用监理工程师通知回复单（A6）回复。本表一般由专业监理工程师签发，但发出前必须经过总监理工程师同意，重大问题应由总监理工程师签发。填写时"事由"栏应填写通知内容的主题词，相当于标题，"内容"栏应写明发生问题的具体部位、具体内容，写明监理工程师的要求和依据。

（二）工程暂停令（B2）

工程暂停令（B2）如下所示：

工程暂停令

工程名称：　　　　　　　　　　　　　　编号：

致： 由于_____原因，先通知你方必须于___年___月___日___ _____时，对本工程的_____部位（工序）实施暂停施工，并按下列要求做好各项工作：   项目监理机构：_____ 总监理工程师：_____ 日期：_____

　　发生以下任意一种情形时，需要签发工程暂停令：建设单位要求项目工程需要暂停施工；出现工程质量问题，必须停工处理；出现质量问题或者安全隐患。为了避免造成

工程质量损失或危及人身安全而需要暂停施工；承包单位未经许可擅自施工或拒绝项目监理机构管理；发生了必须暂停施工的紧急事件，总监理工程师应根据停工原因、影响范围，确定工程停工范围、停工期间应进行的工作以及责任人、复工条件等。签发本表要慎重，要考虑工程暂停后可能产生的各种后果，并应事前与建设单位协商，取得一致意见。

（三）工程款支付证书（B3）

工程款支付证书（B3）如下所示：

工程款支付证书

工程名称：   编号：

致：
　　根据施工合同的规定，经审核承包单位的付款申请和报表，并扣除有关款项，同意本期支付工程款共（大写）_____（小写）：_____。请按合同规定及时付款。
　　其中：
　　① 承包单位申报款为：_____；
　　② 经审核承包单位应得款为：_____；
　　③ 本期应扣款为：_____；
　　④ 本期应付款为：_____。

　　附件：
　　① 承包单位的工程付款申请表及附件；
　　② 项目监理机构审查记录。

              项目监理机构：_____
              总监理工程师：_____
              日期：_____

本表为项目监理机构收到承包单位报送的工程款支付申请表（A5）后的批复用表，对于工程款支付申请各专业监理工程师应按照施工合同进行审核，及时抵扣工程预付款后，确认应该支付工程款的项目及款项，提出意见，总监理工程师审核签认后，报送建设单位作为支付的证明，同时批复给承包单位，随本表应附承包单位报送的工程款支付申请表（A5）及其附件。

（四）工程临时延期申请表（B4）

工程临时延期申请表（B4）如下所示：

工程临时延期申请表

工程名称： 　　　　　　　　　　　　　　编号：

致：
　　根据施工合同条款＿＿＿＿＿＿＿＿＿＿条的规定，我方对你方提出的＿＿＿＿＿＿＿＿＿＿工程延期申请（第＿＿＿＿号）要求延长工期＿＿＿＿＿＿日历天的要求，经过审核评估：
　　□暂时同意工期延长＿＿＿＿＿日历天。使竣工日期（包括已指令延长的工期）从原来的＿＿＿＿＿年＿＿＿月＿＿＿日延迟至＿＿＿＿＿年＿＿＿月＿＿＿日。请你方执行。
　　□不同意延长工期，请按约定竣工日期组织施工。
　　说明：

　　　　　　　　　　　　　　　　　　　　项目监理机构：＿＿＿＿＿＿＿＿＿＿
　　　　　　　　　　　　　　　　　　　　总监理工程师：＿＿＿＿＿＿＿＿＿＿
　　　　　　　　　　　　　　　　　　　　日期：＿＿＿＿＿＿＿＿＿＿

　　本表用于项目监理机构接到承包单位报送的工程临时延期申请表（A7）后，对申报情况进行审核、调查与评估，初步做出是否同意延期申请的批复。表中"说明"内容是指总监理工程师同意或不同意临时延期的理由和依据。如果同意，应注明暂时同意延长的日数，延长后的施工日期。同时应指令承包单位在工程延长期间，随延期时间的推移，应陆续补充的信息与资料。本表由总监理工程师签发，签发前应征得建设单位同意。

（五）工程最终延期审批表（B5）

工程最终延期审批表（B5）如下所示：

工程最终延期审批表

工程名称： 　　　　　　　　　　　　　　编号：

致：
　　根据施工合同条款＿＿＿＿＿＿＿＿＿＿条的规定，我方对你方提出的＿＿＿＿＿＿＿＿＿＿工程延期申请（第＿＿＿＿号）要求延长工期＿＿＿＿＿日历天的要求，经过审核评估：
　　□最终同意工期延长＿＿＿＿＿日历天。使竣工日期（包括已指令延长的工期）从原来的＿＿＿＿＿年＿＿＿月＿＿＿日延迟到＿＿＿＿＿年＿＿＿月＿＿＿日。请你方执行。
　　□不同意延长工期，请按约定竣工日期组织施工。
　　说明：

　　　　　　　　　　　　　　　　　　　　项目监理机构：＿＿＿＿＿＿＿＿＿＿
　　　　　　　　　　　　　　　　　　　　总监理工程师：＿＿＿＿＿＿＿＿＿＿
　　　　　　　　　　　　　　　　　　　　日期：＿＿＿＿＿＿＿＿＿＿

　　本表用于工程延期事件结束后，项目监理机构根据承包单位报送的工程临时延期申请表（A7）及延期事件发生期间陆续报告的有关情况进行调查、审核与评估后，向承包单位下达最终是否同意工程延期日数的批复。"说明"内容是指总监理工程师同意或不同意工程师最终延期的理由和依据，同时应注明最终同意的日数及完工日期。本表由总监理工程师签发，签发前应征得建设单位同意。

(六) 费用索赔申请表 (B6)

费用索赔申请表 (B6) 如下所示：

费用索赔申请表

工程名称：   编号：

> 致：
>   根据施工合同条款_____条的规定，你方提出的_____费用索赔申请（第_____号）索赔（大写）_____，经过审核评估：
>   □不同意此项索赔。
>   □同意此项索赔，金额为（大写）_____。
>
> 同意/不同意索赔的理由：
> _____
> _____
> _____
>
> 索赔金额的计算：
> _____
> _____
> _____
> _____
>
>   项目监理机构：_____
>   总监理工程师：_____
>   日   期：_____

本表用于项目监理机构收到施工单位报送的费用索赔申请表（A8）后，在针对此项索赔事件，进行全面的调查了解、审核与评估后，做出的批复。本表中应详细说明同意或不同意此索赔的理由，同意索赔时，注明同意支付的索赔金额及其计算方法，并附上有关资料。本表由专业监理工程师审核后，报总监理工程师签批，签批前应与建设单位、承包单位协商确定批准的赔付金额。

三、各方通用表

C类表共2个表（C1、C2），为各方通用表，是监理单位、承包单位、建设单位等相关单位之间的联系表。

（一）监理工程联系单（C1）

监理工程联系单（C1）如下所示：

监理工程联系单

工程名称：   编号：

> 致：

续表

事由：
内容：   单　位：_____ 负责人：_____ 日　期：_____

本表适用于参与通信建设工程的建设、施工、监理、设计和质监单位之间就有关事项的联系使用。各发出单位有权签发的负责人应为：建设单位的现场代表（施工合同中规定的工程师）、承包单位的项目经理、监理单位的项目总监理工程师、设计单位的本工程设计负责人、政府质量监管部门的负责监督建设工程的监督师，若用正式函件形式进行通知或联系，则不宜使用本表，改由发出单位的法人签发。该表中的"事由"部分为联系内容的主题词。本表签署的份数根据内容及涉及范围而定。

（二）工程变更单（C2）

工程变更单（C2）如下所示：

工程变更单

工程名称：_____　　　　　　编号：_____

致： 由于_____原因，兹提出工程变更（内容见附件），请予以审核。 附件： 提出单位：_____ 负责人：_____ 日　期：_____
一致意见：   建设单位代表签字：　　　设计单位代表签字：　　　项目监理机构签字： 日期：_____　　　日期：_____　　　日期：_____

本表适用于参与通信的建设、施工、设计、监理各方使用，任何一方提出在工程变更时均应先填本表。建设单位提出工程变更时，由工程项目监理机构签发，必要时建设单位应委托设计单位编制设计变更文件并转交项目监理机构；承包单位提出工程变更时，先报送项目监理机构审查，项目监理机构同意后转呈建设单位，需要时由建设单位委托设计单

位编制设计变更文件，并转交项目监理机构，施工单位在收到项目监理机构签署的"工程变更单"后，方可实施工程变更，工程分包单位的工程变更应通过承包单位办理。本表的附件应包括工程变更的详细内容、变更的依据、对工程造价及工期的影响程度、对工程项目功能和安全的影响分析及必要的图示。总监理工程师应组织监理工程师收集资料，进行调研，并与有关单位洽商，如取得一致意见，在本表中写明，经相关建设单位的现场代表、承包单位的项目经理、监理单位的项目总监理工程师、设计单位的本工程设计负责人等在本表上签字，此项工程变更才能生效。本表由提出工程变更的单位填报，份数视内容而定。

　　工程完工验收时，监理资料需按国家档案管理规定《建设工程文件归档整理规范》（GB/T 50328—2019）移交归档。监理单位应在工程竣工验收前将文档资料按合同规定的时间、套数移交给建设单位，并办理移交手续。